中等职业教育国家规划教材
全国中等职业教育教材审定委员会审定

水利水电工程基础

（水利水电工程技术专业）

主　　编　陈再平

责任主审　张勇传

审　　稿　李承军

　　　　　康　玲

中国水利水电出版社
www.waterpub.com.cn

内 容 提 要

　　本书主要论述水利水电工程基础知识，其内容包括水资源与水利工程，工程水文基础知识，工程地质基础知识，水资源保护与节约，水利事业发展前景。

　　本书内容比较广泛，综合了水利概论、工程水文和工程地质等方面知识，在编写中突出基础性和应用性。本书除可作为水利类中等职业技术学校"水利水电工程技术"专业教材外，也可作为水利类其他专业的参考书，还可作为水利基层单位职工培训教材和自学参考书。

图书在版编目（CIP）数据

　　水利水电工程基础/陈再平主编 . —北京：中国水利水电出版社，2002（2014.9 重印）
　　中等职业教育国家规划教材 . 水利水电工程技术专业
　　ISBN 978 - 7 - 5084 - 1345 - 7

　　Ⅰ . 水…　Ⅱ . 陈…　Ⅲ . ①水利工程-专业学校-教材
②水力发电工程-专业学校-教材　Ⅳ . TV

　　中国版本图书馆 CIP 数据核字（2002）第 099816 号

书　　名	中等职业教育国家规划教材 **水利水电工程基础**（水利水电工程技术专业）
作　　者	主编　陈再平
出版发行	中国水利水电出版社 （北京市海淀区玉渊潭南路 1 号 D 座　100038） 网址：www. waterpub. com. cn E - mail：sales@ waterpub. com. cn 电话：(010) 68367658（发行部）
经　　售	北京科水图书销售中心（零售） 电话：(010) 88383994、63202643、68545874 全国各地新华书店和相关出版物销售网点
排　　版	中国水利水电出版社微机排版中心
印　　刷	三河市鑫金马印装有限公司
规　　格	184mm×260mm　16 开本　11.25 印张　267 千字　2 插页
版　　次	2013 年 1 月第 1 版　2014 年 9 月第 5 次印刷
印　　数	10101—12100 册
定　　价	**22.00 元**

中等职业教育国家规划教材
出 版 说 明

　　为了贯彻《中共中央国务院关于深化教育改革全面推进素质教育的决定》精神，落实《面向 21 世纪教育振兴行动计划》中提出的职业教育课程改革和教材建设规划，根据教育部关于《中等职业教育国家规划教材申报、立项及管理意见》（教职成 [2001] 1 号）的精神，我们组织力量对实现中等职业教育培养目标和保证基本教学规格起保障作用的德育课程、文化基础课程、专业技术基础课程和 80 个重点建设专业主干课程的教材进行了规划和编写，从 2001 年秋季开学起，国家规划教材将陆续提供给各类中等职业学校选用。

　　国家规划教材是根据教育部最新颁布的德育课程、文化基础课程、专业技术基础课程和 80 个重点建设专业主干课程的教学大纲（课程教学基本要求）编写，并经全国中等职业教育教材审定委员会审定。新教材全面贯彻素质教育思想，从社会发展对高素质劳动者和中初级专门人才需要的实际出发，注重对学生的创新精神和实践能力的培养。新教材在理论体系、组织结构和阐述方法等方面均作了一些新的尝试。新教材实行一纲多本，努力为教材选用提供比较和选择，满足不同学制、不同专业和不同办学条件的教学需要。

　　希望各地、各部门积极推广和选用国家规划教材，并在使用过程中，注意总结经验，及时提出修改意见和建议，使之不断完善和提高。

教育部职业教育与成人教育司

2002 年 10 月

前　言

本教材是教育部确定的水利类国家规划教材之一。

1999 年，教育部在"面向 21 世纪职业教育课程改革与教材建设"规划研究开发项目中，批准了"水利水电工程技术"和"农业水利技术"两个专业作为水利类中等职业学校重点建设专业，本教材是"水利水电工程技术"专业专业课教材之一。

本教材教学大纲由全国水利职业教育教学指导委员会主持制定。根据教学大纲要求，本教材综合了水利基础、工程水文和工程地质方面的内容，是水利水电工程技术专业的一门主干专业课教材。通过本课程学习应使学生具备有关水利事业、水环境、水资源、工程水文、工程地质的基本知识和相应技能。

本教材的内容体系安排如下：

第一章水资源与水利工程。主要内容有水资源的概念和我国的水资源；水利事业和水利工程；水利事业在我国国民经济和社会发展中的地位与作用；我国水利事业所取得的成就；水利建设中的主要工程技术措施等。

第二章工程水文。主要内容有水文资料的收集与分析；年径流的分析与计算；小流域设计洪水推求；水库兴利及调洪计算等。

第三章工程地质。主要内容有水利工程地质条件；水利工程地质问题；地质图与地质报告的阅读等。

第四章水资源的节约和保护。主要内容有生态平衡的含义及生态环境保护的基本要求，水环境保护；水污染的概念与防治原则，水污染控制的工程技术措施；节水的概念、作用及措施，建立节水型社会等。

第五章水利发展前景展望。

本书除可作为中等职业教育水利水电工程技术专业的教材外，也可作为从事水利事业的基层干部职工学习水利水电工程基础知识的读物。

参加本书编写的有：长江水利水电学校陈再平（第一、四、五章），山西水利职业技术学院张建国（第三章），长江水利水电学校宋来任（第二章）。全书由陈再平担任主编。

在本书的编写过程中，得到了长江水资源保护局上海分局局长穆宏强博士的大力支持，在此表示衷心感谢。

本书经全国中等职业教育教材审定委员会审定，由华中科技大学张勇传院士担任责任主审，华中科技大学李承军、康玲副教授审稿，中国水利水电出版社另聘安徽水利水电职业技术学院李兴旺主审了全稿，提出了许多宝贵的修改意见，在此一并表示感谢。

限于编者水平，差错之处在所难免，敬请同仁指正。

编　者

2002 年 8 月

目 录

第一章　水资源与水利工程

第一节　水　资　源

一、水资源及其特性

(一) 水的作用

水是人类生活、生产中最重要的物质之一。

人的生命离不开水。现代科学告诉我们，人体中水的重量约占到人体总重量的 61.6%。生命离开水是不能存活的。农业离不开水。农作物对水的需要，远远大于对其他养料的需要。而且，农作物需水量十分巨大，是人类用水最大的一项。工业离不开水。水在工业上的用途非常广泛，几乎所有的工业门类都需要水，所有的工业产品在生产中都要耗水。随着社会经济的发展，水对工业的重要性与时俱增。生活，尤其是城市生活也离不开水。随着人口增长，生活水平提高，城市用水增长特别快，远远超过了城市人口增长的速度。总之，水与人类生活、生产须臾不可分离。

(二) 地球上的水

我们所居住的地球，海洋面积占地球总面积的 71%。在人们的印象中，水似乎是取之不尽、用之不竭的。的确，地球水圈中水的总量多达 13.86 亿 km^3。如果把地球水圈中所有的水均匀地分布在整个地球表面，水深平均可达约 2800m！这么多的水还能取尽用竭吗？

其实不然。地球的总水量中，97.47% 是含盐量很高的海水。从水量利用（而不是水面、水域和水能）角度而言，海水对人类的生活、生产基本上是"无用"的。对人类真正有用的水是分布在陆地上的淡水。而这部分水仅占地球总水量的 2.53%。

在整个淡水储量中，99% 以上是两极冰川和深层地下水等，目前人类还几乎无法开发利用。仅有约不到 0.4% 左右是可能被人类开发利用的。这部分淡水约为 13.5 万 km^3。

(三) 水资源

如上所述，地球上可利用的淡水是十分稀缺的。其中，对人类真正有用的、可年复一年长期利用的淡水，是每年可恢复和更新的淡水。据统计，全世界这部分淡水每年约 4～5 万 km^3。人均不到 $10000m^3$。

在目前的科学技术水平下，我们所称的水资源，就是每年可恢复和更新的、人类能长期利用的那部分淡水。

关于水资源的准确定义，目前尚无公认。有专家统计，有关水资源的"定义"，竟有四五十种之多。这也正说明了水资源问题的广泛性、重要性、复杂性。随着科学技术的发展，关于水资源的涵义也会不断更新。

（四）水资源的特性

水资源具有如下基本特性。

1．可恢复性和可更新性

水资源是由于水循环才得以存在的。当年水资源的耗用或流逝，又可为来年的大气降水所补给，形成了水资源消耗和补给间的循环性，使得水资源不同于石油、煤炭等矿产资源，而具有可恢复性，是可再生的资源。另外，水资源不仅具有量的可恢复性，还具有质的可更新性。每年的降水不仅恢复了水量，还更新了水质。

2．有限性

水资源虽然由于水循环得以年复一年永远存在下去，但在某一特定时空范围内，降水总是有限的，因而决定了在该区域范围内水资源的有限性。水资源的超量开发消耗，或动用该区域范围内可能还存在着的不参与水循环的静态淡水储量，必然造成超量部分难以恢复，甚至不可恢复，从而破坏自然环境的平衡，给人类带来难以估量的不利影响。

3．时空变化的不均匀性和随机性

由于降水在时间和空间上的不均匀性和随机性，就导致了水资源在时空上的不均匀性和随机性。丰水期和枯水期。丰水区和枯水区的差别往往是很大的，再加上难以控制的随机性，使人类在开发利用水资源方面存在着许多困难。

4．利害双面性

水资源虽然是人类生活、生产不可或缺的最重要资源之一，但若来水量过大而造成洪水泛滥，则将直接危害人类的生活、生产，给人类造成巨大的损失。事实上，自有人类以来，洪水问题就一直困扰着人类，这就是水资源的利害双面性，这也是水资源不同于其他资源的一个特性。

5．多功能性

水资源不仅具有量的多少，还具有其他属性。如水面可用于通航和形成景观；水域可用于水产养殖，还是影响生态环境的最重要的因素之一；水能可用来发电或作其他动力。因此，水资源的开发利用应该是多方面的、综合的。

二、我国的水资源及其特点

（一）水资源总量

我国的水资源评价工作，从20世纪80年代初期开始。当时就将评价的对象定为只参与水循环和平衡活动中的动态水量。深层地下水，长期不融化的冰川，储存在湖泊和沼泽地中的静态水（指不参与水循环的那部分水），因长期储水稳定，故不预考虑。

浅层地下水与河川径流有互渗互补的复杂关系，要扣除重复计算量。因此，我国的水资源总量即为河川径流量加浅层地下水量再减去两者间的重复计算水量。

根据水利部门20世纪80年代初所做的水资源评价工作得到的估算结果：我国多年年平均河川径流量为27115亿 m^3；多年年平均地下水资源为8288亿 m^3；二者之间的重复计算水量为7279亿 m^3；扣除重复水量后，全国多年年平均水资源总量为28124亿 m^3。居世界第6位。水资源总量排名前5位的国家依次为巴西、俄罗斯、加拿大、美国、印度尼西亚（亦有资料表明，中国的水资源总量排在第4位，居美国、印度尼西亚之前）。

中国各流域片水资源量情况如表1-1。

表 1-1

中国分区水资源量情况

分 区	面积 （km²）	年降水 （m³）	河川年 （m³）	年地下 （m³）	年水资源 （m³）	单位面积 （m³）
黑龙江流域片	90.3	4476	1166	431	1352	15.0
辽河流域片	34.5	1901	487	194	577	16.7
海滦河流域片	31.8	1781	288	265	421	13.2
黄河流域片	79.5	3691	661	406	744	9.4
淮河流域片	32.9	2830	741	393	961	29.2
长江流域片	180.8	19360	9513	2464	9613	53.2
珠江流域片	58.1	8967	4685	1115	4708	81.1
浙闽台诸河片	24.0	4216	2557	613	2592	108.1
西南诸河片	85.1	9346	5853	1544	5853	68.7
内陆诸河片	332.2	5113	1064	820	1200	3.6
额尔齐斯河	5.3	208	100	43	103	19.5
全 国	954.5	61889	27115	8288	28124	29.5

（二）水资源特点

1．人均水资源量少

我国水资源总量虽然居世界第 6 位，但我国人口众多，人均占有量仅 2220m³，不到世界人均水资源占有量的 1/4。与德国、印度相近，仅相当于日本的 1/2，美国的 1/4，俄罗斯的 1/12，巴西的 1/20，加拿大的 1/44。从相对意义上来讲，我国也属于水资源短缺国之一。

2．时空分布不均

我国东南和西南地区降水多，东南沿海部分地区年降水超过 1600mm；而广大北方地区降水普遍较少，特别是西北地区，属干旱带，有些地方年降水仅 50mm 左右。我国的降水在时间分布上也不均匀，南方多集中在 4～8 月，北方多集中在 6～9 月。这样，使得我国水资源分布在时空上很不均匀。此外，我国的降水在年际间差别也很大。丰水年与枯水年的水量有时可以相差 10 倍，经常造成洪灾与旱灾。

3．水土匹配差

我国水资源与耕地、人口的分布不匹配。南方水多耕地少，北方水少耕地多。长江流域及以南地区年径流量占全国总径流量的 82％，而耕地只占全国的 35％；华北、东北及西北内陆诸河流域，耕地占全国的 65％，但径流量只占全国的 18％。特别是黄、淮、海流域，水量合计只占全国的 5％，而耕地占全国的 37％，人口占全国的 30％，人均和亩均水资源量均远低于全国平均水平。

4．多数河水含沙量较高

我国水土流失严重，造成多数河水含沙量高。其中，含沙量最高的黄河，平均含沙量达 37kg/m³。由于泥沙淤积，黄河和长江的部分河段的河床已高出地面，全赖堤防挡水。

当然，我国水资源除了具有上述特点外，也具有自己的优势：其一，可利用性较高。我国水资源量虽然偏少，人均拥有量更少，但是水资源的可利用程度较高。世界上许多大河，如著名的亚马逊河，大都流经人烟稀少的地区，所以，利用性很差。而我国利用性较差的河流，如雅鲁藏布江等，年径流量只占全国的 12.2%，我国大多数河流均可开发利用。其二，地下水赋存条件好。我国少水的北方平原，许多地区地下水赋存条件好，有利于降水入渗，形成相对丰富的地下水资源。这些地区的地下水，只要开采适量，就可以长期利用。

三、我国的水能资源

(一) 水能资源及理论蕴藏量

由于地球重力作用，河水从高处向低处流动，形成一定能量，这就是水能。水能能够为人类所利用，因此，水能是一种资源，我们称之谓水能资源。水能资源借助于水循环而长期存在，是可再生的能源，虽然数量是有限的，但永不会枯竭。此外，水能在利用过程中，不产生污染，是一种清洁能源。

将某一河段的多年年平均流量与该河段的天然落差相乘，再乘以单位换算系数 9.81，便得出该河段的水能理论蕴藏量，通常以 kW 计。全河各河段的水能理论蕴藏量之和就是全河的水能理论蕴藏量。某一区域内各河流的水能理论蕴藏量就是该区域的水能理论蕴藏量。通常称为理论装机容量，以 kW 计。

用某一区域所有河流的理论装机容量乘一年的 8760h，便得该区域所蕴藏的水能资源的理论年发电量，以 kW·h 计。

(二) 我国的水能资源

我国水能资源极为丰富。据统计，我国水能资源的理论蕴藏量为 6.76 亿 kW，理论年发电量为 59220 亿 kW·h，居世界第一位。但所蕴藏的水能资源在开发利用时会受到技术上和经济上的制约，不是所有落差和流量都能得到利用，也不是在所有时间内都能发电。其中可能被利用的部分，一般只占理论蕴藏量的 40%～60%，称为可能开发的装机容量和可能开发的年发电量。据统计，我国水能资源中可能开发的装机容量为 3.78 亿 kW，对应的年发电量为 19233 亿 kW·h。

现将我国各大流域可能开发的装机容量及年发电量列在表 1-2 中。

表 1-2　　　　　　　　　　　我国各大流域可能开发的水能资源

号 次	流 域	装机容量（万 kW）	年 发 电 量 亿 kW·h	年 发 电 量 占全国（%）
1	长江	19724	10275	53.4
2	黄河	2800	1170	6.1
3	珠江	2485	1125	5.8
4	海滦河	214	52	0.3
5	淮河	66	19	0.1
6	东北诸河	1371	439	2.3
7	东南沿海诸河	1390	547	2.9
8	西南国际诸河	3768	2099	10.9
9	雅鲁藏布江及西藏其他河流	5038	2969	15.4
10	北方内陆及新疆诸河	997	539	2.8
	全国	37853	19233	100.0

从表1-2可以看出，我国的水能资源以长江流域最丰富，占全国的一半以上。

我国水能开发截至1990年，仅为3530万kW，只占可开发量的9.3%。我国的水电开发事业大有可为。

第二节 水 利 工 程

一、水利

（一）中国当代水问题

我国水资源的特点如前述。由于特殊的自然地理环境，我国自古以来水旱灾害频繁。到了当代，抗御水旱灾害的能力虽然有了极大提高，但仍未从根本上解决问题，其中，水资源短缺问题还日益严峻。另外，随着我国人口的增长和社会经济的发展，我国的水土流失和水污染问题也日益突出。

归纳起来，当前我们面临的水问题主要有以下几方面：①水多。降水过多会造成洪涝灾害，轻者使工农业生产遭受损失；重者冲毁城镇、村庄，造成人员伤亡。②水少。降水过少会导致干旱，同样会破坏生产，妨碍生活。在中国许多地方，缺水问题已成为影响当地经济建设的主要制约因素之一。③水浑。由于过度开荒，破坏了原始植被，造成大量水土流失，不仅使清澈的江河水变浑，给城市用水带来麻烦，还在河道、湖泊、水库里形成泥沙淤积，减少了蓄水和行洪能力，更易造成洪水泛滥。④水脏。水污染是伴随现代文明而出现的怪病。水体本身具有自净能力，但污染物一旦超过水体的自净能力，水体就变质了，严重时会造成恶果，直接影响到人类的生存环境。

（二）水利范畴

上述水问题有些是长期存在的，有些是在近现代才逐渐出现的。人类为了自身的生存和发展，就必须采取许多措施对自然界的水进行控制、调节、治理和开发利用，以达到减轻或消除水旱灾害，治理水土流失和水污染，充分利用水资源，保护水环境，适应人类生产和满足人类生活需要的目的。这些为了治理江河和开发水资源而兴办的各项事业都称之为水利。例如：江河的防洪和治涝、农业灌溉和排水、城乡供水、水力发电、跨区域调水、水土保持等，都属于水利这个范畴。由于水资源的多功能性，有时也将治河通航、水产养殖、水库旅游等纳入水利范畴。

在中国，水利历史悠久。最初，汉代史学家司马迁赋予"水利"一词以治河修渠的专业意义，近代水利先驱李仪祉先生领导创建的中国水利工程学会进一步提出，"水利范围应包括防洪、排水、灌溉、水力、水道、给水、污渠、港工八种工程在内。"直到现代，将水土保持、水污染防治、水环境保护、水资源优化配置等纳入水利范畴，可见，水利的内涵是随着时代的发展而不断更新、日益丰富。

（三）水资源综合利用

水资源具有多种功能。除了最基本的水量外，水面可供通航，水域可供养殖和改善环境，水能可供发电。因此，对水资源的开发利用一定要考虑到综合性，即水资源的综合利用。

由于资源的有限性，人类对所有资源几乎都有综合利用的要求，但由于水资源本身的

5

特性，对水资源的综合利用，内涵更丰富，情况更复杂。既要考虑除害与兴利并举，又要考虑一水多用，还要考虑水资源优化配置和可持续利用。就单一水利工程而言，我们将水利工程常常称之为水利枢纽，原因就是水利工程要实现综合利用，必须有不同功能的建筑物，这些建筑物群体组成了一个枢纽，通过控制该水利枢纽，达到综合利用水资源的目的。

要实现水资源的综合利用，做好流域水资源综合规划是前提。流域综合规划，不是简单累加和组合，而是在准确掌握流域水资源状况的基础上，对该流域水资源进行优化配置、科学管理的总体规划。

新中国成立以来，我国就逐步按流域组建了七大流域规划管理机构，他们是：长江水利委员会，黄河水利委员会，海河水利委员会，淮河水利委员会，珠江水利委员会，松辽水利委员会和太湖流域管理局。这些流域管理机构担负着所辖流域水资源的统一规划管理工作，对水资源的综合利用从组织上起到保障作用。

二、水利与社会经济发展的关系

(一) 水利是国民经济和社会发展的基础设施

人类在远古时期对水的认识，只是本能地就地取用，一旦遇到洪水，也是本能地躲避。随着人类文明的发展，也相应展现了人类开发利用水资源的历史进程。早在人类进入农业文明时期，人们引河水灌溉农田，在洪水冲积而成的土地上耕种，由于在农业中采用灌溉技术，促进了农业增产，推进了人类文明的发展。到了工业文明阶段，特别是工业革命以后，能源需求增加，这时水能的开发利用逐步发展起来，建成了一大批水电站。伴随着人类迈开现代文明的步伐，人类开发利用水资源的历史又掀开了新的一页。社会经济的日益发展，对水资源的需求也日益增加，这就要求对水资源进行优化配置，以使水资源分布与国民经济布局相适应。以水资源的可持续利用，保证国民经济的可持续发展。由于对水资源重要性认识的日益加深，使水利事业在国民经济和社会发展中的地位与作用也日益提高。

中国共产党十四届五中全会审议通过的《中共中央关于制定国民经济和社会发展"九五"计划和2010年远景目标的建议》，和中国共产党十五届五中全会审议通过的《中共中央关于制定国民经济和社会发展第十个五年计划的建议》均将水利与能源、交通并列为国家的基础设施建设，要与国民经济和社会发展相适应。纵观我国历史，以党的文件把水利摆上如此重要的位置，是前所未有的。这是全党、全社会在水资源开发利用过程中，根据国情、水情的实际，逐步形成的对水利认识的升华，是新世纪兴水安邦的重大战略决策。

(二) 水利作为基础设施建设必须超前发展

一个国家是否拥有良好且雄厚的基础设施，是一个国家综合实力的具体体现。基础设施支撑着整个国家的经济建设和社会发展。基础设施适度超前发展将有力地保证国民经济健康持续地发展。

水利作为我国基础设施之一，在"九五"后期获得了快速发展。1998年那场惊心动魄的特大洪水之后，党中央、国务院决定把加固大江大河大湖堤防作为投资重点。自1998年底至2001年底，已投入资金576亿元。加固大江大河大湖堤防3万km；总长3385km的长江干堤达标堤段达80%以上；长江沿岸完成移民建镇200万人，增加行蓄洪面积近 3000km^2；完成 390 余座病险水库的除险加固工程。

1999 年，长江再次遭受特大洪水，长江中下游出现的高水位仅次于 1998 年，是历史上第二高水位。因为加大了长江堤防建设投资力度，极大地增强了抗御洪涝灾害能力。沿江堤防出现的险情比 1998 年减少 82%，动用抢险的人力不到一半，消耗的各种抢险物资不到 1/4。这也正说明了作为基础设施之一的水利建设，在国民经济整个建设过程中所起到的基础保障作用。

（三）新中国水利建设的主要成就

中国自古以来就是一个水利大国，水利建设成就令世人瞩目。如著名的都江堰灌溉工程，京杭大运河等，集中反映了我国古代水利建设成就。中华人民共和国成立以来，中国的水利建设事业更取得了空前未有的成绩：心腹之患的黄河，半个世纪以来安澜无恙；农业灌溉面积比解放前增加了近 3.5 万倍；修建了新安江、葛洲坝等一大批水电站，中国还是世界上小水电建设的中心；梦寐以求的长江三峡工程终于在 20 世纪 90 年代开工了；规模空前的南水北调工程正在积极准备中。表 1-3 给出了中国水利建设所取得的主要成绩。

表 1-3　　　　　　　　　　中国水利建设主要成绩

项　　目	单　　位	1949 年	1999 年
堤防	万 km		25
水库	座		84837
	亿 m^3		4583
其中：大型	座	6	397
	亿 m^3	276	3267
中型	座	17	2634
	亿 m^3	4.6	729
小型	座		81806
	亿 m^3		587
水闸	座		31697
灌溉面积	万 hm^2	0.16	5595
灌区	处		5579
其中：大灌区	处		77
中灌区	处		115
小灌区	处		5387
机电排灌面积	万 hm^2	25.2	1233
改良盐碱地	万 hm^2		561
治理水土流失	万 km^2		78
机电井	万眼		11.5（1960）
水电站	座	（大型）2	49421
装机容量	万 kW	36	6400
年发电量	亿 kW·h	12	2080
供水量	亿 m^3	1000	5566（1997）
其中：农业			4191
工业			1124
生活			251
内河运输通航里程	万 km	7.36	10.78（1984）

三、水利工程

对天然水资源进行控制、调节、治理和开发利用，以达到减轻或消除水旱灾害，治理水土流失和水污染，充分利用水资源，保护水环境目的而修建的工程称为水利工程。按照水利工程所承担的任务，一般可将其分为：防洪工程、蓄水工程、农田灌排工程、水力发电工程、引水工程、供排水工程，以及水土保持工程、水运工程、渔业工程、水处理工程等。下面就主要水利工程分述如下。

（一）防洪工程

防止洪水灾害是水利的首要任务。当河水超过了河道的泄水能力，造成河水泛滥，就形成了洪水灾害。

防洪对河道的要求大致有两个方面：一是河道必须能安全宣泄可能发生的洪水流量；二是要防止水流冲刷，致使河岸崩塌，毁坏堤防，危及两岸人民生命财产安全。一般来说，解决一条河流的防洪问题，需要多种防洪措施配合运用。如加固堤防，整治河道，以增加河道的行洪能力；在河道某一合适位置修建水库拦蓄部分洪水，以减少洪水下泄量；建立分洪区，根据设计要求人工分洪，以确保重要地区的安全。因此，防洪工程也是多方面的，有堤防工程，水库工程和分（滞）洪工程等。

（二）蓄水工程

天然情况下，河水来水完全取决于降水。而降水在各年间及一年内都有较大的变化，它与人们在某一时空范围内的用水需求往往存在着矛盾，解决这种矛盾的主要措施就是兴建蓄水工程——水库。水库在来水多时把水蓄起来，然后根据各部门用水要求适时适量地供水。

水库在汛期还可以拦蓄洪水，起到削减洪峰，减少河道下泄流量，减除灾害的作用；通过水库的蓄水可以抬高水位，可利用水库上下游的水位差来发电；宽广平静的库面有利于通航；水库的水域可用来从事水产养殖；水库还美化了山水环境，可供人们旅游、休闲。因此，兴建水库是综合利用水资源的有效措施。

（三）农田灌排工程

水利是农业的命脉。为了取得农作物丰收，必须进行适时适量的灌溉和排水，而天然的降水和蒸发经常做不到这点。这就需要修建农田灌排工程。

不同地区、不同作物、不同年份、不同的自然条件和栽培技术，所要求的灌溉制度和排水制度是不相同的。灌溉制度是指在一定的自然条件和耕作条件下，某种作物在整个生长过程中需要的灌溉次数，每次灌溉适宜的时间，以及每次灌溉需要的水量。同样，排水也要有相应的排水制度。通过修建农田灌排工程，可以根据科学的灌溉制度和排水制度，适时适量地进行灌溉和排水，以保证农作物的稳产、高产。

（四）水力发电工程

我国水能资源极为丰富，居世界首位。目前我国已开发的水能资源仅占可开发水能资源的9.3%，约3530万 kW（统计至1990年）。水力发电工程，就是利用水能生产电能的工程。

水头和流量是水力发电能力的两个基本要素。为了有效地利用水能，一要形成水头，二要调节流量。这也是水力发电工程所要解决的基本任务。为了充分有效地利用天然河流的水能，就要修建能形成水头和调节流量的建筑物，即水力发电站。

水电站主要有下述三种基本类型：①坝式水电站。在河流峡谷处筑坝，抬高水位，形成集中落差。坝式水电站的水头取决于坝高，坝愈高，水电站的水头也就愈大。②引水式水电站。在某些河段上，天然落差较大，又由于地形、地质或其他技术经济条件等原因，不宜采用坝式开发，此时可以修建取水和输水建筑物（如明渠、隧洞等），来集中河段的自然落差。一般在河流的上、中游，坡度比较陡峻的河段上，常采用引水式水电站。③混合式水电站。在一个河段上，同时利用拦河坝和引水道两种方式来集中河段落差。混合式水电站常常建在上游有良好的坝址适宜建库，而紧接水库以下的河道坡度较陡。它的水头一部分由坝集中，一部分由引水道集中，因此，具有坝式水电站和引水式水电站两方面的特点，故称混合式水电站。

（五）引水工程

为从水源引取符合一定要求的水流，以满足人类生产、生活的需要，就要在水源处兴建引水工程。因引水工程总是在人工引水渠道的渠首，也称引水工程为渠首工程。

在天然河流上兴建引水工程，一般分为无坝引水和有坝引水两大类。当河道最低水位和流量均能满足引水需要时，不必在河床上修建拦河建筑物，只需选择适宜地点开渠并修建必要的建筑物引水，这种引水工程称为无坝引水工程。无坝引水工程不能控制河道的水位和流量，枯水期引水可靠性差。当河道水位较低不能自流引水，或在枯水期需引取河道大部以至全部来水时，需修建拦河壅水建筑物来抬高水位自流引水，这种引水工程称为有坝引水工程。有坝引水工程可不受季节影响，引水保证率较高。

在水库中引水，或通过泵站在河道或湖泊中抽水，也属于引水。

此外，由于水资源分布不符合人类生产、生活需要，为解决缺水地区用水问题，我们有时还需要跨流域调水，这种远距离调水，从性质上来讲，仍然属于引水工程，只是比通常所称的引水工程要庞大、复杂得多。

（六）给排水工程

随着城镇化建设的加速发展，城镇用水需求越来越大。城市给排水工程是一项集城市用水的取水、净水、输送，城市污水的收集、处理、综合利用，城市降水的汇集、处理、排放，以及城区御洪、防涝、排渍为一体的系统工程，是保障城市经济社会活动的生命线工程。

城市给水工程是以保证城市所需的水量、水质、水压为目标，选择和寻求城市水源，确定取水和净水方式，布置和建设各类取水、净水、输配水等工程设施和管网系统；城市排水工程是以合理处理和综合利用城市污水、安全排放城市内各类废污水、消除城市水患为目标，确定城市排水体制，布置和建设各类污水的收集、输送、处理等工程设施和管网系统，布置和建设城市降水的收集、输送、排放等工程设施和管网系统，以及城市御洪工程设施等。

第二章 工 程 水 文

　　水资源的合理开发利用和水害的防治是国民经济建设中非常重要的任务,它与国民经济各部门息息相关,直接影响工农业生产发展和人民生活水平的提高。而水资源的开发利用和水害的防治以及水利工程的管理,都必须是建立在充分掌握水体的水情变化规律的基础上,水文学是研究自然界各种水体运动变化规律的科学,而工程水文学是运用水文学的基本原理和方法解决工程当中的水文问题。本章主要介绍水文的基本知识与工程水文计算的基本原理与方法。

第一节 水 文 基 本 知 识

一、水循环

　　水是自然界分布最广的物质之一,它以气态、液态和固态三种形态存在于海洋、湖泊、江河、地下、空气中与动、植物有机体内,其中以海洋水最多。

　　在太阳辐射的作用下,水分由海洋、江河、湖泊等水体表面和土壤表面、植物叶面,不断蒸发成水汽,上升到空中,被气流带到各处,在适当的条件下凝结成雨雪,以降水的形式返回地面,降水一部分形成径流,经江河流入海洋,另一部分又重新蒸发到空中。水分这种循环往复的过程,称为水循环,如图 2-1 所示。

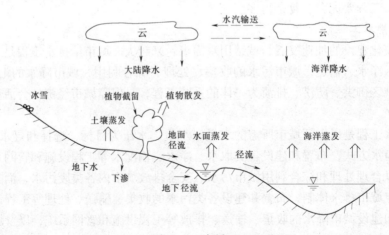

图 2-1　水循环

　　自然界的水循环,一般要经过蒸发、降水、下渗和径流等环节。根据水循环的整体性和局限性,水分循环可分为大循环和小循环两种。海洋与大陆之间的水分交替过程称大循环。陆地上的水分在没有流回海洋之前又蒸发到空中,或海洋上蒸发的水分没有被吹回陆地,就在空中凝结成水,降落到海洋上称小循环。

二、河系与流域

(一) 河系

河流是接纳地面和地下水的天然泄水道,是水循环的路径之一。

降水经地面和地下补给河流,是河水的主要来源。由于重力的作用,河水不断切割和冲刷河床,在顺流而下的过程中,水流又不断地向两旁侵蚀,使河床逐渐扩大。这样,最初的小沟变成小溪,再由小溪发展成为小河,直至大江大河。

直接流入海洋或内陆湖泊的河流称为干流。汇入干流的河流称为干流的一级支流;汇入一级支流的河流称为干流的二级支流,以此类推;干流及其支流构成了脉络相通的水流系统,称为河系或水系。水系通常用干流的名称来称呼它,如长江水系、黄河水系等。

根据干支流的分布的几何形态,河系可分为:①扇形水系,河流的干支流分布形状似扇形,如海河;②羽形水系,河流的干支流由上而下沿途左右汇入多条支流,好比羽毛形状,如红水河;③平形水系,河流的干流在某一河岸平行接纳几条支流,如淮河;④混合水系,一般大江大河多为以上2~3种水系组成,混合排列。

一条河流自河源到河口,沿其干流量取的弯曲长度称河长,单位为 km。任一河段两端的水面高程差称为落差。河源与河口的水面高程差,称为河流总落差。任一河段的落差与其长度之比,称为河段纵比降,即

$$J = \frac{h_1 - h_0}{l} = \frac{\Delta h}{l} \tag{2-1}$$

式中:Δh 为河段落差,m;l 为河段长度,m。

如图 2-2 所示,河流平均纵比降可用下式计算

$$\bar{j} = \frac{(h_0 + h_1)l_1 + (h_1 + h_2)l_2 + \cdots + (h_{n-1} + h_n)l_n - 2h_0 L}{L^2} \tag{2-2}$$

式中:$\bar{j}$ 为河流干流平均比降;h_0、h_1、$\cdots$、h_n 为从河口至河源的高程,m;L 为干流长度,m。

流域内水道的多少一般用河网密度表示。河网密度 D 等于河流的所有干支流的总长 $\sum L$ 与其流域面积 F 之比值,即 $D = \sum L / F$。河网密度能综合反映一个地区的自然地理条件,河网密度越大,泄水能力越强。

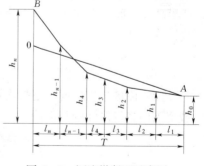

图 2-2 河流纵断面示意图

(二) 流域

在河流某一断面以上,汇集地表水与地下水的区域叫河流在该断面以上的流域。当不指明断面时,是对河流出口断面而言,如长江流域是指吴淞口以上的全部集水区域。

1. 分水线及流域面积

河流所汇集雨水的区域,称为流域。相邻两流域的界限线称为分水线。分水线有地面分水线和地下分水线之分,地面分水线与地下分水线相重合的流域称为闭合流域,两者不一致时,称为非闭合流域,如图 2-3 所示。大中型流域通常可认为是闭合流域。在实际工作中,常以地面分水线所控制的面积为流域面积(集水面积),如图 2-4 所示。由河源至河口集水面积是随着河长的增加而增加的。集水面积愈大,汇集的水量就愈多。

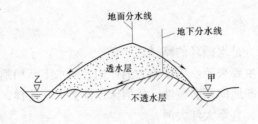

图 2-3 地面与地下分水线示意图   图 2-4 集水面积示意图

2. 流域的形状

流域的形状常用流域长度、宽度和流域形状系数等特征值来表示。

(1) 流域长度和平均宽度。流域长度是指流域的几何中心轴长。中小型流域形状比较规则时，多用河口至河源的干流长度作为流域长度 L。流域平均宽度 B 可用 $B = F/L$ 计算。集水面积相近似的两个流域，L 愈长，B 愈小；L 愈短，B 愈大。前者径流较慢集中，不易发生洪水；后者则相反。

(2) 流域形状系数。流域形状系数为流域的平均宽度 B 与长度 L 的比值，以 K_f 表示

$$K_f = \frac{B}{L} = \frac{F}{L^2} \tag{2-3}$$

K_f 是一个无因次系数，当 $K_f \approx 1$ 时，流域形状近似为方形；$K_f < 1$ 时，流域为狭长形；$K_f > 1$ 时，流域近似为扁形。

3. 流域的地形特征

流域的地形特征，一般用流域平均高度和流域平均坡度表示，其计算方法如下：

(1) 流域平均高度。是指流域内地表的平均高程。在地形图上，量出流域范围内相邻两等高线之间的面积 f_i，并求出相邻两等高线的平均高程 z_i，则流域平均高程 $\bar{Z}$ 可用下式计算

$$\bar{Z} = \frac{f_1 z_1 + f_2 z_2 + \cdots + f_n z_n}{f_1 + f_2 + \cdots + f_n} \tag{2-4}$$

(2) 流域平均坡度。是指流域表面坡度的平均情况。若相邻等高线的高差为 Δz，流域范围内各等高线的长度用 l_0、l_1、l_2、$\cdots$、l_n。则流域平均坡度可用下式计算

$$\bar{j} = \frac{\Delta Z(0.5 l_0 + l_1 + l_2 + \cdots + 0.5 l_n)}{F} \tag{2-5}$$

(三) 流域的自然地理特征

与流域水文特征有密切关系的自然地理特征主要是指流域地理位置、气候、地形、土壤、岩石及地质、植物被覆、湖泊与沼泽等情况。

1. 地理位置

常用流域的边界和中心所处地理位置的经纬度及距水汽来源（海洋）的距离来表示。由于流域的地理位置不同，河川径流情势也就不同。

2. 气候

流域的气候条件包括降水、蒸发、温度、湿度和风等。其中降水与蒸发对径流影响最大。

3. 地形

流域地形可分高山、丘陵、高原、平原等，它是河川径流的主要影响因素之一，其地形特征可用流域平均高程和平均坡度来表示。

4. 土壤、岩石及地质

土壤的性质（如结构）、岩石的水理性（如透水性和给水性）、流域的地质构造（如地层的褶皱、断层等）。对下渗水量及河流的泥沙都有影响。

5. 植被

流域的植被增加了地面糙率，加大了下渗水量，延长了地面径流的汇流时间，减缓了洪水。一般用植被面积占流域面积的百分比，即植被率表示。

6. 湖泊与沼泽

流域内的湖泊与沼泽对径流起调节作用，湖泊（或沼泽）面积占流域面积的百分比表示。通常称为湖泊（或沼泽）率。

7. 人类经济活动

流域内的一切农、林、水电工程等措施，均对径流调节有一定影响。

三、降水、蒸发与下渗

（一）降水

陆地上的水主要来源是降水。降水是水循环和水量平衡的基本要素之一，是径流形成的必要条件，降水是雨、雪、雹、霜等的统称。在我国大部分地区，一年降水量中的绝大部分是降雨，其次是降雪，因此，这里只介绍降雨。

1. 降水的条件

降水的根本条件是大气中要有大量的水汽、含有水汽的空气团受到某种力的作用做上升运动，四周气压逐渐下降，使其体积膨胀对外作功，消耗能量，自身冷却，使原来未饱和的空气达到饱和状态，造成大量水汽凝结成水滴。当水滴的重量大于空气托浮力时，便会降落到地面，形成降水。

由此可见，空气上升引起绝热冷却是形成降水的主要条件，而气流中的水汽含量及冷却程度，则决定着降水量和降水强度的大小。

按空气上升的原因，降雨可分为以下四种类型。

（1）锋面雨。冷、暖气团相遇，其交界面称为锋面。冷气团温度低、密度大、湿度小、容重较大。当冷气团向暖气团推进时，冷气团楔入暖气团下方，把暖气团挤向上空，发生动力冷却致雨，这种雨称为冷锋雨。其特点一般是强度大、历时短、并带有阵雨和雷雨。如果锋面上暖空气势力强，迫使锋面向冷气团侧移动，使暖气团爬到冷气团上面引起冷却而降雨，这种雨称为暖锋雨。其特点是，降雨面积大、强度小、历时长。锋面雨如图2-5所示。我国大部地区居温带，属南北气流交汇区，经常发生锋面雨，其雨量约占全年雨量60%以上，因而锋面雨是形成我国河流洪水的主要来源。

（2）地形雨。当暖湿气流遇到高原、山脉等障碍阻挡，被迫上升而冷却致雨，称为地形雨。地形雨大都降在迎风山坡上，背风山坡降雨很少。

（3）对流雨。夏季地面受热，温度升高，近地面气层的空气受热膨胀上升，上层冷空气在周围下沉予以补充，引起上、下对流。上升的湿热气流冷却而凝结致雨，称为对流

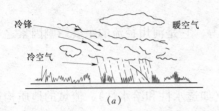 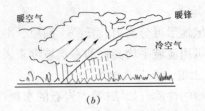

图 2-5 锋面雨示意图

(a) 冷锋雨；(b) 暖锋雨

雨。对流雨一般强度大、范围小、历时短，并常伴有雷电，又称雷阵雨。

（4）台风雨。是由于台风过境所引起的降雨称台风雨。在赤道附近洋面上某些地方，由于温度高、湿度大，常形成剧烈的空气旋涡并向副热带或温带移动，它所经之处，多大风暴雨，这是一种灾害性天气。我国 8 月、9 月份，台风活动非常频繁。

我国气象部门按一日雨量大小，将降雨分为小雨、中雨、大雨和暴雨 4 级。10mm 以下为小雨；10～25mm 为中雨；25～50mm 为大雨；50～100mm 为暴雨。超过 100mm 为大暴雨；超过 200mm 为特大暴雨。

2. 降水量的特征值

（1）降水历时 t。一次降水所持续的总时间，以 min、h、d 计。

（2）降水量 x。降水的数量必须与一定的时间相联系，可以是一次降水总历时的降水量，也可是某一固定时段的降水量，以 mm 表示。

（3）降水强度 i。是指单位时间内的降水量，i 代表时段内的平均强度，用 mm/min 或 mm/h 表示。

（4）降雨面积。是指降雨所笼罩的水平面积，以 km^2。

（5）降雨中心。是指一次笼罩面积上降雨量最为集中且范围较小的局部地点。

3. 降雨资料的图示法

为了表示降雨在时间上的变化及空间上的分析，常用以下图示方法。

（1）降雨量过程线。降雨量过程线是以时段平均雨强 i 为纵坐标，以时间为横坐标绘成的直方图或曲线图，它表示降雨量在时间上的变化过程，如图 2-6 所示。

（2）降雨量累积曲线。降雨过程又可用降雨量累积曲线表示。此曲线的纵坐标表示降雨自起始时刻至某时段末的累积降雨量，横坐标为时间 t，如图 2-6 所示。

（3）等雨量线图。等雨量线图表示某次降雨或某一时段内降雨量在流域面上的分布情况。它的绘图方法与等高线相似，即先将流域所在地区各雨量站的同期观测雨量值点注在图上，然后根据雨量沿地面的变化趋势，并参考地形变化，以一定雨量数的间隔，按直线内插法绘制出一系列的等雨量线，如图 2-7 所示。

4. 降雨量的观测方法

观测降水量的设备一般采用雨量器和自记雨量计。雨量器的构造，如图 2-8 所示。口径为 20cm，安装时注意筒口保持水平，上口距离地面一般为 70cm，降雨量的观测，通常采用二段制，观测时间为 8h 和 20h。另外，则视雨情变化增加测次，如四段制、八段制。以量雨杯计量储水瓶中的水量，即得降水量的多少。

14

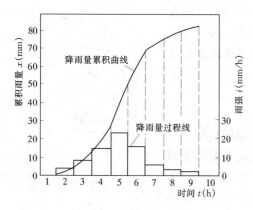

图 2-6 降雨量过程线及累积降雨量曲线

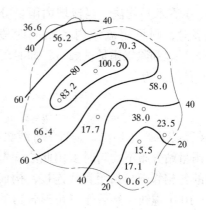

图 2-7 降雨量等值线

自记雨量计一般采用虹吸式,如图 2-9 所示。雨水落入承雨器后,先通过小漏斗进入浮子室,浮子即随水面升降而升降,并带动自记笔在自记钟外围的记录纸上作上下移动,则描绘出降雨随时间变化的过程线。当浮子室内的水面升到虹吸管的喉部时,浮子室内的雨水就通过虹吸管排出到储水瓶。同时,自记笔下降到起点,又随着雨水的增加而上升。所以,自记雨量计能连续记录雨量随时间变化的累积过程,还可以从记录纸上摘录不同时段的降雨强度。这种累积过程线的纵坐标为累积雨量,横坐标是时间。它既反映降雨量的大小,又表示降雨过程的变化,过程线坡度最陡处,就是降雨强度最大的时候。

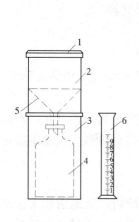

图 2-8 雨量器
1—器门;2—承雨器;
3—雨量筒;4—储水瓶;
5—漏斗;6—雨量杯

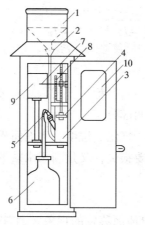

图 2-9a 立式自记雨量
计结构图
1—承雨器;2—小漏斗;3—浮子室;4—浮子;5—虹吸管;
6—储水瓶;7—自记笔;8—笔档;9—自记钟;10—观测窗

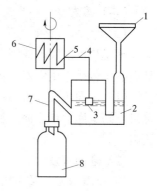

图 2-9b 虹吸式雨量
计结构图
1—漏斗;2—浮子室;3—浮子;
4—连杆;5—自记笔;6—自记钟;7—虹吸管;8—储水瓶

5. 流域平均雨量计算

由于雨量站观测到的雨量,只是代表该雨量站所在位置处或较小范围的降雨量,一般称为点雨量。在实际工作中,往往需要全流域的降雨量。因此,就需要由点降雨量推求流域平均降雨量(常称为面雨量)。计算流域平均雨量的常用方法有以下几种。

（1）算术平均法。当流域内雨量分布较均匀，且雨量站较多时，则可用流域内各站同时段降雨量（x_1，x_2，…，x_n）之和除以雨量站数 n，即时段流域平均降雨量值 $\bar{x}$，其计算式为

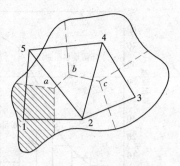

图 2－10　泰森多边形图

$$\bar{x} = \frac{x_1 + x_2 + \cdots + x_n}{n} \tag{2-6}$$

（2）泰森多边形法（垂直平分线法）。当流域地形起伏大，雨量站分布不均匀时多用此法。先在流域平面图上将就近的各相邻雨量站用直线连接，构成若干个三角形，如图 2－10 中虚线。然后作三角形各边的垂直平分线。这些垂直平分线将流域划分成若干个部分面积 f_1，f_2，…，f_n。每块面积内正好有一个雨量站。如同时段降雨量为 x_1，x_2，…，x_n，则流域平均降雨量 $\bar{x}$ 可用下式计算

$$\bar{x} = \frac{x_1 f_1 + x_2 f_2 + \cdots + x_n f_n}{f_1 + f_2 + \cdots + f_n} \tag{2-7}$$

（3）等雨量线法。在较大流域内，地形起伏大且对降雨影响显著，最好用等雨量线法求流域平均雨量。方法是先按各雨量站的降雨量值绘出降雨量等值线图，并量出相邻等雨量线之间的面积 Δf_i，该面积上的雨量以相邻等雨量线的平均值 $\bar{x}_i$ 代表，然后按下式计算流域平均降雨量 $\bar{x}$

$$\bar{x} = \frac{\Delta f_1 \bar{x}_1 + \Delta f_2 \bar{x}_2 + \cdots + \Delta f_n \bar{x}_n}{\Delta f_1 + \Delta f_2 + \cdots + \Delta f_n} = \frac{1}{F} \sum_{i=1}^{n} \Delta f \bar{x}_i \tag{2-8}$$

（二）蒸发

1．蒸发

蒸发是水由液态或固态变成气态的过程。流域内总蒸发量包括水面蒸发和陆面蒸发。陆面蒸发包括土壤蒸发和植物散发两部分。

（1）水面蒸发。水面蒸发主要受气温、湿度、水面面积、风速等的影响而变化。水面蒸发是湖、库、江、海、河流的主要损失，又是利用水量平衡法研究陆面蒸发的基本参证资料。

（2）陆面蒸发。

1）土壤蒸发。是土壤水分逸出地面蒸发的现象。通常一个流域内，陆地面积大于水面面积，故土壤总蒸发量大于水面总蒸发量。除影响水面蒸发的因素外，土壤蒸发还受土壤层含水量、地下水埋深、土壤结构、土壤色泽、地势、植被和降水方式等多种因素的影响。

2）植物散发。土壤中的水分被植物根系吸收后，通过根压输送到叶面，散发到大气中的现象，称为植物散发或蒸腾。影响植物散发的因素，除气温、湿度、土壤温度外，还有日光、植物的性质等。

2．蒸发的观测

蒸发观测是为了测量蒸发的水层深度，以 mm 计。蒸发有水面蒸发和陆面蒸发两类。水面蒸发的观测，目前采用 E—601 型蒸发器和口径为 80cm 带套盆的蒸发器；由于蒸

器比天然水体小，受气温、地温增热影响大，其观测数值常比天然水体的蒸发量（$E_水$）大。用蒸发器观测成果来估计水库与湖泊水面蒸发损失，要乘折算系数（k）才符合天然水体的实际蒸发量，即 $E_水 = kE_测$。年平均蒸发折算系数 k，根据各地水文手册或水文图集查得。陆面蒸发可以通过流域水量平衡方程式估计。

（三）下渗

下渗又称入渗，是指水分（主要是降雨）从土壤表面渗入到土壤中的过程。下渗不仅影响地面径流量的大小，而且也影响土壤含水量及地下水的多少。水分渗入土壤内的速度称下渗强度或下渗率。以单位时间内下渗的水层厚度 mm/h 计。它取决于土壤质地、地质构造、土壤前期含水量、孔隙率、耕作状况及水温等因素。下渗初期，由于表土疏松、裂隙、孔隙大，水力坡降大，因此下渗快，即下渗率大（叫初渗 f_0），一般可达 70～80mm/h。随着土壤水分的不断增加，土壤结构的破坏和胶体的膨胀，土壤湿润厚度的增加而使水力坡降减小，下部土壤又较密实，因而下渗速度逐渐减小。在土壤达饱和后，下渗速度趋于稳定（叫稳渗 f_c）。一般土壤的稳定下渗率小的为 3～5mm/h，大的为 20mm/h 左右，变化范围颇大。在充分供水条件下，下渗随时间的变化曲线称为下渗曲线，如图 2-11 所示。上述下渗的变化规律，可用以下数学公式表示。任一时间的下渗率（f_t）常用霍顿公式表示为

$$f_t = (f_0 - f_c)e^{-\beta \cdot t} + f_c \tag{2-9}$$

式中：f_t、f_0、f_c 分别为 t 时刻下渗率、初始时刻下渗率、稳定时刻下渗率；e 为自然对数底（约为 2.7183）；β 为反映土壤特性的系数。

四、河川径流的形成

（一）河川径流

河川径流是指降落到流域表面上的雨水，由地表与地下注入河川，流经出口断面的水量。其中来自地表的部分称为地面径流；来自地下的部分称为地下径流。河流的水源主要有降水、冰雪融化、地下水等。径流有年内与年际变化，在我国其规律一般是年内分布比较稳定，而年际变化北方大于南方。

（二）河川径流的形成过程

雨水降落在流域表面上，满足流域渗蓄后，径流量由流域地面与地下向流域出口断面汇集。从降雨到径流全部流出流域出口断面的整个物理过程，称为径流形成过程，如图 2-12 所示。为了对径流形成过程在概念上有一个初步的了解，将此过程概化为产流和汇流两个阶段。

1. 地面径流的形成过程

（1）产流阶段。

1）流域降雨。一次降雨的雨强随时在变化，空间分布也比较复杂，可以笼罩全流域。也可以是局部地区。暴雨中心常是沿着某一方向移动，流域较大时也有可能出现多个暴雨中心。降雨在空间和时间上的变化直接影响河川径流的变化。

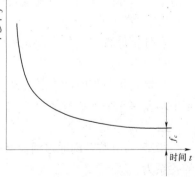

图 2-11　下渗曲线示意图

2）流域渗蓄。降雨初期，一部分雨水直接落在河槽水面上（C），大部分雨水（X）落在地表面上。地面上如有植被覆盖，则首先截留一部分雨水（I）。截流后落下或直接落在地面上的雨水，先满足地面下渗（f）的需要。当降雨强度超过下渗强度时，则在地面的洼陷处停蓄部分水量称为填洼量（D）。渗入到地下的水分一部分在近地表层形成壤中流（Y_2），另一部分形成地下水（Y_3），地下水能否注入河川，随地下水位关系而定。

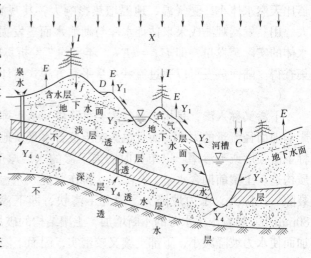

图 2-12　径流形成过程示意图

3）流域产流。当降雨满足土壤下渗、植物截留、洼地填蓄的水量，降雨强度超过下渗强度，产生超渗雨时便可产生径流。因降雨强度分布不均匀及下垫面情况的不同，可能是全面积产流，也可能是局部面积产流。

（2）汇流阶段。

1）坡面漫流。当流域上发生超渗雨，就会产生坡面漫流（Y_1），如图 2-12 所示。漫流首先在流域透水性较差及坡度较陡的地方出现，而后随降雨强度的加大逐步扩大范围。

2）河槽集流。水自坡面流入河槽后，通过河网由上游到下游，从支流到干流，沿河槽作纵向流动，直到流出流域出口断面，这种现象叫做河槽集流。

产流与汇流的各种过程，是互相联系的，不同地点不同时间的变化是错综复杂，在出口断面测得的一次降雨相应的流量过程线，则是其综合作用的结果。

2．地下径流的形成过程

地下水主要来自下渗水量。下渗水量渗到土壤的饱和层后，抬高了潜水的水位。渗流经过相当长的时间，通过潜水及深层地下水补给河道，即地下径流。潜水埋藏在地下，起着地下蓄水库的作用。当流域久旱不雨时，地下径流是河川径流的主要来源。

（三）径流的表示方法

在分析计算中，常用来表示径流量大小的单位如下。

1．流量 Q

流量是指单位时间内通过某一断面的水量，单位为 m³/s。有瞬时、日平均、月平均、年平均及多年平均流量之分。

2．径流总量 W

指某一历时 T 内通过河流某一断面的总水量，单位有 m³、万 m³、亿 m³。它与流量的关系为

$$W = QT \qquad\qquad (2-10)$$

有时用平均流量与历时的乘积表示水量,单位为$(m^3/s)\cdot h$、$(m^3/s)\cdot d$、$(m^3/s)\cdot$月。

3. 径流深 Y

是指某一时段内的径流总量平铺在流域面积上所得的水层深度,单位为 mm。计算式如下

$$Y = \frac{W}{1000F} \qquad (2\text{-}11)$$

4. 径流模数 M

是指流域出口断面流量和流域面积的比值,单位为 $L/(s\cdot km^2)$

$$M = \frac{Q}{F} \times 1000 \qquad (2\text{-}12)$$

5. 径流系数 α

指某一时段的径流深 Y 与其相应的流域平均降雨深 X 之比值,即

$$\alpha = \frac{Y}{X} \qquad (2\text{-}13)$$

因 $Y < X$,故 $\alpha < 1$。

五、水位、流量、泥沙资料的观测及整理

水位、流量与泥沙都是很重要的水文要素,为掌握不同地区各种水文要素的变化,就要设立水文测站进行观测。水位、流量与泥沙等是水文站的常测项目。

(一) 水位观测

水位是指江河、湖泊和水库等水体的自由水面相对于某一固定基准面的高程,以 m 计。水位是兴建水利工程、防汛、抗旱以及工程管理工作必不可少的基本资料之一。

水位起算的零点称为基准面。如长江流域的水位过去采用吴淞零点起算,珠江流域则以珠江基面为起算零点。现在全国已统一采用 1985 国家高程基准(黄海零点)为标准基面。

水位的观测设备可分水尺和自记水位计两类。水尺的形式有:直立式、倾斜式、矮桩式和悬锤式等。自记水位计的主要形式有横式自记水位计、电传自记水位计、超声波自记水位计、压力式自记水位计和水位遥测计。

水位的数值是水尺读数加水尺零点高程而得。水位的观测时间和次数是根据水位变幅情况而定,在水位变化不大时,规定每日 8 时、20 时观测 2 次。在汛期水位涨落急剧时,为了能测到洪峰水位及控制洪水位的变化过程,常需增加测次,有时需要逐时或每隔几分钟观读一次水位。为了节省人力,最好采用自记水位计测定水位,它能自动地将水位变化过程记录下来。

观测所得的原始水位记录,要通过整理、计算、汇编成全年逐日平均水位表,并统计出各月及年的平均和最高、最低等特征水位,录入水文数据库,以供查用。

日平均水位计算方法有算术平均法与面积包围法,若一日水位变化缓慢,或水位虽变化大但观测时距相等时,可用算术平均法计算日平均水位;若一日水位变化大,观测时距又不相等时,采用面积包围法求日平均水位。所谓面积包围法,就是将该日从 0 时至 24 时的水位过程线与横轴所包围的面积除以 24h,即得日平均水位。

（二）流量测算

流量是单位时间（s）通过河道某断面的水量，单位以 m^3/s 计。流量值 Q 等于过水断面面积 ω 乘断面平均流速 v，故流量测算包括断面测量、流速测定及流量计算三部分。

1. 断面测量

断面测量的目的在于绘制测流处的河道横断面图。方法是在断面布设若干条测深垂线，测出各条垂线处的水深 h 和起点距 b。所谓起点距，是指测深垂线（或水上的测点）与岸上起点桩之间的水平距离，如图 2-13 所示。

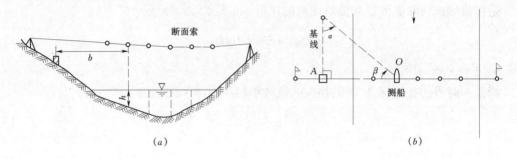

图 2-13　断面测量示意图
（a）断面索观读法；（b）交会法

起点距的测量，可用断面索观读法、测角交会法或 GPS 定位确定。测角交会法即在岸上用经纬仪观测出 α 角，或在船上用六分仪测出 β 角，如图 2-13 所示。利用三角函数计算出各测深垂线的起点距。

断面测深垂线的数目与位置应根据断面转折变化情况来确定，一般主槽较密，浅槽较稀。测深工具视水深、流速可分别采用测深杆、测深锤或测深铅鱼、回声测深仪等。

2. 流速测验

流速测验方法很多，在天然河流中一般采用流速仪及浮标两种方法测量流速。浮标测流方法见有关参考书，这里只介绍流速仪测流。

（1）流速仪测速原理。流速仪是测定水流中任一点点流速的仪器。常用的有旋杯式和旋桨式两类，如图 2-14 所示。其结构主要由旋转器（旋杯或旋桨）、尾翼和附属件组成。流速仪的工作原理是：水流冲击旋转器，旋转器转动速度与水流速度成正比，流速计算公式为

$$v = K\frac{N}{T} + C \tag{2-14}$$

式中：v 为水流速度，m/s；N 为流速仪在 T 历时内总转数；T 为测速历时，s，为消除流速脉动影响，一般不应小于 100s；K、C 为仪器常数。

目前流速仪经过改进，多为可以自动计算的直读流速仪。

（2）测速垂线和测点的选择。为了控制断面上的流速变化，根据河槽和水流情况应在测流断面上布设足够的测速垂线（可在测深垂线中选取），并在各条测速垂线上选取合适的测点。测点位置和数目随水深而异，见表（2-1）。

（3）测点流速的测定。测速时，将流速仪顺次放在每条测速垂线的各个测点上施测，

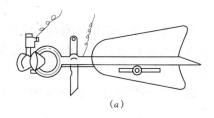
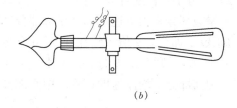

图 2-14 流速仪示意图

（a）旋杯式流速仪；（b）旋桨式流速仪

表 2-1 垂线平均流速计算公式一览表

公式名称	计 算 公 式	适应水深（m）
一点法	$v_m = v_{0.6}$	<1.5
二点法	$v_m = \dfrac{1}{2}(v_{0.2} + v_{0.8})$	1.5～2.0
三点法	$v_m = \dfrac{1}{3}(v_{0.2} + v_{0.6} + v_{0.8})$	2.0～3.0
五点法	$v_m = \dfrac{1}{10}(v_{水面} + 3v_{0.2} + 3v_{0.6} + 2v_{0.8} + v_{河底})$	>3.0

记录各测点的总转数 N 和测速历时 T。利用公式（2-14）就可算得全断面各测点的流速。若采用直读式流速仪，则可直读测点流速。

由于河道地形、水深以及河岸形态对水流流态都有影响，因而断面上各点流速都不相同。为了控制断面上的流速变化，测出较可靠的断面流量值，应在测流断面上根据河宽大小布设足够数量的测速垂线（可与测深垂线数目相同），如图 2-15 所示。并在各条测速垂线上按水深大小选择合适的测点，用流速仪测出各点流速。

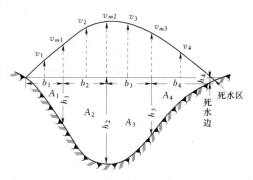

图 2-15 部分平均流速的计算

3. 流量计算

流速测定后，就可以利用专用表格计算断面流量。现结合实例说明一次测流后的断面流量计算见表 2-2，其主要步骤如下。

（1）垂线平均流速计算。根据各条测速垂线上的点流速，分别计算各垂线平均流速 v_m，计算公式见表 2-1。

公式中点流速的下角标表示该测点的相对水深，如表 2-2 中 3 号测速线水深为 2.21m，$v_{0.2}$ 表示水深为 $0.2 \times 2.21 = 0.44$m 处的点流速，同理 $v_{0.6}$、$v_{0.8}$ 表示水深 1.33m 和 1.77m 处的点流速。按公式计算得 3 号垂线平均流速

$$v_m = \frac{1}{3}(v_{0.2} + v_{0.6} + v_{0.8}) = \frac{1}{3}(1.38 + 1.26 + 1.11) = 1.25 \ (\text{m/s})$$

（2）部分平均流速计算。

1）岸边部分平均流速计算。岸边部分平均流速可由紧靠岸边的那条测速垂线的 v_m 乘以岸边系数 α 而得。α 值大致在 0.5～0.9 之间，视水下岸壁坡度及糙率而定。例如表 2 - 2 中，α 取 0.7，则右岸边的部分流速 $v_5 = 0.7 \times 1.03 = 0.72$（m/s）。

2）中间部分平均流速的计算。中间部分平均流速等于相邻两条垂线平均流速的平均值。因此，测速垂线 3～4 号间的部分平均流速 $v_4 = \dfrac{1}{2}$（1.25 + 1.03）= 1.14（m/s）。

（3）部分面积计算。岸边部分按三角形计算，中间部分按梯形计算。由于 4 号测深垂线不测速，因此，在计算第四块面积时，由测深垂线 3～4、4～5 两块组成，即 f_4 = 28.50 + 6.75 = 35.25（m²）。

（4）部分流量计算。部分流量等于部分平均流速与部分面积的乘积。故测速垂线 3～4 号间的部分流量 $q_4 = 1.14 \times 35.25 = 40.18$（m³/s）。

（5）断面流量计算。断面流量为断面上各部分流量之和，即 $Q = \sum q_i$。表 2 - 2 中求得断面流量为 128.4m³/s；断面面积为 120.6m²；断面平均流速 128.4/120.6 = 1.06m/s。

表 2 - 2 　　　　　　　　　　　　**某站测深、测速记载及流量计算表**

施测时间 1998 年 7 月 10 日 8 时 44 分至 4 时 18 分														流速仪牌号及公式：LS251　$v = 0.2557N/T + 0.0068$	
垂线号数		起点距 (m)	水深 (m)	仪器位置		测速记录		流速 (m/s)				测深垂线间		断面面积 (m²)		部分
测深	测速			相对水深	测点深 (m)	总历时 T (s)	总转数 (N)	测点	垂线平均	部分平均	平均水深	间距 (m)	测深垂线间	部分	流量 (m³/s)
左水边		10.0	0.00							0.69	0.5	15.0	7.50	7.50	5.18
1	1	25.0	1.00	0.6	0.60	125	480	0.99	0.99	1.04	1.40	20.0	28.00	28.00	29.12
2	2	45.0	1.80	0.2	0.36	116	560	1.24	1.10						
				0.8	1.44	128	480	0.97		1.17	2.00	20.0	40.00	40.00	46.80
3	3	65.0	2.21	0.2	0.44	104	560	1.38	1.25						
				0.6	1.33	118	580	1.26		1.14	1.90	15.0	28.50	35.25	40.18
				0.8	1.77	111	480	1.11							
4		80.0	1.60							1.35	5.0	6.75			
5	4	85.0	1.10	0.6	0.66	110	440	1.03	1.03	0.72	0.55	18.0	9.90	9.90	7.13
右水边		103.0	0.00												
断面流量 128.4m³/s			断面面积 120.6m²			平均流速 1.06m/s				水面宽 93.0m			平均水深 1.30m		

（三）水位流量关系

通常，在水文站上观测水位比较容易，水位随时间变化的过程也比较容易获得。测算流量则复杂得多，目前很难通过连续测流来直接点绘洪水流量过程。因此，在实际工作中，应重视选择具有良好控制性能的测验河段，以便能建立相对稳定的水位流量关系曲线，这样就可通过水位流量关系曲线由测得的水位推求流量过程。但有时由于种种客观因素的影响，不能建立单一的水位流量关系曲线。在此情况下，只有具体分析各种影响因素，找出其影响的变化规律，加以必要的处理和修正，才能由水位推求出流量。水位流量关系的分析是测站流量资料整编工作中的重要内容之一。

1. 稳定的水位流量关系曲线

水位流量关系曲线的绘制方法，通常是根据各次实测流量值 Q，与其相应的水位 G、过水断面积 ω 及由 Q 和 ω 推算的断面平均流速 v 等数据，分别点绘 $G\sim Q$、$G\sim\omega$、$G\sim v$ 关系曲线的点据，如图 2‑16 所示。如果点据分布呈带状，则可通过点群中间绘出一条光滑曲线，这就是稳定的水位流量关系曲线。

2. 不稳定的水位流量关系曲线

天然河道中，往往由于河床冲淤、变动回水、洪水涨落等因素的影响，水位流量关系点据分布散乱。在这种情况下，需对各种影响因素进行分析，分别加以处理和修正，才能用来推求流量。

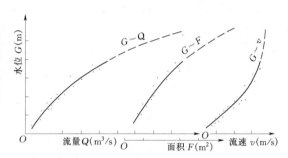

图 2‑16　稳定的水位～流量关系

（四）河流泥沙

1. 泥沙及其表示方法

河水中所挟带的泥沙称为固体径流。泥沙会造成河床游移变迁和水库、湖泊、渠道的淤积，给防洪、灌溉、航运带来困难。故在工程规划、设计、管理工作中，都需要泥沙资料。河流泥沙可分为悬移质和推移质两种。这里着重介绍悬移质。其表示方法用以下计量单位表示

（1）含沙量 ρ。单位体积浑水中所含的干沙质量，以 kg/m^3 计。

$$\rho = W_s/V \tag{2‑15}$$

式中：V 为浑水体积，m^3；W_s 为体积为 V 的浑水中的干沙质量，kg 或 g。

（2）输沙率 Q_s。单位时间内通过河流某一断面的泥沙质量，kg/s 或 t/s 计。若用 Q 表示断面流量，ρ 表示断面平均含沙量，则

$$Q_s = \rho \cdot Q \tag{2‑16}$$

（3）输沙量 W_s。某时段通过河流某一断面的泥沙质量，以 kg 或 t 计。若时段为 T，Q_s 为 T 时段内的平均输沙率，则

$$W_s = Q_s \cdot T \tag{2‑17}$$

（4）侵蚀系数 M_s。一定时段内，单位流域面积的输沙量，以 t/km^2 计。若用 F 表示计算输沙量的流域或区域面积，则

$$M_s = W_s/F \tag{2‑18}$$

2. 悬移质泥沙测验

单位体积浑水中所含干泥沙的重量，称为含沙量，通常用符号 ρ 表示，单位以 kg/m^3 计或 g/cm^3。单位时间内流过河流某一断面的泥沙重量，称为输沙率，以符号 Q_s 表示，单位以 t/s 计。断面输沙率 Q_s 按下式计算

$$Q_s = \bar{\rho} Q / 10^3 \qquad (2-19)$$

式中：Q 为通过测流断面的流量，m^3/s；$\bar{\rho}$ 为断面平均含沙量，kg/m^3。

由于断面上各点的含沙量是不相同的，故含沙量测验与流速测验相似，也要在断面上沿各条垂线的不同深度测出各点含沙量。测验时，先用悬移质采样器在各测点处取得水样，然后将水样经测量体积、沉淀烘干及称重等步骤，再根据测点水样的体积 V（m^3）和干沙重 W_s（kg）确定各测点的含沙量

$$\rho = \frac{W_s}{V} \qquad (2-20)$$

有了垂线上各点的含沙量，可用各相应点的流速加权平均计算垂线平均含沙量 P_m。如用三点法，则

$$\rho_m = \frac{\rho_{0.2} v_{0.2} + \rho_{0.6} v_{0.6} + \rho_{0.8} v_{0.8}}{v_{0.2} + v_{0.6} + v_{0.8}} \qquad (2-21)$$

式中：$\rho_{0.2}$、$\rho_{0.6}$、$\rho_{0.8}$ 分别为水面以下 0.2m、0.6m、0.8m 水深处各测点的含沙量；$v_{0.2}$、$v_{0.6}$、$v_{0.8}$ 分别为水面以下 0.2m、0.6m、0.8m 水深处各测点的流速。

断面输水率 Q_s 的计算方法，与用流速仪法测流时计算断面流量的方法相似。先根据相邻垂线平均含沙量 ρ_{mi} 求垂线间部分面积上的平均含沙量，然后与通过相应部分流量 q_i 相乘；即得部分面积的输沙率，最后将断面上所有部分面积的输沙率相加，即为断面总输沙率 Q_s 其计算公式为

$$Q_s = \frac{1}{1000} \left[\rho_{m1} q_0 + \frac{\rho_{m1} + \rho_{m2}}{2} q_1 + \cdots + \frac{\rho_{mn-1} + \rho_{mn}}{2} q_{n-1} + \rho_{mn} q_n \right] \qquad (2-22)$$

式中：ρ_{m1}、ρ_{m2}、$\cdots$、ρ_{mn} 分别为各条垂线的平均含沙量，kg/m^3；q_0、q_1、$\cdots$、q_n 分别为各相邻垂线间的部分面积上的流量，m^3/s。

六、水文资料的收集

水文资料是水文分析计算的基础，因此在进行水文计算前，首先必须收集水文资料。

（一）水文年鉴

国家基本水文站网历年测验整编的水文资料成果，按照统一的格式和规定，由主管单位逐年刊印成册称为水文年鉴。水文年鉴按水系情况，统一编目，全国共分 10 卷、74 分册。

水文年鉴的主要内容有：①水文年鉴卷册索引；②资料说明部分，包括水位和水位站一览表与分布图、降水量和水面蒸发测站一览表与分布图；③正文部分有水位、流量、泥沙、水温、冰凌、水化、降水、水面蒸发等资料（如逐日平均水位表、逐日平均流量表、实测流量成果表和洪水要素摘录表等）。通常水文年鉴作为内部资料发行至各级水利机关、学校和科研单位，各地水文部门还将水文特征值摘录汇编成《水文特征值统计资料》册供查用。我国水文年鉴的发行工作已经丁 20 世纪 80 年代末停止，目前取而代之的是水文资料数据库。

（二）水文资料数据库

在水文年鉴结束发行后，各地相继建立了自己的水文资料数据库，并逐步实现了全国联网，作为面向社会的水文资料查询系统。

我国水文资料数据库由基本数据库和专家数据库组成，并用网络联结成分布式系统。一级节点库是国家节点库，设在水利部水利信息中心。二级节点库是分设于流域水文水资源局和省（区）水文水资源局的区域性节点库。三级节点库是分设于各省（区）水文水资源分局（勘测大队）的局部网络节点，它负责各测站原始水文资料的收集、处理和存储。

（三）《水文手册》（图集）

从水文年鉴与水文资料数据库中只能查到基本测站所观测到的各项水文要素。而水文测站在面上布设是有限的，必然有相当多的河段上无水文测站，因此，小河流上水利水电工程的规划设计常遇到水文资料缺乏的情况。为此各省（区）水利部门在分析历年水文资料的基础上进行地区综合，找出水文特征值的地区规律，用等值线图、经验公式或表格的形式表示出来，编印成各省（区）的《水文手册》或《水文图集》。其主要内容包括：①本区自然地理和气候资料；②降水、径流、暴雨、洪水、泥沙、水质、地下水、冰情等水文要素特征值统计表和等值线图、分区图；③计算各种水文要素特征值和设计值所需要的经验公式、关系曲线；④对上述内容并附有计算方法说明和计算实例。利用《水文手册》和《水文图集》，可以估算出无资料地区的水文特征值。在使用《水文手册》和《水文图集》时，应注意到各地区之间的差异，并结合实际情况作必要的修正。

七、流域的水量平衡

在自然界的水循环中，河川径流的变化是十分复杂的，但无论其怎样变化，在量上都遵守质量守恒定律。也就是说，对任一区域、任一时段，来水量与出水量之差等于区域内蓄水的变化，即水量平衡。

（一）通用水量平衡方程

在地面上任取一区域，沿此区域的边界取一个底部不透水的柱体为对象来研究，在一定的时段内，进入此柱体的水量有：降雨量 X、凝结量 E_1、地面流入量 Y_{s1}、地下流入量 Y_{g1}，以及时段末的蓄水量 W_1；流出此柱体的水量有蒸发量 E_2、地面流出量 Y_{s2}、地下流出量 Y_{g2}、引用水量 q，以及时段末的蓄水量 W_2。

据水量平衡原理，可得出任一时段水量平衡方程式为

$$X + E_1 + Y_{s1} + Y_{g1} + W_1 = E_2 + Y_{s2} + Y_{g2} + q + W_2 \qquad (2-23)$$

令 $E = E_2 - E_1$，代表有效蒸发量，则可写成

$$X + Y_{s1} + Y_{g1} + W_1 = E + Y_{s2} + Y_{g2} + q + W_2 \qquad (2-24)$$

（二）流域水量平衡方程

如果研究对象为河流流域，区域的边界是地面分水线，故 $Y_{s1} = 0$，令 $W_2 - W_1 = \Delta W$ 代表流域蓄水变量，当 $W_2 > W_1$ 时，ΔW 为正，表示流域蓄水量增加；当 $W_2 < W_1$ 时，ΔW 为负，表示蓄水量减少，则非闭合流域的水量平衡方程式为

$$X + Y_{g1} = E + Y_{s2} + Y_{g2} + q + \Delta W \qquad (2-25)$$

对闭合流域，由于地面与地下分水线重合，故地下流入量 $Y_{g1} = 0$。流域河道下切较深时，地下径流经流域出口断面流出，Y_{g2} 可归入 Y_{s2}，令 $Y = Y_{g2} + Y_{s2}$。若用水量不计，$q = 0$。则平衡方程为

$$X = E + Y + \Delta W \qquad (2-26)$$

对多年年平均情况而言，上式中蓄水变量 ΔW 有正有负，故 $\sum \Delta W / n = 0$，则闭合流

域多年年平均水量平衡

$$X_0 = Y_0 + E_0 \tag{2-27}$$

式中：X_0、Y_0、E_0 为多年年平均降雨量、年径流量和蒸发量。

【例 2-1】 某流域多年平均流量 $Q_0 = 15 \text{m}^3/\text{s}$，流域面积 $F = 1000 \text{km}^2$，流域多年平均年降雨量 $X_0 = 815 \text{mm}$，试计算该流域多年年平均径流量 W_0、年径深 Y_0、年径流模数 M_0、年径流系数 α_0 及年蒸发量 E_0。

解： 一年的时间为 $T = 365 \times 24 \times 3600 = 31536000$（s）

多年年平均径流量 $W_0 = Q_0 T = 15 \times 31536000 = 47304 \times 10^4$（$\text{m}^3$）

多年年平均径流深 $Y_0 = W_0/（1000F） = 473$（mm）

多年年平均年径流模数 $M_0 = 1000 \times Q_0/F = 15 \text{L}/（\text{s}\cdot\text{km}^2）$

多年年平均年径流系数 $\alpha_0 = Y_0/X_0 = 0.58$

该流域近似看作闭合流域，则多年年平均蒸发量 $E_0 = X_0 - Y_0 = 342$（mm）

八、水文统计的基本知识

水文现象和其他的自然现象一样，包含着必然性的一面，也包含着偶然性的一面。许多水文现象都具有随机性的特点，例如，河流某一断面每年汛期出现的最大洪峰流量或每年出现的年径流量等，从数量上来看，有的年份出现的大，有的年份出现的小，它们在年序上的排列毫无规则，这种在数量上出现事先不能确定，而表现出毫无固定规律的现象称为随机现象。

随机现象粗看起来好像是无规律的，但观察了大量的同类随机现象之后，就可发现它是具有内在规律的。这种规律需从大量的随机现象中统计出来，故称为统计规律。水文频率计算与相关分析的目的，在于根据水文实测资料，分析水文现象的统计规律，也就是平常所说的"频率曲线"和"相关曲线"，以便据此展延水文系列并作为对河流未来水文变化情势的估计，为工程的规划、设计和管理运用提供一定标准的水文数据。

（一）随机事件、概率和频率

1. 随机事件

随机事件是指某事件在随机试验结果中可能发生也可能不发生的事件。随机事件的每次试验结果，可用一个数值 x 来表示，则 x 随试验结果的不同而取不同的数值。

2. 概率

概率是指随机事件在试验结果中出现（或不出现）可能性大小的数量指标。例如投掷一枚硬币时，出现正面和反面的机会各占一半。就是说，出现正面和反面的概率为 1/2。简单随机事件的概率可用下式计算

$$W(A) = \frac{m}{n} \tag{2-28}$$

式中：$W(A)$ 为在一定条件下随机事件 A 出现的概率；n 为可能出现的总结果数；m 为有利于随机事件 A 的结果数。

显然，随机事件的概率必介于 0 与 1 之间。

3. 频率

频率是指随机事件 A，在 n 次试验中，实际出现了 m 次，则事件 A 在 n 次试验中出

现的频率（或称事件 A 的频率）即

$$p(A) = \frac{m}{n} \qquad (2-29)$$

实践证明，当试验次数 n 不多时，事件的频率很不稳定。例如，投掷硬币时，出现正面与反面的机会各为 1/2，但不等于掷两次就出现正反面各一次。如在 10 次投掷中出现正面 4 次，那么出现正面这一事件的频率为 4/10。当试验次数很多时，这个频率就会非常接近 1/2，这说明，当试验次数无限增多时，事件的频率就愈接近于它的概率。因此，在生产实践中，当试验次数足够多时，便可将事件的频率值作为概率的近似值来应用。

4．重现期

由于频率是概率论中的一个概念，比较抽象，为了便于理解，在水文分析计算中常采用重现期与频率并用。所谓重现期是指随机变量的某一取值在长时间内平均间隔多少年出现一次，称为"多少年一遇"，用 T 表示。例如"100 年一遇"的含义不能理解为正好每隔 100 年发生一次，对具体的某一 100 年可能出现几次，也可能一次都不出现。频率与重现期的关系，在不同的情况下有不同的表示方法。

在研究暴雨、洪水时，一般设计频率 $P < 50\%$，其重现期为

$$T = \frac{1}{P} \qquad (2-30)$$

在灌溉、发电、供水工程规划设计时，需要研究枯水问题，一般设计频率 $P > 50\%$，其重现期为

$$T = \frac{1}{1-P} \qquad (2-31)$$

（二）随机变量的频率分布

为了便于理解，结合具体实例来说明。

【例 2-2】 某雨量站观测有 63 年降水资料，试分析其年降水量的频率分布。

以年降水量作为随机变量，这些年的降水资料作为随机变量试验结果的取值，它们可组成一个系列，系列的范围可以是有限的，也可以是无限的。随机变量系列的所有数字，称为总体。年降水量的总体是长久岁月中所有的数值，是无限的。从总体中任意抽取的一部分称为样本（随机样本）。实测的水文资料，仅仅是总体的很小部分，或者说是一个有限的系列，称为总体中的一个样本。本例 63 年的年降水量系列就是一个样本。

表 2-3 是 63 个年降水量频率分布。表中第 ① 栏为年降水量的分组上下限，组距 $\Delta X = 200\text{mm}$，把 63 个年降水量按大小不同分成 9 组；第②栏为 63 个年降水量数值出现在各组内的次数；第③栏为将第②栏自上而下逐组累加的次数，它表示年降水量大于或等于该组下限值 x 所出现的次数；第④、⑤栏分别为将第②、③栏的次数除以总次数 63，得出各组的频率和累积频率。

以表 2-3 第④栏的组内频率值为横坐标，年降水量 X（各组下限值）为纵坐标绘成各组台阶式的直方图，称为各组频率分布图，如图 2-17。图上各组组距相同，而频率不同，通常在变量的中间部分出现次数较多，频率值较大，分布相对地密集些，而靠近上、下两端出现的次数逐渐减少，频率变小，分布较稀疏。因此，该图可用来表示各组频率分布的不同密集程度，有时也称之为频率密度图。

年降雨量 X （mm）	次 数 (a)		频 率 （%）	
	组 内	累 积	组 内	累 积
①	②	③	④	⑤
2299～2100	1	1	1.6	1.6
2099～1900	2	3	3.2	4.8
1899～1700	3	6	4.8	9.5
1699～1500	7	13	11.1	20.6
1499～1300	14	27	22.2	42.9
1299～1100	18	45	28.6	71.4
1099～900	15	60	23.8	95.2
899～700	2	62	3.2	98.4
699～500	1	63	1.6	100
总 和	63		100	

表 2-3　　　　　　某水文站年降水量分组频率统计计算表

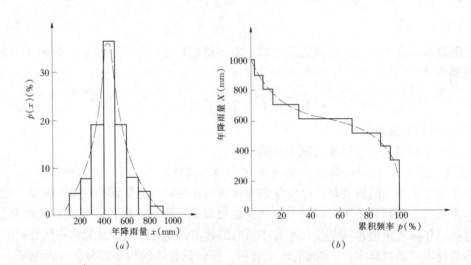

图 2-17　年降雨量频率密度和频率分布图

（a）频率密度图；（b）频率分布图

以表 2-3 第⑤栏内的累积频率为横坐标，年降水量 X 为纵坐标绘成 S 形的折线图，称为累积频率分布图，如图 2-17 所示，也就是平常所简称的频率曲线。它表示年降水量出现大于或等于 X 值的频率（即大于 X 值的累积频率）随着 X 值的大小变化情况。水文上所说的频率通常是指累积频率。

（三）经验频率曲线与理论频率曲线

水利工程规划、设计和管理，常需要知道大于或等于（小于或等于）某一特征值（最大流量或最低水位等）的频率是多少，也就是要提供一定频率的水文数值。这就需要绘制频率曲线。通常由实测资料（样本）所绘制的频率曲线称为经验频率曲线，由数学方程所表示的频率曲线称为理论频率曲线。

28

1. 经验频率曲线

设水文要素的随机变量（样本系列）共有 n 项，按从大到小的顺序排列为 x_1、x_2、…、x_n，则大于或等于 X_m 的数值有 m 次，其频率为 m/n。经验频率可按下式计算

$$P = \frac{m}{n} \times 100\% \qquad (2-32)$$

式中：P 为经验频率；m 为样本系列从大到小顺序排列的序号；n 为观测资料的年数，样本容量。

如果掌握的 n 项资料就是总体，则公式（2-32）并无不合理之处，但水文资料都是样本，以样本来推求总体，公式（2-32）显然不合理。例如有 n 年资料（$n=10$），其最末一项（$m=10$）的经验频率：$P = 10/10 \times 100\% = 100\%$，意味着再也不会出现比这个实测最小值更小的数值，显然不符合实际情况。因为随着观测年数的增多，有可能出现更小的数值。因此，在水文计算中经验频率采用修正后的公式来计算

$$P = \frac{m}{n+1} \times 100\% \qquad (2-33)$$

经验频率曲线是通过各经验频率点连绘的一条光滑曲线。例如求某水文站最大流量的经验频率曲线，可参照表 2-4 的形式进行，其步骤如下。

表 2-4　　　　　　　某枢纽坝址处年最大洪峰流量频率计算表

资　料		经　验　频　率　及　统　计　参　数　计　算					
年份	Q (m³/s)	序号 (m)	从大到小排列 Q (m³/s)	模比系数 K	$K-1$	$(K-1)^2$	$P = \dfrac{m}{n+1}$ (%)
(1)	(2)	(3)	(4)	(5)	(6)	(7)	(8)
1980	1540	1	2750	2.20	1.20	1.4400	4.6
1981	980	2	2390	1.92	0.92	0.8464	9.1
1982	1090	3	1860	1.49	0.49	0.2401	13.6
1983	1050	4	1740	1.40	0.40	0.1600	18.2
1984	1860	5	1540	1.24	0.24	0.0576	22.7
1985	1140	6	1520	1.22	0.22	0.0484	27.3
1986	790	7	1270	1.02	0.02	0.0004	31.8
1987	2750	8	1260	1.01	0.01	0.0001	36.4
1988	762	9	1210	0.971	-0.029	0.0008	40.9
1989	2390	10	1199	0.963	-0.037	0.0013	45.5
1990	1210	11	1140	0.915	-0.085	0.0072	50.0
1991	1270	12	1090	0.875	-0.125	0.0156	54.5
1992	1199	13	1051	0.843	-0.157	0.0246	59.1
1993	1740	14	1050	0.843	-0.157	0.0246	63.6
1994	883	15	980	0.786	-0.214	0.0458	68.2
1995	1260	16	883	0.708	-0.292	0.0853	72.7

资 料			经 验 频 率 及 统 计 参 数 计 算				
年份	Q (m³/s)	序号 (m)	从大到小排列 Q (m³/s)	模比系数 K	$K-1$	$(K-1)^2$	$P=\dfrac{m}{n+1}$ (%)
(1)	(2)	(3)	(4)	(5)	(6)	(7)	(8)
1996	408	17	794	0.637	-0.363	0.1317	77.3
1997	1052	18	790	0.634	-0.366	0.1339	81.8
1998	1519	19	762	0.611	-0.389	0.1513	86.4
1999	483	20	483	0.388	-0.612	0.3745	90.9
2000	794	21	408	0.327	-0.673	0.4529	95.4
合计	26170		26170	21.00	0.00	4.2425	

（1）整理实测资料，将实测资料从大到小排列，并编序号。

（2）按经验公式（2–33）计算各项所对应的经验频率，填入表中第⑤栏。

（3）按表中第④、⑤栏的对应值在几率纸上点绘出各经验点（纵坐标为最大流量；横坐标为频率）。

（4）根据经验频率点据的分布趋势，目估定出一条平滑曲线，即为该站最大流量的经验频率曲线。如图2–19所示。

经验频率曲线在使用时存在两个问题，一是，当设计需求稀遇频率（如 $P=1\%$、0.1%或99%、99.9%）的变量 X_P 时，则须将经验频率曲线进行外延。当实测资料较长，外延范围不大时，尚可得到较满意的结果，但实际上实测资料往往较短，外延就存在较大的任意性，直接影响 X_P 值。二是，经验频率曲线不能进行地区综合，无资料地区无法得到地区综合资料。

为解决经验频率曲线的外延和地区综合，一般借助于理论频率曲线。

2．理论频率曲线

所谓理论频率曲线，是指用数学方程式表示的频率曲线。水文现象的统计规律是否真正符合这种数学方程并无严格的证明。目前，在水文计算中常用的理论频率曲线，有皮尔逊Ⅲ型和克—闵型两种。目前我国广泛使用皮尔逊Ⅲ型曲线，简称P—Ⅲ型。皮尔逊Ⅲ型曲线是英国生物学家皮尔逊于1895年创始的一簇曲线中的一种线型。关于曲线的数学性质及其推导详情见有关参考书，以下仅从统计特征和P—Ⅲ型的应用方面作扼要说明。

P—Ⅲ型曲线的数学方程式比较复杂，为了简化计算，经数学推导，其简化方程为

$$x_p = \bar{x}(1 + C_v \times \Phi_p) = K_p \bar{x} \qquad (2-34)$$

式中：x_p 为频率为 P 的随机变量；Φ 为离均系数，它是 P 与 C_s 函数，可查附表1得到其值；C_v 为变差系数；K_p 为模比系数，$K_p = \dfrac{x_p}{x}$，可查附表2得到。

在该方程式中包含三个待定参数（$\bar{X}$、C_v、C_s），只要三个统计参数已知，则理论频率曲线完全确定了。

（1）统计参数。水文样本系列是水文随机变量的一组取值。水文随机变量取值应有一

定的规律，这种规律的数字特征叫统计参数。样本系列常用的统计参数有：算术平均数、均方差与变差系数和偏差系数。

1) 算术平均数 ($\bar{x}$)。设随机变量的样本系列为 x_1、x_2、$\cdots$、x_n，则其算术平均数可用下式计算

$$\bar{x} = \frac{x_1 + x_2 + \cdots + x_n}{n} = \frac{1}{n}\sum_{i=1}^{n}x_i \qquad (2-35)$$

算术平均数简称为均值，它表示样本系列的平均情况，反映系列总体水平的高低。如，甲乙两条河流的多年年平均流量分别为 $1000 \text{m}^3/\text{s}$ 和 $500 \text{m}^3/\text{s}$，就说明甲河流域的水资源比乙河流域的丰富得多。

2) 均方差与变差系数。①均方差（σ） 均方差 σ 表示系列均值相等时各个取值的离散程度。其无偏计算公式为

$$\sigma = \sqrt{\frac{\sum\limits_{i=1}^{n}(x_i - \bar{x})^2}{n-1}} \qquad (2-36)$$

②变差系数（C_v） 变差系数 C_v 表示系列均值不等时，各个取值相对于均值的离散程度。其无偏计算公式为

$$C_v = \frac{\sigma}{\bar{x}} = \frac{1}{\bar{x}}\sqrt{\frac{\sum\limits_{i=1}^{n}(x_i - \bar{x})^2}{n-1}} = \sqrt{\frac{\sum\limits_{i=1}^{n}(k_i - 1)^2}{n-1}} \qquad (2-37)$$

如，甲乙两条河流年径流的均值相同，而 $C_{v,甲}$，与 $C_{v,乙}$ 分别为 0.20 与 0.50，这就说明甲河流的年径流年际变化比乙河流要小。

③偏差系数（C_s）。偏差系数也称偏态系数，它是反映系列中各取值在均值两侧对称程度的一个参数。其无偏计算公式为

$$C_s = \frac{\sum\limits_{i=1}^{n}(x_i - \bar{x})^3}{(n-3)\bar{x}^3 C_v^3} \qquad (2-38)$$

当样本系列中各值在均值两侧对称分布时，$C_s = 0$，称为正态分布；若分布不对称时，$C_s \neq 0$，称为偏态分布。其中 $C_s > 0$，表示随机变量大于均值的比小于均值的取值机会少，这种系列常称为正偏分布；反之，$C_s < 0$，称为负偏分布。水文现象多属正偏分布。

(2) 统计参数对频率曲线的影响。为避免适线的盲目性，需了解统计参数对频率曲线的影响。

1) 均值对频率曲线的影响。当 P—Ⅲ型频率曲线的 C_v、C_s 不变时，均值 $\bar{X}$ 不同，频率曲线整体位置高低就不同，均值越大、其整体位置就越高，反之，则越低，如图 2-18（a）所示。

2) 变差系数对频率曲线的影响。当 P—Ⅲ型频率曲线的 $\bar{X}$、C_s 不变时，C_v 值不同，频率曲线的陡缓程度就不同，C_v 值越大，则曲线越陡，即曲线上端上升，而下端下降；$C_v = 0$，则曲线为一条水平直线，如图 2-18（b）所示。

3) 偏差系数对频率曲线的影响。当 P—Ⅲ型频率曲线的 $\bar{X}$、C_v 不变时，当 $C_s > 0$ 时，C_s 值不同，频率曲线的弯曲程度就不同，C_s 值越大，曲线弯曲程度加大，即曲线两

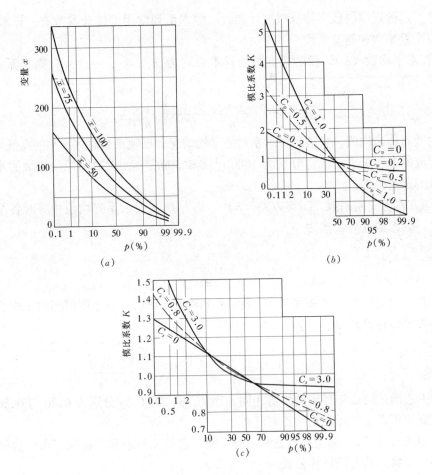

图 2-18 统计参数对频率曲线影响

端上翘，中间下凹；当 $C_s=0$ 时，曲线变成一条直线，如图 2-18 (c) 所示。

（3）现行水文频率计算方法——适线法。适线法是以经验频率点为依据，给其选配一条适当的理论频率曲线，并以此来估计水文要素总体的统计规律。其适线的方法有多种，在此介绍矩法适线，矩法适线的具体步骤如下。

1）将经过审查的水文实测资料由大到小排列，根据公式（2-33）计算各项的经验频率，并以水文变量 X 为纵坐标，频率 P 为横坐标，将经验点点绘到频率纸上；

2）假定一组参数 $\bar{X}$、C_v、C_s，作为初试值，为减少适线的盲目性，通常用矩法公式计算 $\bar{X}$、C_v 的值。而 C_s 一般根据经验选定 C_s/C_v 倍比。

3）选择理论频率曲线线型，大多为皮尔逊Ⅲ型，有时也可通过分析改用克—闵型。

4）由计算出的 $\bar{X}$、C_v、C_s 值，查曲线的离均系数 Φ（或 k_p）值表（见附表1、附表2），经计算得到频率曲线。并将此线绘在绘有经验频率点据的频率纸上，观察与经验点据的配合情况，主要是观察频率曲线是否通过经验频率点群中心。若不好，则要调整参数，重新计算。最后选择一条与经验点据配合最好的曲线作为理论频率曲线，其参数即为估计的总体参数。

【例 2-3】 已知某枢纽处有 21 年年最大洪峰流量资料列于表 2-4 中第（1）、（2）

32

栏，根据该资料用矩法适线选配理论频率曲线，并推求 100 年一遇的洪峰流量。

解：（1）将原始资料按从大到小顺序排列，列入表中第（4）栏；用公式（2-33）计算经验频率，列入表中第（8）栏，并将（4）栏与（8）栏的对应数值，点绘经验频率点于频率纸上，如图 2-19 所示。

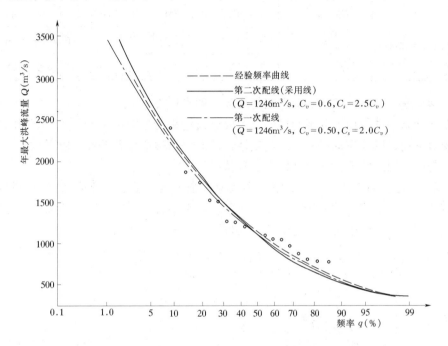

图 2-19 某工程处年最大洪峰流量频率曲线

（2）按无偏公式计算初估统计参数。均值

$$\overline{Q} = \frac{1}{n}\sum_{i=1}^{n}Q_i = 26170/21 = 1246 \ (\mathrm{m^3/s})$$

变差系数

$$C_v = \sqrt{\frac{\sum_{i=1}^{n}(k_i - 1)^2}{n - 1}} = \sqrt{\frac{4.2425}{21 - 1}} = 0.46$$

式中 $k_i = \dfrac{Q_i}{\overline{Q}}$，由于 C_s 的抽样误差大，一般用 C_v 的倍数给出，取 $C_s = 2C_v$。

（3）适线法求理论频率曲线。根据以上计算的统计参数值第一次配线参数采用 $\overline{Q} = 1246 \ \mathrm{m^3/s}$，$C_v = 0.50$，$C_s = 1.0$ 查附表 2 得，相应于不同频率 P 的 K_P 值，列入表 2-5 中（2）栏，乘以均值得相应的 Q_P 列入表 2-5 中。

第（3）栏。将表中第（1）与（3）栏对应数值点绘到频率纸上，绘成光滑的理论频率曲线，观察与经验点据的配合情况，发现理论频率曲线中段配合不好，根据参数对频率曲线的影响，将参数调整为 $\overline{Q} = 1246 \ \mathrm{m^3/s}$，$C_v = 0.60$，$C_s = 1.5$，重新配线，再观察与经验点据的配合情况，发现理论频率曲线配合很好，该线即为采用的理论频率曲线，如图 2-19 所示。

（4）由 $P = 1\%$ 查频率曲线推求出 100 年一遇的洪峰流量为 $Q_P = 3738\mathrm{m^3/s}$。

（四）相关分析

频 率	P（%）	①	0.1	1	5	10	20	50	75	90	99
第一次配线 $\overline{Q}=1264$，$C_v=0.5$，$C_s=1.0$	K_P	②	3.27	2.51	1.94	1.67	1.38	0.92	1.64	0.44	0.21
	Q_P（m^3/s）	③	4133	3127	2417	2080	1720	1146	797	548	262
第二次配线 $\overline{Q}=1264$，$C_v=0.6$，$C_s=1.5$	K_P	④	4.14	3.00	2.17	1.80	1.42	0.86	0.56	0.39	0.24
	Q_P（m^3/s）	⑤	5232	3738	2704	2243	1770	1071	698	486	299

表 2‑5　　　　　　　　　　理论频率曲线计算表

研究两个或两个以上随机变量之间的关系，称为相关分析。

在水文计算中进行相关分析的目的，主要是通过相关分析建立水文变量之间的相关关系，展延短系列，以提高资料系列的代表性，从而提高频率计算成果的精度。

两个变量之间的关系，一般有以下 3 种情况：

（1）完全相关（函数关系）。变量 y 的数值完全根据变量 x 的数值确定，即两者成为一一对应的函数关系，这种关系称为完全相关。完全相关的形式可以是直线，也可以是曲线，由变量本身的性质来决定。完全相关的形式，如图 2‑20 （a）。

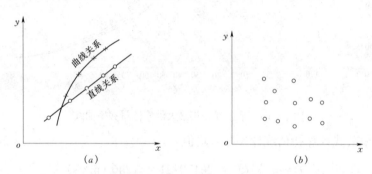

图 2‑20　相关关系示意图
（a）完全相关示意图；（b）零相关示意图

（2）零相关（无关系）。两个变量之间毫不相干，如果以 y 值为纵坐标，对应的 x 值为横坐标，点绘出的相关点分布散乱无规律，如图 2‑20 （b），这种关系称为零相关。

（3）统计相关（相关关系）。两个变量之间的关系，既不属于完全相关，又不属于零相关，而是介于这两种之间的关系，相关点分布具有明显的趋势，如图 2‑21 所示，这种关系称为统计相关。由于水文现象一般都比较复杂，影响 y 的因素多，除了某主要影响因素 x 外，往往还有其他带有随机性的次要因素的影响。因此，相关点的分布在沿着一定趋势变化的同时，又带有随机性的上、下波动，呈现出统计相关的形式。

在相关分析中，按自变量的多少可分为简单相关和复相关两种。简单相关是指只有一个自变量和一个倚变量的相关，而复相关则指有几个自变量和一个倚变量的相关。在简单相关中，又有直线相关和曲线相关两种形式。下面介绍简单直线相关的图解法和计算法，复相关略。

1. 相关图解法

在简单相关中，经常用图解法进行分析，该法简单明了，可以避免大量的数字计算。当两个变量之间的关系比较密切时，图解法一般可以得到令人满意的结果。

相关图解法就是把两种现象（随机变量）的同期观测资料点绘到同一图上，得到许多相关点，分析这些相关点的趋势，绘出相关线，使相关点均匀分布在线的两旁。个别点偏离较远时，要查明原因；如果没有错误，在绘制曲线时还要适当顾及这些点的趋势，但不宜过分迁就，如图 2－21 所示为某年降雨量简单直线相关图。

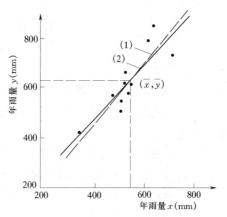

图 2－21　年降雨量直线相关图

相关线是一条直线，可以用直线方程表达。设直线主程为

$$y = a + bx \tag{2-39}$$

2. 相关计算法

如果相关点分布较分散或相关点较少，目估定线无把握时，则可用相关计算法来确定相关方程式。

上面已列出直线方程式（2－39），根据数学上求极值的方法，解出所求直线方程中的两个待定常数，它们应等于由以下两式表示的数值

$$b = \gamma \frac{\sigma_y}{\sigma_x} \tag{2-40}$$

$$a = \bar{y} - \gamma \frac{\sigma_y}{\sigma_x} \bar{x} \tag{2-41}$$

式（2－41）中的各个参数计算公式如下

$$\bar{x} = \frac{1}{n} \sum_{i=1}^{n} x_i, \quad \bar{y} = \frac{1}{n} \sum_{i=1}^{n} y_i$$

$$\sigma_x = \sqrt{\frac{\sum_{i=1}^{n} (x_i - \bar{x})^2}{n-1}}, \quad \sigma_y = \sqrt{\frac{\sum_{i=1}^{n} (y_i - \bar{y})^2}{n-1}} \tag{2-42}$$

$$\gamma = \frac{\sum_{i=1}^{n} (x_i - \bar{x})(y_i - \bar{y})}{\sqrt{\sum_{i=1}^{n} (x_i - \bar{x})^2 \cdot \sum_{i=1}^{n} (y_i - \bar{y})^2}}$$

式中 γ 值介于 0～1 之间，γ 越大，表示相关愈密切，γ 为 1 时，即完全相关；γ 为零时，即零相关。在水文计算中一般要求有十年以上相关资料，且 γ 的绝对值在 0.8 以上，才能通过相关分析插补延长短期系列的资料。

y 倚 x 回归方程式为

$$y = \bar{y} + \gamma \frac{\sigma_y}{\sigma_x}(x - \bar{x}) \tag{2-43}$$

第二节　设计年径流计算

一、概述

(一) 年径流量及其影响因素

对一个流域（或区域）来讲，狭义的水资源主要是指河川径流，河川径流量最能反映水资源的数量与特性。

在一个年度内，通过河流某一断面的水量，称为该断面以上流域的年径流量。它可用年平均流量、年径流总量、年径流深及年径流模数等特征值表示。在水文水利计算中年径流量通常是按水文年或水利年度统计的。水文年度是以水文现象的循环规律来划分，也就是一个水文年度内的径流应该是该水文年度的降水所产生的；在我国融雪径流不明显的地区，是以一年最枯水的日期划分水文年度，即从每年汛期开始到下一年汛期开始前止；在北方具有春汛的河流，则是以冬季降雪开始日期来划分水文年度。

所谓设计年径流，是指相应于某一设计频率的年径流量及其年内分配。设计频率需根据各用水部门的设计标准来确定。例如，以灌溉为主的水利工程，在缺水地区年径流设计频率采用 50%～80%，丰水地区采用 70%～95%；水电站的年径流设计频率多采用 80%～90%。大型及重要的水利水电工程，要根据不同方案作比较，经综合分析后决定。

设计年径流的计算任务是分析研究工程所在河段径流年际水量变化和年内水量分配的规律，在各种不同资料条件下预估未来径流的变化情势，为合理确定工程规模提供可靠的来水依据。

影响年径流的主要因素为气候因素和流域下垫面因素。

1. 气候因素

气候因素中的年降水量和年蒸发量是影响年径流量的主要因素。但由于流域所处的地理位置的不同，其气候特性的差异，使这种影响的程度也有所差别。如在湿润地区，年降水量较大，年径流系数较高，年径流与年降水量之间一般都具有较密切的相关关系；在干旱地区，年降水量较小，而且大部分消耗于蒸发，年径流系数较小，因此，年径流量不仅与年降水量有关，而且与年蒸发量也有明显的关系。

2. 流域下垫面因素

流域下垫面因素包括地形、地质、土壤、植被、湖泊、沼泽及流域面积大小等，它对年径流的影响主要表现在流域蓄水能力上，同时也通过降水与蒸发等气候因素的改变，间接地影响年径流。

(二) 年径流资料审查

年径流资料的审查是水资源评价及水文水利计算的基础。因此，年径流资料很有必要进行审查，主要从资料的可靠性、一致性和代表性三方面进行。

1. 资料的可靠性

主要是对原始资料可靠程度的鉴定，从资料的来源、资料的测验与整编方法等方面进行检查，并通过上下游、干支流水量平衡来检查是否合理。

2．资料的一致性

年径流计算所用的资料必须具有一致的成因基础。若设计流域的气候条件和下垫面因素是稳定的无明显变化，则其成因是一致的，否则资料的一致性就遭到破坏。例如，设计地点的上游修建了引水工程，使河流的年径流量减小。为保持资料的一致性，修建引水工程后的年份，应根据引水渠道观测或调查资料，对年径流资料进行还原计算。

3．资料的代表性

是指作为一个样本的实测年径流系列与总体之间的离差情况。离差愈小，两者愈接近，说明该样本代表性高；反之，代表性差。当代表性差或资料短缺时，需根据相似流域参证站的长期资料，通过相关计算展延设计站的年径流系列，以增加其代表性。

二、设计年径流计算

由于水利计算的方法不同，要求提供的设计年径流的成果也是不同的，通常有三种形式：①设计长期年、月径流系列。是指年径流资料经"三性"分析后，并按水利年重新统计排列，一般以列表的形式给出，见表2-6。②设计代表年、月径流量。③日平均流量

表 2-6　　　　　　　　　　　　某水文站部分年逐月平均流量表

年份	月 平 均 流 量 (m³/s)												年平均 (m³/s)
	3	4	5	6	7	8	9	10	11	12	1	2	
1950～1951	46.0	53.0	37.0	51.0	76.0	81.0	70.0	111.0	53.0	20.0	37.0	35.0	56.0
1951～1952	27.0	46.0	42.0	22.0	83.0	49.0	183.0	65.0	48.0	22.0	19.0	22.0	52.0
1952～1953	41.0	71.0	180.0	79.0	131.0	178.0	68.0	46.0	39.0	22.0	16.0	23.0	75.0
1953～1954	26.0	23.0	28.0	40.0	109.0	35.0	64.0	49.0	55.0	24.0	16.0	20.0	41.0
1959～1960	41.8	34.7	50.6	43.6	153.0	272.0	129.0	72.2	5.04	21.6	20.9	24.3	76.7
1961～1962	46.2	73.7	74.6	87.2	165.0	117.0	128.0	356.0	149.0	73.3	19.4	18.2	110.0
1964～1965	98.5	160.0	217.0	123.0	203.0	142.0	351.0	283.0	131.0	75.4	31.7	30.2	154.0
1968～1969	85.5	91.0	83.3	40.7	99.3	204.0	415.0	245.0	123.0	77.6	42.3	55.8	128.0
1970～1971	35.8	79.4	113.0	79.0	115.0	293.0	252.0	139.0	64.0	40.9	21.8	30.2	106.0
1971～1972	44.3	49.2	43.1	58.1	62.0	19.1	36.1	44.0	30.0	18.1	33.5	36.0	39.5
1972～1973	35.9	48.5	39.1	42.0	56.2	23.6	37.5	22.6	15.6	9.55	21.1	20.0	31.0
1973～1974	15.3	49.3	70.9	45.1	43.5	295.0	134.0	165.0	16.5	21.0	12.3	15.6	76.7
1974～1975	43.3	66.0	24.4	21.3	23.2	95.3	124.0	60.2	25.4	18.1	20.2	29.9	46.0
1976～1977	46.7	75.8	52.7	70.3	46.5	370.0	315.0	117.0	56.3	36.5	39.3	41.4	106.0
1979～1980	29.7	24.3	10.8	11.0	160.0	148.0	136.0	84.1	38.9	23.4	26.4	29.6	60.5
1980～1981	37.1	30.8	40.5	64.7	194.0	132.0	101.0	64.5	34.2	20.0	20.8	23.9	63.9
平　均	43.1	56.3	73.6	65.4	125.8	135.0	160.9	121.7	65.3	34.4	26.8	30.8	78.5
最大 (年份)	98.5 (64)	160.0 (64)	231.0 (67)	296.0 (56)	264.0 (77)	370.0 (76)	434.0 (66)	356.0 (61)	149.0 (61)	77.6 (68)	57.1 (65)	60.5 (69)	154.0 (64)
最小 (年份)	15.3 (73)	20.6 (58)	10.8 (79)	11.0 (79)	21.3 (74)	19.1 (71)	36.1 (71)	22.6 (72)	15.6 (72)	9.55 (72)	12.3 (73)	15.6 (73)	31.0 (72)

历时保证率曲线。在此重点介绍设计代表年、月径流量的计算。

设计年径流量是指相应于设计保证率 P 的年径流量 Q_p 或 W_p。设计年径流计算内容包括设计年径流量计算和设计年内分配推求。

（一）具有实测资料时设计年径流计算

1. 设计年径流量计算

当具有长系列实测年径流资料时，可直接用以上频率计算方法求得设计年径流量；其步骤为①资料的"三性"审查；②年径流量频率计算；③成果的合理性分析。

当只有短期实测年径流资料时，则需先经相关插补延长系列，取得长期资料后，再按长系列的方法进行频率计算求得设计年径流量。

值得注意的是利用相关法插补延长年径流系列的关键问题，在于如何选择恰当的参证变量。参证变量应具备下列条件：①参证变量与设计变量在成因上有密切联系；②参证变量与设计变量之间应有相当长的同步观测资料（一般要求有 10～12 年以上）；③参证变量应具有较长实测资料，且其代表好；④参证变量与设计变量相关系数的绝对值必须大于等于 0.8。

2. 设计年径流年内分配的推求

河川径流在一年内的分配是不均匀的。河川径流年内分配的特性在不同地区有很大的差别。就是同一测站，各年的径流在年内分配也不相同。工程规模的大小，不仅与年径流大小有关，而且与年径流的年内分配有关。因此，在求出设计年径流量或时段径流量后，还需要确定其年内分配，以满足规划、设计的需要。

设计年径流年内分配的推求，一般是采用缩放代表年的方法来确定。其步骤是：①选择代表年；②计算缩放系数；③用同倍比或同频率法缩放代表年。

（1）代表年的选择。代表年是从实测年径流资料中选取，并符合以下条件的年径流。

对于水电工程常采用三种代表年，即丰水年（$P \leqslant 25\%$），平水年（$P = 50\%$）和枯水年（$P \geqslant 75\%$）。对于灌溉工程常用实际代表年法。

实际代表年法是在典型枯水年型中，根据代表年选择原则，主要考虑年径流量接近于设计年径流量的实际年份作为代表年。用其径流年内分配不作缩放就作为设计年径流的年内分配。

典型代表年法，应按有关原则来选择代表年，并按同倍比或同频率缩放法推求设计年径流的年内分配。

从实测资料中选择代表年的原则如下：

1）水量相近的年份。即选取年径量或时段径流量与设计值相近的年份。这是因为水量相近的年份，径流形成条件可能相似，年内分配亦较相近。

2）选择对工程较为不利的年份。因为在典型年中水量相同的年份可能不止一个，为了安全起见，应从中选取在年内分配对工程不利的作为代表年。例如，对于灌溉工程，应选灌溉需水期来水量比较少和非灌溉期来水量比较多的年份作为实际代表年；对于水电站和城镇、工矿用水，要选枯水期长、枯水流量最小的年型；对于丰水年一般选择汛期长、峰高而水量大的年型。

（2）设计年内分配推求。

同倍比法。同倍比法是按同一倍比系数缩放代表年的径流过程，从而得到设计年内分配。如果以年水量控制，缩放倍数为 $K_年$，若以供水期某时段水量控制，缩放倍数为 K_T。$K_年$、K_T 按下式计算

$$K_年 = \frac{Q_p}{Q_d} \quad 或 \quad K_T = \frac{W_{Tp}}{W_{Td}} \tag{2-44}$$

式中：Q_P、Q_d 分别为设计年径流量与典型年径流量；W_p、W_d 分别为设计时段径流量与典型时段径流量。

【例 2-4】 某水文站有 31 年径流年内分配资料，部分资料摘录于表 2-6。已知年径流 $\overline{Q} = 78.5 \text{m}^3/\text{s}$，$C_v = 0.38$，$C_s = 2C_v$，设计频率 $P = 10\%$、$P = 50\%$、$P = 90\%$ 的设计年平均流量及设计年径流量的年内分配。

解：（1）设计年径流量计算。根据年径流的统计参数 $\overline{Q} = 78.5 \text{m}^3/\text{s}$，$C_v = 0.38$，$C_s = 2C_v$ 与设计频率，查附表 2，得出 K_P，应用 P—Ⅲ简化公式，可计算出设计年径流量分别 $Q_{10\%} = 118.5 \text{m}^3/\text{s}$、$Q_{50\%} = 74.6 \text{m}^3/\text{s}$、$Q_{90\%} = 43.2 \text{m}^3/\text{s}$。

（2）典型代表年的选择。丰水年典型以 1961 年、1968 年两年平均流量与设计丰水年 $Q_P = 118.5 \text{m}^3/\text{s}$ 相近，1968 年 7～9 月径流量占全年径流总量的 46.7%，而 1961 年则为 31.3%，1968 年洪水总量较大，洪水期较长，故选 1968 年为丰水年典型代表年。

平水年典型以 1952 年、1959 年、1973 年三年平均流量与设计平水年 $Q_P = 74.6 \text{m}^3/\text{s}$ 相近。参考多年各月平均流量的变化，春、夏季最大月及冬季最小月出现时间，三个年份基本相同，但 1973 年枯水偏低，1～3 月平均流量为历年最小值；1952 年 5 月平均流量比多年 5 月平均流量大 2.45 倍；而 1959 年各月平均流量，接近历年各月平均流量，故选用 1959 年为平水年典型代表年。

枯水年典型以 1953 年、1974 年两年平均流量与设计枯水年 $Q_P = 43.2 \text{m}^3/\text{s}$ 相近，但从枯水持续时间较长及对灌溉用水不利考虑，选 1974 年为枯水年典型代表年。

（3）推求设计年径流年内分配。根据选定的典型代表年，用年水量控制进行缩放，用缩放倍数 $K_年$ 乘以代表年各月流量，即得设计年径流年内分配。对于 10% 的丰水年型，缩放倍数为 118.5/128 = 0.926；50% 的平水年型为 74.6/76.7 = 0.973；90% 的枯水年型为 43.2/46.0 = 0.939。计算成果如表 2-7 所示。

表 2-7　　　　　　　　　某水文站设计年径流年内分配计算表

典型代表年	缩放倍数 K	项目	月 平 均 流 量 (m^3/s)												年平均 (m^3/s)
			3	4	5	6	7	8	9	10	11	12	1	2	
丰水年 1968	0.926	典型年	85.5	91.0	83.3	40.7	99.3	204.0	415.0	25.0	123.0	77.6	42.3	55.8	128.0
		设计年	79.2	82.4	77.0	37.7	91.9	188.9	384.2	226.8	113.9	71.8	39.2	51.7	118.5
平水年 1959	0.973	典型年	41.8	34.7	50.6	43.6	153.0	272.0	129.0	72.2	50.4	21.6	20.9	24.3	76.7
		设计年	40.7	33.7	49.2	42.4	148.8	264.6	125.5	70.2	49.0	21.0	20.3	23.6	74.6
枯水年 1974	0.939	典型年	43.3	66.0	24.1	20.3	23.2	95.3	124.0	60.2	25.4	18.1	20.2	29.9	46.0
		设计年	40.7	62.0	22.6	20.0	21.8	89.5	116.5	56.5	23.8	17.0	19.0	28.1	43.2

2）同频率法。上述同倍比法所求的设计年内分配，只年或某一时段径流量符合设计要求。有时需要所求的设计年内分配，无论是年径流量，还是时段径流量均要满足设计要求，这就需要采用同频率法。即用不同的缩放倍数分段控制缩放设计代表年的各月流量，使年径流量与各时段径流量均符合设计频率标准，各时段的缩放倍数为：

最小一个月倍数为

$$K_1 = W_{1p}/W_{1典} \qquad (2-45)$$

最小 4 个月包括最小 1 个月，其余 3 个月的倍数为

$$K_{4-1} = (W_{4p} - W_{1p})/(W_{4典} - W_{1典}) \qquad (2-46)$$

同理，可计算出其它控制时段的倍数，全年余下 8 个月份

$$K_{12-4} = (W_{12p} - W_{4p})/(W_{12典} - W_{4典}) \qquad (2-47)$$

式中：W_{1p}、W_{4p}、W_{12p} 分别为最小 1 月、4 月、全年设计洪量；$W_{1典}$、$W_{4典}$、$W_{12典}$ 分别为最小 1 月、4 月、全年典型洪量。

【例 2-5】 某小水电工程，资料同例 2-4，年径流频率计算的成果为 $P=90\%$ 的设计年径流量 $Q_p=43.2$，连续最枯 4 个月设计水量 $W_{4P}=90.8 \text{m}^3/(\text{s}\cdot\text{月})$，试用同频率法推求 $P=90\%$ 的设计年径流的年内分配。

解：（1）选择典型与计算缩放倍数。以年水量相近仍然以 1974～1975 年为代表年，则连续最枯 4 个月典型水量为 93.6 $\text{m}^3/(\text{s}\cdot\text{月})$，则连续最枯 4 个月缩放倍数 $K_4 = 90.8/93.6 = 0.970$；其余 8 个月的缩放倍数 $K_{12-4} = (12 \times 43.2 - 90.8)/(12 \times 46.0 - 93.6) = 0.933$。

（2）用同频率法计算年内分配，如表 2-8 所示。

表 2-8　　　　同频率法计算设计年径流量的年内分配表　　（单位：m^3/s）

月　份	3	4	5	6	7	8	9	10	11	12	1	2	全年
枯水代表年 Q	43.3	66.0	24.1	20.3	23.2	95.3	124.0	60.2	25.4	18.1	20.2	29.9	552.0
缩放倍数 K	0.933	0.933	0.933	0.933	0.933	0.933	0.933	0.933	0.97	0.97	0.97	0.97	
设计枯水年 Q	40.4	61.6	22.5	18.9	21.6	88.9	115.7	56.2	24.6	17.6	19.6	29.0	518.6

（二）缺乏实测资料时设计年径流计算

在中小河流的工程计算地点，经常遇到缺乏实测径流资料的情况，或者虽有短期实测资料，但无法展延。在这种情况下，设计年径流量及年内分配只有通过间接途径来推求。目前常用参数等值线图法和水文比拟法来估算年径流的三个统计参数，然后计算出设计年径流量，进一步推求设计年内分配。

1．等值线图法

各省市（区）《水文手册》（图集）中，均有多年年平均年径流深等值线图、年径流变差系数 C_v 等值线图和偏态系数分区图，可供缺乏资料的地区设计时查用。

（1）多年年平均年径流量估算。水文特征值的等值线图是表示水文特征值的地理分布规律的。当影响某一水文特征值的因素主要是地理分区性因素（如气候因素）时，则该特征值就随地理坐标的不同而发生连续均匀的变化，利用这种特性就可以在地图上作出它的等值线图。反之，如影响某一水文特征值的因素主要是非分区性因素（如下垫面因素：流

域面积、河槽下切深度、湖泊、沼泽等）时，则该特征值就不随地理坐标而连续变化，也就无法作出等值线图。对于同时受到分区性和非分区性因素影响的特征值，如果能设法消除非分区性因素的影响，就可提高等值线图的精度。

影响闭合流域多年平均年径流量的主要因素是气候因素，即降雨和蒸发。由于降雨量和蒸发量具有地理分布规律，因此多年平均年径流量也具有这种规律，可以绘制等值线图，并用它来推求缺乏实测径流资料的多年平均年径流量。为消除流域面积这一非分区性因素的影响，等值线图以多年平均年径流深（单位为 mm）表示。

对于某一点的水文特征值（如降水量、蒸发量等），可将观测值直接标注在地图上的观测点处，然后绘出该特征值的等值线图。但是对于径流量来说，河流任一测流断面的径流量是由断面以上流域各点的径流汇集而成的，径流量不是该断面处的数值，而是流域的平均值。所以在绘制多年平均年径流深等值线图时，不应将数值点绘在测流断面处，而应点绘在流域的形心处。所谓流域形心，就是沿任意几个方向都能将流域面积划分成两等份的几条直线的交点。在山区，径流有随高程的增加而加大的趋势，故常将数值点绘在流域平均高程处。

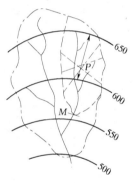

图 2-22 某地区多年平均年径流深等值线图（单位：mm）

由于多年平均年径流深等值线图是按上述原则绘制的，因此，在应用该图来推求无实测径流资料情况下设计断面处的多年平均年径流量时，先在等值线图上勾绘出设计流域坝址所在断面以上的流域分水线，并找出流域形心位置。当流域面积较小，穿过流域内的等值线条数较少时，可直接采用直线内插法查读出流域形心处的数值，即为设计流域多年平均年径流深。如图 2-22所示，M 为设计坝址断面，P 为设计流域面积的形心，位于等值线 600mm 和 650mm 之间，并靠近 600mm 等值线 1/3 的间距。用直线内插法即可求得 P 点的数值为 617，即 M 设计断面以上流域的多年平均径流深为 617mm。

当设计流域面积较大，穿过流域内的等值线条数较多时，则应采用面积加权平均法来计算设计流域的多年平均年径流深 y_0（mm），即

$$y_0 = \frac{y_1 f_1 + y_2 f_2 + \cdots + y_n f_n}{F} \tag{2-48}$$

式中：y_1，y_2，$\cdots$，y_n 为相邻两等深线的平均值；f_1，f_2，$\cdots$，f_n 为相邻两等深线间所包围流域内的面积，$f_1 + f_2 + \cdots + f_n = F$ 为流域全面积。

必须指出，多年平均年径流深等值线图，一般都是依据中等流域的实测径流资料绘制的。因此，等值线图应用于中等流域比较适合，成果精度较高。若应用于小流域，由于流域河槽下切深度浅等原因，可能造成地下径流的多少有差异，必要时要进行实地调查，适当加以修正。

（2）年径流变差系数 C_v 的估算。如前所述，影响年径流变化的主要是气候因素。因此，在一定程度上也可以用等值线图来表示年径流量的 C_v 值在地区上的变化规律。

年径流量变差系数 C_v 等值线图的绘制方法和查用方法，与多年平均年径流深等值线

图相似。但应注意,年径流量 C_v 等值线图的精度一般较低,特别是用于小流域。由于小流域支流少,水量丰枯补偿小,同时地下水补给少,使小流域年径流的 C_v 大于大中流域。因此把依据中等流域资料绘制的年径流量 C_v 等值线图用于小流域时,由图上查读的 C_v 值可能比实际的偏小,必须结合具体条件加以修正。

(3)年径流量偏差系数 C_s 的估算。年径流量偏差系数 C_s 一般在地区上变化规律不明显,通常表示为分区图(表)。按选取用 C_s/C_v 的倍比。年径流一般多采用 $C_s=2C_v$。

(4)设计年径流量及其年内分配的计算。可直接通过查等值线图或分区图(表)得到三个统计参数后,根据指定的设计频率,查 P—Ⅲ型曲线模比系数 K_P 值表确定 K_P,按式(2—34)就可计算出设计年径流量 Q_P。为配合参数等值线图的应用,各省(区)《水文手册》(图集)中,均按气候和地理条件划分了水文分区,并概化出了各分区的丰、平、枯各种年型径流的典型分配过程,可供无资料流域推求设计年径流年内分配时查用。

【例 2—6】 某流域缺实测径流资料,拟在某河流 A 断面处修建水库,流域面积 $F=176\text{km}^2$。试推求设计坝址断面处 $P=90\%$ 的设计年径流量及其年内分配。

解:(1)在水文手册多年平均年径流深等值线图和变差系数 C_v 等值线图上勾绘出流域分水线,并定出流域形心位置,如图 2—23 所示。

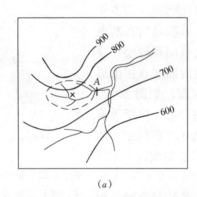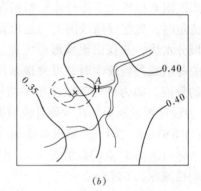

(a) $\qquad\qquad\qquad\qquad\qquad$ (b)

图 2—23 某地区多年平均年径流深 y_0 及年径流 C_v 等值线图(单位:mm)

(图来自耿鸿江主编的第四版——工程水文及水利计算的 P80)

$(a) y_0$ 等值线图;$(b) C_v$ 等值线图×流域形心位置

(2)用直线内插法求出流域形心处的 Y_0 为 780mm,C_v 为 0.39。采用 $C_s=2C_v$。

(3)计算设计年径流量 Q_P。先计算出设计年径流深 Y_P,方法是根据 $P=90\%$,$C_v=0.39$,$C_s=2C_v$ 查附录中 P—Ⅲ曲线的 K_P 表,得 $K_P=0.54$,则 $P=90\%$ 的设计年径流 $Y_P=K_PY_0=0.54\times780=421.2$(mm)。

然后换算成设计年径流量 Q_P

$$Q_P=\frac{1000FY_P}{T}=\frac{1000\times176\times421.2}{31.54\times10^6}=2.4\ (\text{m}^3/\text{s})$$

(4)查该区水文手册得,流域所在分区枯水代表年的年内分配比如表 2—9 所示。将表 2—9 中各月份配比乘以设计年径流量 2.4m³/s,就可得到 $P=90\%$ 的设计年内分配过程,见表 2—9。全年各月流量之和为 28.79 m³/s,除以 12 得 2.4 m³/s,等于设计年径流量,计算无误。

月 份	4	5	6	7	8	9	10	11	12	1	2	3	合计
枯水代表年各月分配比 $(Q_月/Q_年)$	1.88	3.44	3.71	0.46	0.03	0.00	0.00	0.01	0.04	0.03	0.16	2.24	12
$P=90\%$ 设计年各月流量 (m^3/s)	4.51	8.26	8.90	1.10	0.07	0.00	0.00	0.02	0.10	0.07	0.38	5.38	28.79

2. 水文比拟法

水文比拟法是把参证流域的水文特征值移用到设计流域的一种方法。此法的关键是选择恰当的参证流域。参证流域应具有较长的实测径流资料，且年径流的影响因素与设计流域相似，也就是说参证的气候与下垫面条件应与设计流域基本相近，否则会造成较大的误差。流域面积也不宜相差过大。

参证流域选定后，当两流域面积相差在 3% 以内时，可直接移用；若两流域面积相差在 3%～15% 之间时，可修正后移用，其公式为

$$\overline{Q}_设 = \frac{F_设}{F_参}\overline{Q}_参 \tag{2-49}$$

式中：$\overline{Q}_设$、$\overline{Q}_参$ 为设计流域与参证流域的多年年平均流量；$F_设$、$F_参$ 为设计流域与参证流域的流域面积。

年径流的 C_v 及 C_s/C_v 值也可以用水文比拟法去移用，对于无资料地区的设计年径流的年内分配，广泛采用水文比拟法。

第三节　小流域设计洪水计算

一、概述

(一) 洪水及设计洪水

流域内的暴雨、融雪形成的大量径流急剧地汇入河流，使河道流量猛增、水位上涨，这就形成了洪水。

流域发生一次洪水，可在河流测流断面上测到一条相应的洪水流量过程线，如图 2-24 所示。洪水在 A 点起涨，流量不断增大，到 B 点达到最大值，然后流量逐渐减少，直至 C 点落平，一次洪水结束。一次洪水流量的最大值 Q_m 称为洪峰流量。在洪水过程线上 A—B 段为涨水段，其相应的历时称为涨水历时；B—C 段为退水段，相应的历时称为退水历时；涨水历时和退水历时之和就是一次洪水的总历时。一次洪水流过的总水量称为洪水总量，它是洪水过程线与横坐标轴所包围的面积。洪峰流量、洪水总量和洪水过程线称为洪水三要素，简称峰、量、型。

当河槽里的洪水流量超过该河段河槽的宣泄能力时，就会泛滥成灾，给人们的生命财产和国民经济造成巨大的损失。为了减小洪水的威胁，或根治洪灾，确保农田、城镇防护对象的安全，人们可采用多种对策。如疏浚河道、培修堤防，以增大河槽的宣泄能力，防止洪水漫溢；或者开展水土保持工作，兴建水库，分洪滞洪，以拦蓄洪水，削减洪峰，改

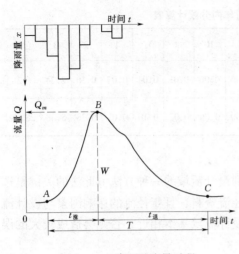

图 2-24 降雨及流量过程

变天然洪水的过程。因此，在河流上修建的任何水利工程，设计时必须在充分了解和掌握洪水规律的基础上，正确地预估工程建成后所能防御洪水的能力，以便合理地确定工程的布局及其规模。一般根据工程所在河段未来可能发生洪水的特性，并结合工程的规模和要求，拟定一个比较合理的洪水作为防洪安全的依据，这种洪水称为设计洪水。设计洪水是确定防洪措施规划设计参数和管理运用效果的依据。

（二）防洪设计标准

推求设计洪水时，首先要确定设计标准。设计标准是一项非常重要的指标。如果设计标准定得过高，设计洪水过大，建筑物本身虽然安全，但工程投资多，不经济；反之，如果设计标准定得过低，设计洪水过小，虽然可以减少投资，但却不够安全。设计标准分水工建筑物和防护对象的防洪安全标准两类，一般以多少年一遇的洪水（频率）表示。防洪标准既决定防洪措施的工程规模与投资，也决定着防护对象安全程度和防洪的社会经济效果。防洪工程的设计标准决定着工程本身能够承受稀遇洪水的安全可靠程度。这两个标准的概念和作用是不同的。这两个标准的选取，特别是防洪标准由于涉及面广问题复杂，宜慎重选择。实践中常分别按照国家标准 GB50201—94《防洪标准》和行业标准 SL252—2000《水利水电工程等级划分及洪水标准》的有关规定，并通过经济技术综合分析加以选用。

（三）设计洪水的计算方法

我国计算设计洪水的方法，根据不同的资料条件大致有以下几种：

1. 由流量资料推求设计洪水

由流量资料推求设计洪水的计算包括设计洪水峰、量频率计算和设计洪水过程线的推求。这种方法适用于有较长实测洪水资料的流域。

（1）设计洪水峰量频率计算。设计洪水峰、量频率计算的具体方法与由年径流资料推求设计年径流时大体相似。先采用年最大值法选取洪峰和各时段洪量样本，组成洪峰或时段洪量系列，然后用频率计算的方法计算出设计洪峰流量、各时段设计洪量。不同点是：目前在设计洪水计算中，需对历史上的特大洪水进行调查处理，确定其重现期，并加入到实测洪水系统中进行频率计算，以提高系列的代表性和成果的稳定性。

所谓特大洪水，目前还没有一个非常明确的定量标准，通常是指比系列中一般洪水大得多的稀遇洪水，如模比系数 $K \geq 2 \sim 3$。它可以是出现在实测资料系列中的实测特大洪水，也可以经调查考证而获得的历史特大洪水。

特大洪水和一般实测洪水加在一起，可以组成一个洪水系列，如何利用这样的系列作频率计算，关键在于对特大洪水资料如何处理。特大值处理主要是指如何确定各次特大洪水的经验频率。

考虑特大洪水时经验频率的确定。考虑特大洪水时，经验频率的计算基本上是采用将特大洪水的经验频率与一般洪水的经验频率分别计算的方法。设调查及实测（包括空位）的总年数为 N 年，连续实测期为 n 年，共有 a 次特大洪水，其中有 l 次发生在实测期，$a-l$ 次是历史特大洪水。目前国内有两种分别计算特大洪水与一般洪水经验频率的方法。

（a）独立样本法（或分别处理法）

此法是把历史洪水的长系列（N 年）和实测的短系列（n 年）看作是从总体中随机抽出的两个独立样本，各项洪峰值可在各自所在系列中排位，则一般洪水（n 项中除去了 l 项特大值）的经验频率为

$$p_m = \frac{m}{n+1} \quad (m = l+1, l+2, \cdots, n) \tag{2-50}$$

特大洪水的经验频率为

$$P_M = \frac{M}{N+1} \quad (M = 1, 2, \cdots, a) \tag{2-51}$$

（b）统一样本法（或统一处理法）

将特大洪水系列和实测系列共同组成一个不连序系列作为代表总体的样本，不连序系列的各项可在调查期限 N 年内统一排位。特大洪水的经验频率仍用式（2-51）计算。实测系列中（$n-l$）项一般洪水的经验频率计算为

$$p_m = \frac{a}{N+1} + \left(1 - \frac{a}{N+1}\right)\frac{m-l}{n-l+1} \tag{2-52}$$

【例 2-7】 某站 1938~1982 年有 45 年实测洪水资料，其中 1949 年洪水比一般洪水大得多，应从实测系列中提出作特大值处理。另外通过调查历史洪水资料，得知本站自 1903 年以来的 80 年间有两次特大洪水，分别发生在 1921 年和 1903 年。经分析考证，可以断定 80 年来没有遗漏比 1903 年更大的洪水。洪水资料见表（2-10），试用两种方法分析计算各次洪水的经验频率，并进行比较。

解：（1）首先用独立样本法计算。

1）把 a 个特大洪水（$a=3$）和（$n-l$）个一般洪水，分别看成两个独立抽取的连序样本，分别排位按式（2-51）和式（2-50）计算各项的经验频率。

2）各洪水特大值的经验频率：1921 年洪水 $Q_m = 8540 \text{ m}^3/\text{s}$，特大值系列（$N=80$ 年）排第一位，则 $P_{1921} = \frac{1}{80+1} \times 100\% = 1.23\%$，1949 年洪水 $Q_m = 7620 \text{m}^3/\text{s}$，在特大值系列内排第二位，则：$P_{1949} = \frac{2}{80+1} \times 100\% = 2.47\%$，1903 年洪水 $Q_m = 7150 \text{ m}^3/\text{s}$，在特大值系列内排第三位，则 $P_{1903} = \frac{3}{80+1} \times 100\% = 3.7\%$。

3）实测系列各项的经验频率计算应分别放在 N 年内排位，即 $M = 1$，2，3，$\cdots$，N。但由于实测值中将 1949 年提出去作特大值处理，故排位实际上应从 $M=2$ 开始，即 1940 年洪水 $P_{1940} = \frac{2}{45+1} \times 100\% = 4.35\%$，其他各项计算省略。为了便于分析比较，将计算成果列入表（2-10）中。

（2）下面再统一样本法计算。

1) a 个特大洪水的经验频率仍用式 (2-51) 计算，结果与独立样本法相同。$(n-l)$ 项实测一般洪水的经验频率按式 (2-52) 计算，如 1940 年为

$$P_{1940} = \left[\frac{3}{80+1} + \left(1 - \frac{3}{80+1} \right) \times \frac{2-1}{45-1+1} \right] \times 100\% = 5.84\%$$

其余各项依此计算，成果列入表 2-10 中。

表 2-10   某站洪峰流量系列经验频率分析计算表

洪水资料	洪水性质	特 大 洪 水			一 般 洪 水				
	年 份	1921	1949	1903	1949	1940	1979	…	1981
	洪峰流量（m³/s）	8540	7620	7150		5020	4740	…	2580
排位情况	排位时期	1903～1982 年（$N=80$ 年）			1938～1982 年（$N=45$ 年）				
	序 号	1	2	3	—	2	3	…	45
独立取样分别排位（方法1）	计算公式	式 (2-50)			式 (2-51)				
	经验频率（%）	1.23	2.47	3.7	—	4.35	6.52		97.8
统一抽样统一排位（方法2）	计算公式	式 (2-50)			式 (2-52)				
	经验频率（%）	1.23	2.47	3.7		5.84	7.98		97.8

由表 2-10 中计算结果可以看出，特大洪水的经验频率两种方法计算一致；而实测一般洪水的经验频率两种方法计算结果不同，如 1940 年洪水（$M=2$），用独立样本计算频率为 4.35%，用统一样本计算 5.84%，可见第二种方法计算的经验频率比第一种方法计算值大。

以上两种方法，目前在都在使用，两种方法所得频率计算成果很接近。

2) 考虑特大洪水时统计参数的确定。考虑特大洪水时统计参数的确定仍采用配线法，用矩法初估均值 $\overline{X}$ 与变差系数 C_v 的公式为

$$\overline{X} = \frac{1}{N} \left(\sum_{j=1}^{a} x_j + \frac{N-a}{n-l} \sum_{i=l+1}^{n} x_i \right) \tag{2-53}$$

$$C_v = \frac{1}{\overline{X}} \sqrt{ \frac{1}{N-1} \left[\sum_{j=1}^{a} (x_j - \overline{x})^2 + \frac{N-a}{n-l} \sum_{i=l+1}^{n} (x_i - \overline{x})^2 \right] } \tag{2-54}$$

式中 x_j 为特大洪水的洪峰或洪量（$j = 1, 2, \cdots, a$）；x_i 为特大洪水的洪峰或洪量（$i = l+1, l+2, \cdots, n$）；其他符号同前。

按式 (2-53) 与式 (2-54) 计算出均值 $\overline{X}$ 与变差系数 C_v 后，参照邻近流域资料选定一个 C_s/C_v 比值作为初试值，按一般频率计算的适线方法进行配线，最后选定一条与经验频率点据拟合得很好曲线作为理论频率曲线。经合理性分析后，可推求出对应频率的设计洪峰流量和时段洪量。

3) 洪水峰、量频率计算成果的合理性分析。洪水的各种不同特征值（洪峰、时段洪量）系列的参数（或设计值）之间是存在着一定关系的，而且同一种特征值系列的参数（或设计值）在上下游站及地区之间还具有一定的地理分布规律。成果的合理性检查就是利用这些参数之间的相互关系和地理分布规律对各单站单一项目的频率计算成果进行对比

分析，以发现错误和减少系列过短带来的误差，成果的合理性分析是扩大综合信息、提高频率计算成果的一个重要环节。在进行合理性检查时，可从以下几个方面进行比较分析：(a) 本站各种成果之间的对比分析；(b) 与上下游站及相邻地区河流的成果相比较；(c) 从暴雨径流之间的关系进行分析比较。发现不合理现象，应查明原因，对原设计成果加以必要的修正。

4）安全保证值。洪水峰量频率计算所求得的设计洪峰流量或设计洪量都具有抽样误差，对于重要有中型工程和大型工程的非常运用标准的校核洪水，经综合分析之后，发现有偏小有可能时，为安全计，可以加上一个安全保证值。其保证值的大小可根据偏听偏小的幅度来计算，但规范规定，安全保证值一般不超过设计值的 20%。要指明的是加安全保证值空是一个规定性的技术措施，并没有什么理论依据。

（2）设计洪水过程线推求。设计洪水过程线是确定水库防洪库容必不可少的基本资料。其推求方法是在实测洪水过程中挑选能代表本流域大洪水规律的；且对工程安全不利的洪水，如峰高、量大、且主峰偏后的典型洪水过程线。然后经洪水放大求得设计洪水过程线。其放大方法有：

1）同倍比放大法。同倍比放大法又分为按峰或按量控制放大两种方法。

（a）按峰控制放大。某些工程如桥梁、导流隧道等其上游无蓄水库容，不能起到削减洪峰的作用，过水断面的尺寸主要受洪峰流量控制。典型洪水过程线的放大倍比系数为

$$K_Q = Q_{m,p}/Q_{m,典} \qquad (2-55)$$

式中：K_Q 为按峰控制放大倍比系数；$Q_{m,p}$，$Q_{m,典}$ 分别为设计洪峰流量与典型洪峰流量。

（b）按量控制放大。对于大型枢纽工程，最大洪峰入库后由于库容的削减作用，洪峰作用很不明显，建筑物的尺寸取决于某一时段洪量，如防洪库容主要是由设计洪量确定，这就是按量控制放大。其放大倍比系数为

$$K_W = W_{T,p}/W_{T,典} \qquad (2-56)$$

式中：K_W 为按量控制放大倍比系数；$W_{T,p}$，$W_{T,典}$ 为 T 时段的设计洪量与典型洪量。

求得放大倍比系数后，用它乘以典型洪水过程线各时刻的流量，即得设计洪水过程线各时刻的流量。

2）同频率放大法。同频率放大法是将洪峰与各时段洪量分别用不同放大倍比系数控制放大典型洪水过程线，使放大后的洪峰及各时段洪量均符合某一设计标准。需先计算峰、量放大倍比系数，其中计算式如下：

洪峰流量放大倍比系数为

$$K_Q = Q_p/Q_{典} \qquad (2-57)$$

最大一天洪量放大倍比系数为

$$K_{W1} = W_{1p}/W_{1典} \qquad (2-58)$$

最大 3 天洪量包括最大 1 天，其余 2 天洪量的放大倍比系数为

$$K_{W,3-1} = (W_{3p} - W_{1p})/(W_{3典} - W_{1典}) \qquad (2-59)$$

同理，最大 7 天洪量包括最大 3 天，其余 4 天洪量的放大倍比系数为

$$K_{W,7-3} = (W_{7p} - W_{3p})/(W_{7典} - W_{3典}) \qquad (2-60)$$

式中：W_{1p}、W_{3p}、W_{7p} 分别为最大 1 天、3 天、7 天设计洪量；$W_{1典}$、$W_{3典}$、$W_{7典}$ 分别为最大 1 天、3 天、7 天典型洪量。

按上述倍比系数依次放大选定的典型洪水过程线，其次序为：先按 K_Q 放大典型洪水的洪峰流量。然后用 K_{w1} 乘以典型洪水过程线最大 1 天洪量范围内的各流量，再用 $K_{w,3-1}$ 乘以典型洪水过程线最大 3 天洪量范围内（除最大 1 天洪量）的各流量，依次类推。就是所求的设计洪水过程线。由于流量是瞬时的，所以在各时段交界处的流量同时有两放大倍比系数，致使设计洪水过程线呈不连续状态，必须人工徒手修匀为光滑曲线。修匀的原则是设计洪水总量不变。

2．由暴雨资料推求设计洪水

当实测洪水流量资料短缺时，而暴雨资料充足时，可由暴雨资料推求设计洪水，由于降雨形成径流的过程可概化为产流与汇流两个阶段，因此，由暴雨资料推求设计洪水包含设计暴雨计算，产流和汇流计算三个环节。设计暴雨的计算是经频率计算推求出，其方法与洪量频率计算相同，而产流与汇流计算见有关书籍，在此不作介绍。

在推求小流域设计洪水时，往往既无实测流量资料，又无实测暴雨资料，对于这种缺乏实测资料的小流域，通常只能利用暴雨等值线图与推理公式或经验公式来估算设计洪水。

3．小流域设计洪水计算

（1）小流域设计洪水计算的特点。小流域设计洪水计算是目前国民经济生产实际工作中一个极为重要的问题。农田水利建设中众多小型排水和蓄水工程的设计、铁路和公路的小桥涵孔径设计、城市、机场、矿区及施工基坑的排水设计均与小流域设计洪水有关。

小流域一般是指流域面积小于 $200km^2$ 的流域。小流域设计洪水计算有以下特点：①小流域通常缺乏实测雨洪资料。所以，不能直接用频率计算的方法推求小流域设计洪水；②小流域建设，一般工程数量多，规模小，所以要求计算方法简单；③因小流域工程规模小，调洪能力差，故设计洪水主要是推求设计洪峰流量。小流域设计洪水的计算方法很多，这里主要介绍推理公式法和经验公式法。

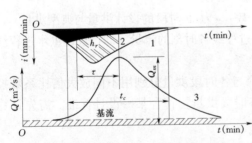

图 2-25　径流形成过程与造峰暴雨示意图
1—降雨过程；2—损失过程；3—地面径流过程

（2）小流域设计暴雨计算。影响小流域设计洪水的主要要素是设计洪峰流量，因此，小流域设计暴雨主要研究"成峰暴雨"即参与形成洪峰的暴雨，一般是指暴雨核心部分，如图 2-25 所示。

成峰暴雨一般历时较短，可以假定其强度是均匀的，另外流域面积小，也可假定暴雨在地区上的分布是均匀的，这样，小流域的设计暴雨就只需求出点雨量在一定历时 t 内的平均强度 $\bar{i}_t$。

1）暴雨公式。小流域一般缺少实测降雨资料，它的设计暴雨平均雨强 $\bar{i}_t$ 值要根据地区的暴雨公式来推求，地区暴雨公式是根据地区内实测暴雨资料分析而得。暴雨公式的一般形式为

$$\bar{i}_{t,p} = \frac{S_p}{t^n} \tag{2-61}$$

$$X_{t,p} = \overline{i}_{t,p}t = \frac{S_p}{t^n}t = S_p t^{1-n} \qquad (2\text{-}62)$$

上两式中：$i_{t,p}$ 为历时为 t、频率为 P 的暴雨平均强度，mm/h；S_p 为单位历时（$t=1$）的暴雨平均强度，称为雨力，mm/h；t 为暴雨历时，h；n 为暴雨递减指数，约为 $0.5\sim0.7$，随地区而不同；$X_{t,p}$ 为历时为 t、频率为 P 的设计暴雨量，mm。

2）暴雨公式的应用。应用暴雨公式，必须先确定参数 n 和 S_p。n 可查《水文手册》得到，S_p 在有 S_p 等值线图的地区，可以先查得 S_p，然后由式（2-62）求得 $X_{t,p}$；在没有 S_p 等值线图的地区，必须通过间接方法推求 $X_{t,p}$ 值。其方法如下。

各省（区）的水文图集中都有最大 24h 暴雨的均值线图。通过查图计算可以求得相应某设计频率为 P 的最大 24h 雨量 X_{24p}，当 $t=24t$，已知 $\overline{i}_{24p} = \dfrac{S_p}{24^n}$，而 $\overline{i}_{24p} = \dfrac{X_{24p}}{24}$，则得

$$S_p = X_{24p} \times 24^{n-1} \qquad (2\text{-}63)$$

历时为 t、频率为 P 的设计暴雨量为

$$X_{tp} = \overline{i}_{t,p}t = \frac{X_{24p} \times 24^{n-1}}{t^n}t = X_{24p}\left(\frac{t}{24}\right)^{1-n} \qquad (2\text{-}64)$$

【例 2-8】 某小型水库，需推求 $T=3$h，100 年一遇的设计暴雨量。

解：根据水库所在的地点，查当地《水文手册》得 $X_{24,p}=123$mm，$C_v=0.5$，$C_s=3.5C_v$，$n=0.71$，根据统计参数与百年一遇频率为 $P=1\%$，查附表得 $K_P=2.74$，则 $X_{24,p}=123\times2.74=337$mm。再根据暴雨公式计算设计雨力

$$S_p = X_{24p} \times 24^{n-1} = 337 \times 24^{0.71-1} = 134 \ (\text{mm/h})$$

当 $t=3$h，100 年一遇的设计雨量为

$$X_{3,P} = S_p t^{1-n} = 134 \times 3^{1-0.71} = 184 \ (\text{mm})$$

（3）推理公式法。推理公式法是由暴雨资料推求设计洪水的一种简化方法。它是把流域上的产流、汇流条件均匀概化，经过一定的推理过程，得出的小流域设计洪峰流量的推求方法。

1）推理公式的基本形式。在一个小流域中，若流域的最大汇流长度为 L，流域的汇流时间为 τ。当产流历时 t_c 大于等于汇流历时 τ 时称全面汇流，即全流域面积上的净雨汇流形成洪峰流量；当 t_c 小于 τ 时称部分汇流，即部分流域面积上的净雨汇流形成洪峰流量。

当 $t_c \geqslant \tau$ 时，根据小流域的特点，假定 τ 历时内净雨强度均匀，流域出口断面的洪峰流量 Q_m 为

$$Q_m = 0.278 \frac{h_\tau}{\tau}F \qquad (2\text{-}65)$$

式中：h_τ 为 τ 历时内的净雨深，mm；0.278 为 Q_m 为 m³/s、F 为 km²、τ 为小时的单位换算系数。

当 $t_c < \tau$ 时，只有部分面积上的净雨产生出口断面最大流量，计算公式为

$$Q_m = 0.278 \frac{h_R}{\tau}F \qquad (2\text{-}66)$$

式中：h_R 为一次降雨产生的全部净雨深，mm。

以上两式即为推理公式的基本形式。式中的 t_c、τ 可用式（2-67）、式（2-68）计算

$$\tau = \frac{0.278L}{mJ^{1/3}Q^{1/4}} \tag{2-67}$$

$$t_c = \left[(1-n)\frac{S_p}{\mu}\right]^{\frac{1}{n}} \tag{2-68}$$

当 $t_c \geqslant \tau$ 时，汇流历时内的净雨深，可用下式计算

$$h_\tau = (\bar{i}_\tau - \mu)\tau = S_p\tau^{1-n} - \mu\tau \tag{2-69}$$

当 $t_c < \tau$ 时，产流历时内的净雨深，可用下式计算

$$h_R = (\bar{i}_{t_c} - \mu)t_c = S_p t_c^{1-n} - \mu t_c = nS_p t_c^{1-n} \tag{2-70}$$

式中：$\bar{i}_\tau$，$\bar{i}_{t_c}$ 分别为汇流历时、产流历时内的平均雨强，mm/h；μ 为产流历时内平均损失率，mm/h。

2）参数的确定。由推理公式计算小流域设计洪峰流量，需确定 7 个参数，它们是流域特性参数 F、J、L；暴雨参数 n、S_p；产汇流参数 μ、m。流域特性参数与暴雨参数的确定方法前面已经介绍了，因此，关键是产汇流参数 μ、m 的确定。各省市在分析大暴雨洪水资料后都提供了产汇流参数 μ、m 值的简便计算方法，可在当地的《水文手册》（图集）中查到。

3）设计洪峰流量的推求。应用推理公式推求设计洪峰流量的方法很多，本章仅介绍实际应用较广且比较简单的两种方法——试算法和图解交点法。

（a）试算法。该法是以试算的方式联解方程组式（2-65）［或式（2-66）］与式（2-69）［或式（2-70）］，其试算过程如框图 2-26 所示。

具体计算步骤如下：

（i）通过对设计流域调查了解，结合当地的《水文手册》（图集）及流域地形图，确定流域的几何特征值 F、J、L，暴雨的统计参数及暴雨公式中的参数 n，产流参数 μ 及汇流参数 m。

（ii）计算设计暴雨雨力 S_p 与雨量 X_{tP}，并由产流参数 μ 计算设计净雨历时 t_c。

（iii）将 F、J、L、t_c、m 代入式（2-65）或式（2-66），其中 Q_{mp}、τ、h_τ（或 h_R）未知，且 h_τ 与 τ 有关，故需用试算法求解。试算的步骤为：先假设一个 Q_{mp}，代入式（2-67）计算出一个相应的 τ 将它与 t_c 比较判断属于何种汇流情况，用式（2-69）或式（2-70）计算出 h_τ（或 h_R），再将该 τ 值与 h_τ（或 h_R），代入式（2-65）或式（2-66），求出一个 Q'_{mp}，若 Q'_{mp} 与假设的 Q_{mp} 一致（误差在 1% 以内），则该 Q'_{mp} 及 τ 即为所求；

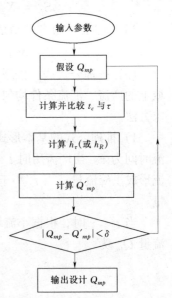

图 2-26　试算法框图

否则，另设 Q_{mp} 重复上述试算步骤，直至满足要求为止。

（b）图解交点法。该法是对式（2-65）或式（2-66）与式（2-67）分别作曲线 $Q_{mp} \sim \tau'$ 及 $\tau \sim Q'_{mp}$ 点绘在同一张图上，如图 2-27 所示，二线交点的读数显然同时满足上述两个方程，因此交点读数 Q_{mp}、τ 为两式的解。

【例 2-9】 在某小流域拟建一小型水库，已知该水库所在流域为山区。其流域面积 $F = 96.4\text{km}^2$，流域的长度 $L = 23.3\text{km}$，流域平均坡度 $= 8.21‰$，流域的暴雨资料同例 2-8。试用推理公式法计算坝址处 $P = 1\%$ 的设计洪峰流量。

解：（1）试算法。

1）设计暴雨计算。由例 2-8 知，雨力 $S_p = 134\text{mm/h}$，$n = 0.71$

2）设计净雨计算。

由当地手册查得设计流域所在分区的 $\mu = 2.3\text{mm/h}$，用公式（2-68）计算净雨历时 t_c 为

$$t_c = \left[(1 - 0.71) \frac{134}{2.3} \right]^{\frac{1}{0.71}} = 53.8 \text{ (h)}$$

3）设计洪峰流量计算。由当地手册查得汇流系数 m 用经验公式 $m = 0.195\theta^{0.295}$ 计算，其中 $\theta = L/J^{1/3}$；计算 $\theta = L/J^{1/3} = 23.2 / (8.21/1000)^{1/3} = 115$，则 $m = 0.195 \times 115^{0.295} = 0.79$。

假定 $Q_{mp} = 750\text{m}^3/\text{s}$，代入式（2-67）计算得 $\tau = \dfrac{0.278L}{mQ_m^{1/4}J^{1/3}} = 7.69 \text{ (h)}$

由于 $t_c > \tau$，属全面汇流，由式（2-69）计算得

$$h_\tau = S_p \tau^{1-n} - \mu\tau = 134 \times 7.69^{1-0.71} - 2.3 \times 7.69 = 224 \text{ (mm)}$$

则计算的 $Q_{mp} = 0.278 \dfrac{h_\tau}{\tau} F = 0.278 \times \dfrac{224}{7.69} \times 96.4 = 780 \text{ (m}^3/\text{s)}$。所求结果与原假设不符，重新假设 Q_{mp} 进行计算，最后得 $Q_{mp} = 782 \text{ (m}^3/\text{s)}$，试算成功。

表 2-11　　图解交点法计算表

假定 τ	计算 Q'_{mp}	假定 Q_{mp}	计算 τ'
6	1006.6	700	7.92
8	820.4	800	7.66
10	700.2	900	7.44

（2）图解交点法。首先假定为全面汇流，用式（2-65）和式（2-67）与式（2-69）计算，如表 2-11，分别作曲线 $Q_{mp} \sim \tau'$，及 $\tau \sim Q'_{mp}$，点绘在同一张图上，如图 2-27 所示，二线交点的读数 $Q_{mp} = 780$ m^3/s，$\tau = 7.6\text{h}$ 即为两式的解。检验，$t_c = 53.8\text{h}$ 大于 τ，因此属全面汇流，计算结果正确。

（3）经验公式法。本法是一种直接建立流量与有关因素（如流域面积、河道坡度、降雨特征、流域形状等等）之间的经验公式，采用的有关因素可以是一个或多个。公式是根据地区的实测或调查资料制订的，使用时必须注意到公式的适用范围。由于公式结构形式简单，计算方便，易于掌握，多适用于小型水利和桥涵工程推求设计洪峰流量。

1）单因素洪峰流量经验公式。目前，求设计洪峰流量最简单的经验公式是以流域面积作为主要的影响因素，用一个综合反映公式中未能单独考虑的因素，其形式为

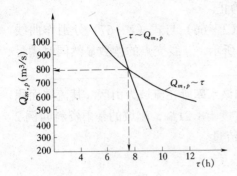

图 2-27　交点法求设计洪峰流量

$$Q_p = C_p F^n \qquad (2-71)$$

式中：Q_p 为设计洪峰流量，m^3/s；F 为流域面积，km^2；n 为经验指数，反映流域面积对洪峰流量影响程度的指数，一般中等流域约为 0.5，小流域约为 0.65，特小流域将更大些；C_p 为综合系数，随地区和频率而变化。

在各地区《水文手册》中，有的给出分区的 n、C_p 值，有的给出 C_p 等值线图。

2）多因素洪峰流量经验公式。这类公式常用的形式为

$$Q_p = C_1 \chi_{24p} F^n \qquad (2-72)$$

式中：χ_{24p} 为设计频率为 P 的年最大 24h 暴雨量，mm；C_1 为除影响 F 及 χ_{24p} 以外的综合影响系数，通常绘成等值线图供使用。

式（2-71）及式（2-72）都是直接求出设计洪峰流量，有些地区则给出洪峰流量统计参数的经验公式，利用统计参数可计算设计洪峰流量，其形式如下所述。

3）洪峰流量均值的经验公式。这类公式一般形式为

$$\left.\begin{array}{c} \overline{Q}_m = C F^n \\ \overline{Q}_m = C \overline{\chi}_{24} f^\alpha J^\beta F^n \end{array}\right\} \qquad (2-73)$$

上 2 式中 $\overline{Q}_m$ 为年最大洪峰流量的多年平均值，m^3/s；$\overline{\chi}_{24}$ 为年最大 24h 雨量的多年平均值，mm；C 为综合系数；其他参数意义同前。

使用式（2-73），还必须使用地区综合的 C_v 及 C_s 才能推求设计洪峰流量。

（4）小流域设计洪水过程线的推求。一些中小水利工程，具有一定的调洪能力。需推求小流域设计洪水过程线。小流域设计洪水过程线一般用三角形或其他概化过程线来近似表示。以设计洪峰流量与设计洪水总量作为控制。小流域设计洪水总量计算公式为

$$W_p = 0.1 h_{R,p} F \qquad (2-74)$$

式中：W_p 为设计洪水总量，10^4m^3；0.1 为单位转换系数；F 为流域面积，km^2；$h_{R,p}$ 为频率为 P 的降雨在产流历时 t_C 内的净雨深，mm。

如采用三角形概化，其设计洪峰流量与设计洪量的关系为

$$W_p = \frac{Q_m T}{2} = \frac{Q_m}{2}(t_1 + t_2) = \frac{Q_m}{2} t_1 (1 + r) \qquad (2-75)$$

式中：T、t_1、t_2 分别为设计洪水过程的总历时、涨洪历时、退水历时。r 为 t_2/t_1 之比值，其值可根据地区资料分析确定，一般在 1.5～3.0 之间。

【例 2-10】　在例 2-9 中，若将洪水过程线概化为三角形过程线，且 $r=2.0$，试计算 $P=1\%$ 的设计洪水过程。

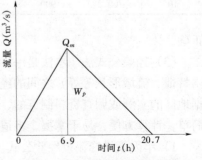

图 2-28　三角形洪水过程线

52

解：（1）根据例2-9的资料，用式（2-70）计算h_{Rp}为

$$h_{Rp} = nS_p t_c^{1-n} = 0.71 \times 134 \times 53.8^{1-0.71} = 302 \ (\text{mm})$$

（2）根据式（2-75）计算设计洪水总量为

$$W_p = 0.1 h_{RP} F = 0.1 \times 302 \times 96.4 = 2911 \times 10^4 \ (\text{m}^3)$$

洪水总历时为

$$T = 2W_p / Q_m = (2 \times 2911 \times 10^4)/(780 \times 3600) = 20.7 \ (\text{h})$$

则涨水历时 $t_1 = 6.9$（h），退水历时 $t_2 = 13.8$（h）。

（3）设计洪水过程线，如图2-28所示。

第四节　水库兴利调节计算

我们知道，河川径流具有多变性。我国河流年内汛期洪水量约占全年总来水量的70%～80%，河川径流这种剧烈变化，给国民经济各用水部门带来不利后果：汛期大洪水容易形成洪涝灾害，而枯水期水量少而不能满足兴利要求。为了达到兴利除害目的，必须对天然水流进行人工控制和调节，即利用水库调节。也就是说水库是径流调节的工具，所以需了解水库及其特性。

一、概述

（一）水库特性曲线和特征水位

1．水库的特性曲线

（1）水库面积曲线。水库面积曲线就是表示水库水位 G 与相应水面面积 F 之间的关系曲线。曲线的绘制方法是在库区地形图上，用求积仪分别量出各种不同高程（即水位 G）的等高线与坝轴线包围的面积，再以水位 G 为纵坐标，相应的面积为横坐标，即可在坐标纸上点绘出水库面积曲线 $G \sim F$，如图2-29所示。

（2）水库容积曲线。水库容积曲线就是表示水库水位 G 与其相应库容 V 之间关系的曲线。曲线的绘制方法是在水库面积曲线量算的基础上，首先把水库水位分层，其次自下而上按式（2-76）逐层计算相邻两水位之间的容积 ΔV，然后按 $V = \sum\limits_{i=1}^{n} \Delta V$ 逐层累加，以 G 为纵坐标，V 为横坐标绘制而成，如图2-29所示。部分容积计算公式为

$$\left. \begin{aligned} \Delta V_{i+1} &= \frac{1}{2}(F_i + F_{i+1})\Delta G \\ \Delta V_{i+1} &= \frac{1}{3}\left(F_i + F_{i+1} + \sqrt{F_i \cdot F_{i+1}}\right)\Delta G \end{aligned} \right\} \tag{2-76}$$

或

式中：ΔV_{i+1} 为相邻两水位的水库容积，m^3；F_i，F_{i+1} 为相邻两水位的水库面积，m^2；ΔG 为相邻两水位间的水深，即高差，m。

2．水库特征水位和特征库容

反映水库工作状况的水位，称为特征水位，水库的特征水位及其相应库容见图2-30。

（1）死水位和死库容。水库在正常运作情况下，允许消落的最低水位称死水位。死水

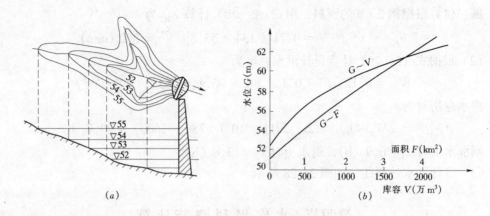

图 2-29　水库面积曲线与容量量算示意图

(a) 量算示意图；(b) 水库面积曲线

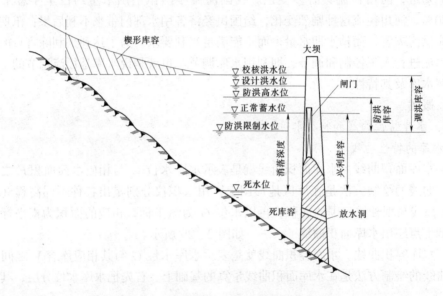

图 2-30　水库特征水位与特征库容示意图

位以下的库容称为死库容。死库容一般不允许随意动用，只有在干旱年份特殊需要时才能动用其中部分存水。

(2) 正常蓄水位和兴利库容。正常蓄水位是水库正常运作情况下，为满足设计兴利要求，水库必须蓄到的最高水位。正常蓄水位与死水位之间的深度，称为消落深度，其间的库容称为兴利库容（调节库容）。这个库容供灌溉、发电、给水等兴利部门调节径流之用。

(3) 防洪特征水位和相应库容。

1) 防洪限制水位。为了满足防洪要求，水库在汛期洪水来临前必须腾出防洪库容允许蓄水的上限水位，称为防洪限制水位。这个水位以上的库容供调节洪水之用。只有汛期正在发生洪水时，为了调洪，水库水位才允许超过防洪限制水位。但洪水开始消退，水库应尽快泄洪，使水位降回防洪限制水位，以便对付第二次洪水的来临。对于水库采用不设闸门的自由式溢洪道的中、小型水库来说，防洪库容与兴利库容无法结合使用，则防洪限制水位与正常蓄水位重合，并与溢洪道堰顶高程齐平。对于溢洪道上设有闸门的大、中型水库来说，为使库容充分发挥作用，防洪库容与兴利库容允许部分结合使用，防洪限制水位可定在正常蓄水位以下，这两个水位间的库容称为防洪和兴利共用库容（或称结合库容、重叠库容）。共用库容在汛期是防洪库容的一部分，在汛后又作为兴利库容的一部分。

2）防洪高水位和防洪库容。当遭遇下游防护对象设计标准的洪水时，水库为了控制下泄流量而拦蓄洪水，这时在坝前达到的最高水位，称为防洪高水位。防洪限制水位至防洪高水位之间的库容，称为防洪库容。

3）设计洪水位。当遭遇大坝设计标准的洪水时，水库在坝前达到的最高水位称为设计洪水位。防洪限制水位至设计洪水位之间的库容，称为设计调洪库容。

4）校核洪水位和调洪库容。当遭遇大坝校核标准的洪水时，水库在坝前达到的最高洪水位称为校核洪水位。防洪限制水位至校核洪水位之间的库容，称为校核调洪库容。校核洪水位以下的库容，称为水库的总库容。

（二）设计保证率

所谓设计保证率是指规定用水部门在多年期间所能得到正常供水的保证程度。通常有年保证率和历时保证率两种表示方法。即

$$设计保证率 P_年 = \frac{正常供水年数}{供水总年数} \times 100\%$$

$$设计保证率 P_{历时} = \frac{正常供水历时(日数)}{供水总历时(日数)} \times 100\%$$

如设计保证率 $P_年 = 90\%$，表示在多年期间平均每 100 年中应有 90 年的正常用水能得到保证。

由于天然河川径流年内年际变化很大，如果要求水库对所有年份的用水量都保证供水，为此必须建很大库容的调节水库这不仅在经济上未必合理，而且在技术上有时也难以实现。因此在水利工程规划设计时，必须先拟定设计标准，即设计保证率。设计保证率值的大小，直接影响工程规模和效益，设计保证率是很重要的规划设计依据之一。

从理论上来讲，设计保证率应根据用水部门因发生缺水而引起的经济损失，与防止缺水而所需增加工程投资两者之间的得失，通过经济分析的比较来确定。由于经济分析中有许多影响因素比较复杂，难以精确计算。因此，目前生产实际中所采用的设计保证率，主要是根据各用水部门的重要性及用水的特性，参照国家统一制定的规范确定。各用水部门设计保证率的确定可参照表 2-12 与表 2-13 选用。其他兴利部门的设计保证率，也可参照规范选用。

表 2-12　水电站设计保证率

电力系统中水电站容量的比重（%）	25 以下	25~50	50 以上
水电站设计保证率 P（%）	80~90	90~95	95~98

表 2-13　灌溉设计保证率

地　区	作物种类	P（%）
缺水地区	以旱作物为主 以水稻为主	50~70 70~80
丰水地区	以旱作物为主 以水稻为主	70~80 75~95

居民生活用水与工业供水的设计保证率一般较高，为95%～99%。航运设计保证率为90%～99%。

（三）水库的水量损失

水库建成后，改变了天然水流状态，形成人工湖，使水位抬高，水面扩大，水压增加，从而引起额外的水量损失。水库的水量损失主要有蒸发损失和渗漏损失两部分。

1. 水库的蒸发损失

水库的蒸发损失是指水库兴建前后因蒸发量的不同，所造成的水量差值。这里的水量差值指建库后，库区内原陆面面积变为水库水面的这部分面积，蒸发也由原来的陆面蒸发变成为水面蒸发，而水面蒸发比陆面蒸发大，故所谓蒸发损失就是指陆面面积变成为水面面积所增加的额外蒸发量。计算公式为

$$W_\text{蒸} = 1000(E_\text{水} - E_\text{陆})F \qquad (2-77)$$

式中：$W_\text{蒸}$ 为水库蒸发损失量，m^3；$E_\text{水}$ 为水面蒸发量，mm；$E_\text{陆}$ 为陆面蒸发量，mm；F 为水库水面面积与原河道水面面积差，因原河道水面面积相对较小，一般采用水库水面面积，km^2；1000为单位换算系数。

水面蒸发量可据水库附近或气象站的实测资料计算。因用蒸发皿观测到蒸发量大于水库水体实际蒸发量，故应加折算系数，此系数选用各地试验数据或从《水文手册》中查得。即 $E_\text{水} = KE_\text{测}$。

陆面蒸发量用水量平衡方法估算，公式为

$$E_\text{陆} = \bar{X} - \bar{Y} \qquad (2-78)$$

式中：$E_\text{陆}$ 为流域多年平均陆面蒸发量，mm；$\bar{X}$ 为流域多年平均降雨量，mm；$\bar{Y}$ 为流域多年平均年径流深，mm。

2. 水库的渗漏损失

建库后，由于水位抬高，水压增大，库中水会通过坝身、坝基、坝端以及库底和岸边向下游和四周渗漏的水称为水库的渗漏损失。渗漏损失量与水库蓄水量成正比。

3. 径流调节的作用与分类

径流调节系指在河流上修建水库来控制和重新分配天然水量，包括兴利调节和防洪调节。当汛期来水量多时，可将多余的水量蓄存在水库里，到枯水期缺水时水库供出水量，以补充来水量的不足。对径流的重新分配，不仅是在时间上分配，也包括空间上的分配，如南水北调。这种为兴利以提高枯水径流的水量调节，称为兴利调节。另一种是利用水库拦蓄洪水，削减洪峰流量，以消除或减轻下游地区洪水灾害的调节，称为防洪调节。总之，径流调节是为了协调来水与用水间在时间上和地区分布上的矛盾与不一致，以及统一协调各国民经济部门在用水要求上的矛盾。

4. 兴利调节的分类

水库从库空至蓄满，从蓄满到再泄放空所需的平均时间称为调节周期，兴利调节按其调节周期的长短，可划分为日调节、年调节及多年调节；按调节的程度，可划分为完全调节（全部径流被利用）及不完全调节（部分径流被利用）。下面就周期划分的几种调节加以叙述。

（1）日调节。除洪水涨落时期外，河流天然来水在一昼夜内基本上是均匀的，而用水

部门的需水要求则往往是不均匀的。日调节的作用在于通过水库的调节，把一天中均匀来水改变成不均匀的用水过程。例如发电用水过程随着用电的变化而在一昼夜之内不断变化。图 2-31 中在 t_1-t_2 这段时间，天然来水流量 Q 小于用水流量 q，须由水库供水才能满足用水要求，称为供水期；其余时间 Q 大于 q 水库把余水蓄存起来，称为蓄水期或余水期。

水库蓄水量 W 在一天内不断变化。图 2-31 中 t_1 时刻水库蓄满，为蓄水期末；t_1-t_2 供水期，水库蓄水量不断减少，直至 t_2 放空，为供水期末；t_2 以后来水大于用水，水库又开始蓄水，到第二天蓄水期末水库又蓄满。水库充蓄、泄放一次所需的时间为一天。日调节所需的库容较小。

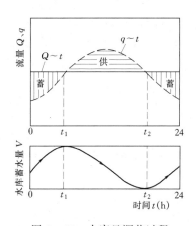

图 2-31 水库日调节过程

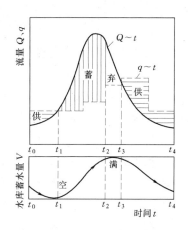

图 2-32 水库年调节过程

（2）年调节。河川径流在一年内变化很大，洪水期流量与枯水期流量相差悬殊，这种变化情况往往与用水部门的要求不相适应。如图 2-32 所示，洪水期有余水；而枯水期用水得不到满足，水库需将洪水期的余水蓄存起来，以补给枯水期使用。这种在一年内重新分配径流的调节，称为年调节。如图 2-32 所示为不完全年调节。图中 t_1-t_3 天然来水大于用水，为余水期。由于年来水总量大于年用水总量，故有一部分弃水。t_2-t_3 为弃水期。水库在 t_2 时刻蓄满，t_2-t_3 维持库满，有多余水量废弃。t_3 到第二年的 t_1 为缺水期（供水期），到 t_1 时刻放空。然后又开始第二年蓄水，蓄水到 t_2 时刻水库又蓄满。其调节周期为一年。年调节所需的库容比日调节所需的库容大得多。

（3）多年调节。河川径流的年际变化较大，当用水量较大时，枯水年份的来水量将小于用水量，使供水不足；而丰水年份则来水量大于用水量，来水量有余。水库的调节任务是把丰水年的多余水量蓄存起来，以补给枯水年使用。这种跨年度的调节，称为多年调节。调节周期可长达数年。多年调节是调节程度较高的一种形式，所需调节库容较大，弃水量较小，故河流径流利用率较高，其调节情况及蓄水量变化过程，如图 2-33 所示。

二、年调节水库兴利调节计算的典型年法

（一）兴利调节计算的原理

径流调节计算的任务是借助于水库的调节作用，按用水要求重新分配径流。兴利调节计算是研究天然来水、用水、保证率与兴利库容四者之间的关系。一般天然来水总是已知

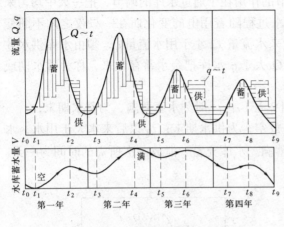

图 2-33　水库多年调节过程

的，保证率可参照规范拟定，径流调节计算的任务是根据已定用水求兴利库容或者根据已定的兴利库容确定所能提供调节水量。

水库兴利调节计算的原理是把水库调节周期分为若干个时段，按时序进行逐时段的水库来水和用水的平衡计算，从而求出水库的蓄泄过程及所需的兴利库容。

对于某一个时段 Δt 来说，水库水量平衡方程可用下式表示

$$V_{末} - V_{初} = \Delta W = (Q - q)\Delta t$$
$$= W_{来} - W_{用} \qquad (2-79)$$

计算时段 Δt 的长短，取决于对计算精度的要求。一般来说，时段划分愈短，计算精度愈高。对于年调节计算，一般取月为计算时段；当各时段的来水或用水量变化较大时，可取半个月或一旬作为一个计算时段。

水库年调节的周期为一年（即调节年或水利年），调节年是以水库蓄泄过程的循环作为计算周期，即从水库蓄水期初开始到供水期末结束。

水库的蓄泄过程，称作水库运用。蓄泄一次，称水库一次运用；蓄泄多次，称多次运用。水库的运用情况不同，其兴利库容确定的方法也不同。

1. 一次运用

图 2-34 所示为水库一次运用情况，图中 Q、q 分别代表来水和用水过程。水库在一个调节年度内，充蓄一次，泄放一次。当余水 V_1 大于缺水 V_2 时，V_2 是惟一的缺水量，只要在该缺水期前水库能蓄够 V_2 的水量，就能满足该年的用水要求，故该年水库所需的兴利库容 $V_{兴} = V_2$。

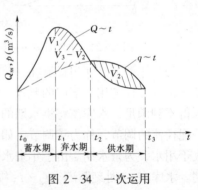

图 2-34　一次运用

2. 二次运用

（1）第一种情况。如图 2-35 所示，每次余水量都大于随后的一次缺水量，即 $V_1 > V_2$，$V_3 > V_4$。水库的两次运用是独立的互不影响。因此，水库的兴利库容应取两个缺水量中较大者。因 $V_2 > V_4$，故 $V_{兴} = V_2$。只要兴建兴利库容等于 V_2 的水库，就能保证水库两次运用中都能满足用水要求。

（2）第二种情况。如图 2-36 所示，$V_1 > V_2$，而 $V_3 < V_4$，由于 $V_3 < V_4$，要满足 V_4 时期的用水要求，必须事先多存 V_3 不能满足 V_4 的那一部分水量。这时水库的兴利库容为 $V_{兴} = V_2 + V_4 - V_3 \geqslant V_2$ 或 V_4。

水库无论是一次运用或两次运用，一般在最大余水期 V_1 的初期开始蓄水，蓄满后，

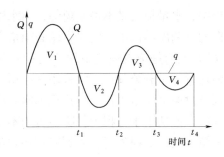

图 2‑35 二次运用（第一种情况）

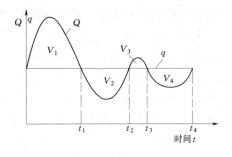

图 2‑36 二次运用（第二种情况）

若有余水再弃泄，称先蓄后泄，即早蓄方案。

3．多次运用

水库在一个调节年度内，蓄泄多于两次时，即为多次运用。此时，确定兴利库容，可从蓄水开始（空库时刻）逆时序将时段（$W_来 - W_用$）进行累加，其中最大负累计量即为该年兴利库容。也可以从蓄水开始顺时序由零累加（$W_来 - W_用$）值，经过一个调节年度又回到计算起点，当 $\sum(W_来 - W_用)$ 不为零，而有余水，则时段连续累计最大亏水值，即为所求的兴利库容。通常 $V_兴 = \sum(W_来 - W_用)_{max} - C$，$C$ 为弃水量。

（二）年调节水库兴利调节计算典型年法

径流调节计算的方法有时历列表法与数理统计法。列表计算法是直接利用实测径流资料，以列表的形式进行调节计算。时历列表法又有长系列法和典型代表年法之分。在此介绍时历列表法。

1．典型代表年法

所谓的典型代表年法，是指选择一个合适的典型年作年调节计算，以该年的来水和用水过程进行调节计算，求得的年调节库容即为兴利库容。

（1）不计损失的列表法。为说明不计损失的列表计算法，现举例说明。

【例 2‑11】　某年调节水库设计代表年的来水与用水过程如表 2‑15 中第（1）（2）（3）栏。死水位 24.0m，水库库容曲线见表 2‑14。试求水库的调节库容和水库蓄水过程。

表 2‑14　　　　　　　　　　　　某水库库容曲线

水位（m）	18.0	20.0	22.0	24.0	26.0	28.0	30.0	32.0	34.0
库容［m³／(s·月)］	0	1.52	7.63	32.0	44.9	60.1	80.0	102	125

解：表 2‑14 中的（1）（2）（3）栏为已知。（4）（5）栏为来水与用水的差值。由余缺水情况可知，该水库为一次运用，供水期为 10～3 月份。一次运用水库所需兴利库容为供水期的总缺水量 80m³／(s·月)。水库的蓄水过程，随水库的操作方式不同，而有所区别。早蓄方案是从调节年度初库空开始顺时序计算，有余水就蓄，直到兴利库容蓄满后，多余的水量才作弃水。遇缺水时就供水，直至供水期末水库放空。晚蓄方案是从调节年度末库空开始逆时序反向蓄水与弃水计算，水库最大蓄量即为兴利库容。

（2）计入损失的列表法。水库在兴利调节过程中，水量损失是不可避免的，当水库的蒸发、渗漏损失较大时，上述不计损失列表法求得的兴利库容偏小，因此水库必须增大库容，以抵偿损失水量，来保证正常供水。但水量损失无论是蒸发还是下渗均与库水位有关，计入损失的调节计算严格来讲要试算，由于试算过程十分繁琐。故常采用逐次逼近的方法来计算。该法是用不计损失的各时段蓄量，求各时段平均蓄水量（包括死库容）后求出各时段的损失水量，并将损失量加入到用水过程中，或从来水过程中扣除。再用不计损失的方法同样地进行逐时段调节计算，求水库计入第一次近似损失后的兴利库容和蓄水量变化过程。当然这样计算的结果仍有误差，为减少误差，应重复上述方法再计算一次，逐次逼近。

表 2-15 某水库列表法年调节计算表

时段（月）	来水量 [m³/(s·月)]	用水量 [m³/(s·月)]	余水量 [m³/(s·月)]	缺水量 [m³/(s·月)]	早 蓄 方 案		晚 蓄 方 案	
					$V_{末}$ [m³/(s·月)]	弃水量 [m³/(s·月)]	$V_{末}$ [m³/(s·月)]	弃水量 [m³/(s·月)]
(1)	(2)	(3)	(4)	(5)	(6)	(7)	(8)	(9)
4	35	30	5		5		0	5
5	56	30	26		31		11	15
6	36	30	6		37		17	
7	65	30	35		72		52	
8	54	30	24		80	16	76	
9	24	20	4		80	4	80	
10	10	20		10	70		70	
11	9	20		11	59		59	
12	5	20		15	44		44	
1	8	20		12	32		32	
2	3	20		17	15		15	
3	5	20		15	0		0	
合计	310	290	100	80				
校核	310－290＝20			100－80＝20				

在初步规划时也可采用简化方法来计算水量损失。方法是由 $\overline{V} = V_{死} + \dfrac{V_{兴}}{2}$ 查得相应的平均水面面积，以此计算蒸发和渗漏损失。

2．长系列法

当水库坝址处有长系列来水资料（N 年）时，根据给定的用水资料对每一年进行调节计算，得到 N 个兴利库容。将库容从小到大排列，用公式 $p = \dfrac{M}{N+1}$（M 为序号）进行库容保证率计算，并绘制保证率曲线。根据设计保证率 P，由曲线查出库容，即为设计兴利库容。

第五节 水库防洪调节计算

一、概述

(一) 水库的调洪作用

由于水库有调节库容，当洪水通过水库时，调节库容可将部分洪水拦蓄和滞留在水库中，从而改变洪水过程线的形状，削减天然河道的洪峰流量，以达到河道防洪和保证建筑物安全的目的，这就是水库的调洪作用。

(二) 水库调洪计算的原理

由水量平衡原理可知，在时段内，进入水库的水量与流出水库的水量之差，应等于该时段水库蓄水量的变化值，如图 2-37 所示。用水平衡方程式表示为

$$\frac{Q_1 + Q_2}{2}\Delta t - \frac{q_1 + q_2}{2}\Delta t = V_2 - V_1 = \Delta V \tag{2-80}$$

式中：Q_1、Q_2 为时段 Δt 始末的入库流量，m^3/s；q_1、q_2 为时段 Δt 始末的出库流量，m^3/s；V_1、V_2 为时段 Δt 始末的水库蓄水量。m^3；Δt 为时段长，s。

公式中因入库洪水过程是已知的，故 Q_1、Q_2 已知。对于任一时段来说，时段初的库水位，其相应的蓄水量 V_1 和出库流量 q_1，均为已知。未知数有 V_2 及 q_2，因此，方程不能独立求解，还必须建立第二个方程，即建立反映下泄流量与蓄水量关系曲线而后求解。其表达式为

$$q = f(G) = f(V) \tag{2-81}$$

由于水库形状极不规则，很难列出上式的函数式。根据水库水位特性关系，水库蓄水量反映出水位，水位的高低直接关系到泄流量的水头，依据库容

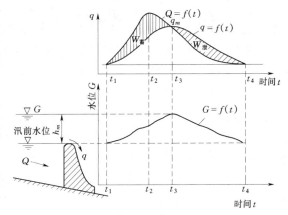

图 2-37 一次洪水入库流量、下泄流量和库水位变化过程

曲线和泄流建筑物的尺寸通过公式 (2-82) 或式 (2-83) 计算，可将式中的 q 与 v 的关系用具体数值表示出来 (或制成关系曲线)。

溢洪道泄放流量可按堰流公式计算

$$q = M_1 B H_0^{3/2} \tag{2-82}$$

泄洪洞泄放流量可按有压管流公式计算

$$q = M_2 \omega \sqrt{H_0} \tag{2-83}$$

上两式中：q 为下泄流量，m^3/s；M_1、M_2 为流量系数；H_0 为计算水头；B 为溢流堰宽；ω 为洞口面积。在逐时段解式 (2-80) 和式 (2-81) 时，应把本时段末的 V_2 和 q_2，作为下一时段的 V_1 和 q_1，继续进行计算。因此，水库调洪计算从起始条件开始，通

过逐时段的水量平衡计算，便可求出水库下泄流量过程 $q \sim t$ 和水库蓄水量变化过程 $V \sim t$。水库水位变化过程 $G \sim t$，则可由 $V \sim t$ 通过水库水位容积曲线换算得出。由上述可知，假定不同的水位，参照表 2-17 的形式便可求得 $q = f(G) = f(V)$ 关系曲线。调洪计算实质上是联立求水量平衡方程式与 $q = f(V)$ 的解。求解的方法很多，每种方法各有特点，但原理是一样的，以下介绍半图解法和简化三角形法。

二、水库防洪调节计算

（一）半图解法

半图解法又有双辅助曲线与单辅助曲线法。下面介绍单辅助曲线法。单辅助曲线法是将水量平衡方程式中的未知项和已知项分别列于等号左右两端，即

$$\left(\frac{V_2}{\Delta t} + \frac{q_2}{2} \right) = \overline{Q} + \left(\frac{V_1}{\Delta t} + \frac{q_1}{2} \right) - q_1 \qquad (2-84)$$

由式（2-81）知，V 是 q 的函数，故 $\left(\dfrac{V}{\Delta t} + \dfrac{q}{2} \right)$ 也是 q 的函数，则可绘制 $q = f\left(\dfrac{V}{\Delta t} + \dfrac{q}{2} \right)$ 的关系曲线。

式（2-84）右端 q、Q_1、Q_2、V_1 及 Δt 为已知数，可用式（2-84）算出左端 $\left(\dfrac{V_2}{\Delta t} + \dfrac{q_2}{2} \right)$ 的值，再由 $\left(\dfrac{V_2}{\Delta t} + \dfrac{q_2}{2} \right)$ 值在 $q \sim \left(\dfrac{V_2}{\Delta t} + \dfrac{q_2}{2} \right)$ 关系曲线上查出相应时段的 q_2，然后以 q_2 作为下一时段的 q_1，用同样的方法逐时段进行计算，即可推得水库下泄流量过程线 $q \sim t$。因这种方法需绘制一条辅助曲线，用图解与计算相结合求解，故称为半图解单辅助曲线法。现举例说明。

【例 2-12】 某水库泄洪建筑物为无闸门溢洪道，其堰顶高程与正常蓄水位齐平，为 86m，堰顶净宽 $B = 45$m。堰流流量系数 $M_1 = 1.6$。该水库设有小型水电站，发电引水流量为 $q_{电} = 10 \text{m}^3/\text{s}$。水库的水位～容积曲线列于表 2-15，设计洪水过程 $Q \sim t$ 列于表 2-18 中第（1）、（3）栏，试用单辅助曲线法推求水库的泄流过程、设计最大泄流量、设计调洪库容和设计洪水位。

解：（1）水库蓄泄曲线计算。水库的溢洪道泄流量按式（2-82）计算 q_1，考虑到发电流量，其总泄放流量为 $q = q_1 + q_{电}$，根据不同水位计算出 q_1 与 q，并由 $G \sim V$ 曲线查 V，便可绘出蓄泄曲线 $q \sim V$，见表 2-17、曲线见图 2-38。

（2）单辅助曲线计算。计算并绘制单辅助曲线 $q = f\left(\dfrac{V}{\Delta t} + \dfrac{q}{2} \right)$ 的方法见表 2-18，选定 $\Delta t = 12$h，将表中的第（6）栏、（8）栏点绘成如图 2-39 所示的曲线，即为调洪计算的单辅助曲线。

（3）调洪计算求下泄流量过程线 $q \sim t$。在设计情况条件下，溢洪道无闸门控制时，起调水位与堰顶平齐，且等于正常蓄水位，因此水库的起调水位为 86m，相应的库容 $V = 247 \times 10^6 \text{m}^3$，下泄流量为 $q = 10 \text{ m}^3/\text{s}$。第一时段，$Q_1 = 10\text{m}^3/\text{s}$，$Q_2 = 140 \text{ m}^3/\text{s}$ 根据 $q_1 = 10\text{m}^3/\text{s}$，查曲线得 $\left(\dfrac{V_1}{\Delta t} + \dfrac{q_1}{2} \right) = 5 \text{ m}^3/\text{s}$，代入式（2-79）得 $\left(\dfrac{V_2}{\Delta t} + \dfrac{q_2}{2} \right) = 70 \text{ m}^3/\text{s}$，以此查图 2-39 得 $q_2 = 18 \text{ m}^3/\text{s}$，上一时段的 q_2 是下一时段的 q_1，重复上述步骤，可计算

出其他时段 q_2。

第（6）栏的 $V_{总} = (\overline{Q} - \overline{q})\Delta t = (75 - 14) \times 12 \times 3600 \div 10^6 + 247 = 249.6$，第（7）栏是根据第（6）查 $G \sim V$ 曲线得出，具体计算成果见表 2 - 19。

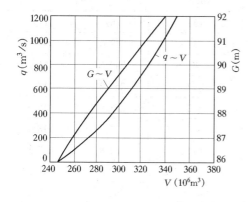
图 2 - 38 某水库库容曲线和蓄泄曲线

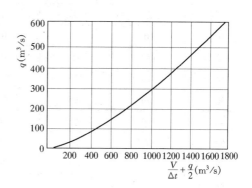
图 2 - 39 单辅助曲线图

表 2 - 16　　　　　　　　　　　　水库水位～容积曲线表

库水位 G（m）	50	60	70	75	80	85	90	93	96
库容 V（10^6m³）	0.5	10.0	45.0	77.5	148	234	307	336	423

表 2 - 17　　　　　　　　　　　水库 $q \sim V$ 关系曲线计算表

库水位 G（m）	(1)	86	88	90	92	94	96
堰顶水头 H（m）	(2)	0	2	4	6	8	10
溢流量 q_1（m³/s）	(3)	0	204	576	1058	1628	2276
发电流量 $q_电$（m³/s）	(4)	10	10	10	10	10	10
总流量 q（m³/s）	(5)	10	214	586	1068	1638	2286
库容 V（10^6m³）	(6)	247	276	307	340	378	423

表 2 - 18　　　　　　　　　　　单 辅 助 曲 线 计 算 表

库水位 G（m）	堰顶水头 H（m）	总库容 $V_{总}$（10^6m³）	堰顶以上 V（10^6m³）	$\frac{V}{\Delta t}$（m³/s）	q（m³/s）	$q/2$（m³/s）	$\frac{V}{\Delta t}+\frac{q}{2}$（m³/s）
(1)	(2)	(3)	(4)	(5)	(6)	(7)	(8)
86	0	247	0	0	0	0	0
87	1	262	15	348	82	41	389
88	2	276	29	672	214	107	779
89	3	291	44	1020	384	192	1212
90	4	307	60	1390	586	293	1683

表 2-19　　　　　　　　　　**单辅助曲线调洪计算表（Δt = 12h）**

时间 (t)	Q (m³/s)	$\overline{Q}$ (m³/s)	q (m³/s)	$\dfrac{V}{\Delta t}+\dfrac{q}{2}$ (m³/s)	总库容 $V_{总}$（10^6m³）	水　位 G（m）
(1)	(2)	(3)	(4)	(5)	(6)	(7)
0	10		10	5	247.0	86.0
12	140	75	18	70	249.6	116.2
24	710	425	110	477	265.2	117.2
36	279	495	244	862	278.9	118.2
48	130	205	230	823	277.5	118.1
60	65	98	181	691	272.9	117.8
72	32	49	137	559	268.1	117.5
84	15	24	100	446	264.2	117.1
96	10	13	75	359	261.0	116.9
108	10	10	60	294	258.5	116.6

（4）推求设计最大下泄流量 q_m、设计调洪库容 $V_调$ 与设计洪水位 G_m。从表中可知 $q_m = 244$m³/s，不是落在 $Q\sim t$ 的退水线段上，这说明该计算时段过长，要通过试算求出最大的 q_m 出现的时间。方法是延长下泄流量过程线，使其与入库流量过程线相交，确定最大下泄流量出现的时间，经试算求的最大下泄流量为 256 m³/s。对应的 $V_m = 279.2\times10^6$m³，减去堰顶以下库容，即为设计调洪库容 $V_调 = （279.2 - 247） = 32.2\times 10^6$m³，依此查 $G\sim V$ 曲线得，设计洪水位 $G_m = 88.3$m。

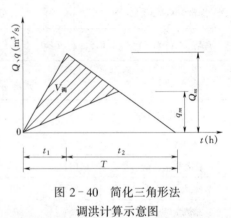

图 2-40　简化三角形法
调洪计算示意图

（二）简化三角形法

该法的要点是：假设入库洪水过程线近似为三角形，当洪水来临前库水位与溢洪道堰顶平齐，并为无闸门控制的自由出流，泄洪过程近似为直线，如图 2-40 所示。

由图 2-40 可知，入库流量过程与下泄流量过程间的阴影部分面积为调洪库容 $V_调$，即

$$V_调 = \frac{1}{2}Q_m T - \frac{1}{2}q_m T = \frac{Q_m T}{2}\left(1 - \frac{q_m}{Q_m}\right) \tag{2-85}$$

因洪水总量

$$W_m = \frac{Q_m T}{2}$$

故　　　　　$$V_调 = W_m\left(1 - \frac{q_m}{Q_m}\right) \quad 或 \quad q_m = Q_m\left(1 - \frac{V_调}{W_m}\right) \tag{2-86}$$

式（2-86）的求解方法有：试算法与图解法。

（1）试算法。先绘制 $q\sim V$ 曲线（V 为溢洪道堰顶以上库容），然后假设一个最大下

泄流量 q_m，即可算出 $V_{调}$，以 $V_{调}$ 在曲线 $q \sim V$ 上查出 q 值，如与原假设相等，则 q_m 和 $V_{调}$ 即为所求。否则需重新试算。

（2）图解法。用图解法求解时，需根据水库的库容曲线及泄流条件绘制出 $q \sim V$ 关系曲线。应用 $q \sim V$ 关系曲线求解时，可根据已知的设计洪峰流量 Q_m 和设计洪水总量 W_m，在 q 轴上取 A 点，其值为 Q_m，在 V

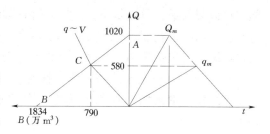

图 2-41 简化三角形计算（图解法）

轴上取 B 点，其值为 W_m。连 AB 线与 $q \sim V$ 曲线交于 C 点，则 C 的坐标值即为 $V_{调}$ 和 q_m，如图 2-41 所示。

【例 2-13】 某水库工程，根据其库容曲线及泄流条件已绘制有 $q \sim V$（V 为溢洪道堰顶以上的库容）如图 2-41 所示。入库设计流量 $Q_m = 1020 \text{m}^3/\text{s}$，洪水总量 $W_m = 1834$ 万 m^3。求最大下泄流量及调洪库容。

解：（1）简化三角形试算法计算。先假定 $q_m = 580 \text{m}^3/\text{s}$，则 $V_{调} = W_m \left(1 - \dfrac{q_m}{Q_m}\right) =$ $1834 \left(1 - \dfrac{580}{1020}\right) = 790$ 万（m^3），用 790 在图 2-41 的 $q \sim V$ 曲线上查得 $q_m = 580 \text{m}^3/\text{s}$ 与假设相符，故 $q_m = 580 \text{m}^3/\text{s}$，$V_{调} = 790$ 万 m^3，即为所求。

（2）简化三角形图解法。仍用图 2-41 的 $q \sim V$ 曲线。在 q 轴上取 $Q_m = 1020 \text{m}^3/\text{s}$，得 A 点，在 V 轴上取 $W_m = 1834$ 万 m^3，得 B 点。连 AB 线，交 $q \sim V$ 曲线于 C 点。在 $q \sim V$ 关系曲线图上可直接查得 C 点的坐标值，即 $V_{调} = 790$ 万 m^3，$q_m = 580 \text{m}^3/\text{s}$。

（三）无闸门控制时水库调洪计算

中、小型水库为降低工程造价，便于管理，溢洪道一般不设闸门。无闸门控制的水库由于防洪与兴利不能相结合，故水库的正常蓄水位、防洪起调水位与溢洪道堰顶高程三者一致。且一般下游无防洪任务，因此，泄洪建筑的尺寸和防洪库容的大小，应根据水库安全防洪标准来确定。其计算步骤为：①收集调洪计算基本资料；②依地形、地质等条件拟定方案（溢洪建筑物尺寸或起调水位）；③经调洪计算求出 q_m、V_m；④比较选择方案。

（四）有闸门控制时水库调洪计算

1. 溢洪道设闸的目的

（1）溢洪道设置闸门可以控制泄流量的大小和时间，使水库防洪调度灵活，控制运用方便，提高水库的防洪效益。所以，当下游要求水库蓄洪，与河道区间洪水错峰或水库群防洪调度时，都需要设置闸门。

（2）设置闸门有利于解决水库防洪与兴利的矛盾，提高水库综合利用效益。对防洪来说，汛期要求水库水位低一些，以有利于防洪；对兴利来说，则要求水库水位高一些，以免汛后蓄水量不足，影响兴利用水，有闸门时，可以在主汛期之外分阶段提高防洪限制水位，也可以拦蓄洪水主峰过后的部分水量，既发挥水库的防洪作用，又能争取多蓄水兴利。

（3）可选择较优的工程布置方案。当溢洪道宽度 B 相同，若调洪库容 $V_{调}$ 相等，设闸门可以降低最大泄流量 q_m；若 q_m 相等，有闸门可以减少 $V_{调}$；若 q_m 和 $V_{调}$ 都相同，有闸门的溢洪道宽度比无闸门的要小得多。因此，根据地形、地质条件、淹没损失及枢纽布置情况，可以优选 B、$V_{调}$ 和 q_m 的组合方案。

2．有闸门控制时水库调洪计算特点

水库溢洪道有闸门控制的调洪计算原理与无闸门控制时相同，其调洪计算的特点如下。

（1）溢洪道有闸门控制时，水库调洪计算的起调水位（防洪限制水位），一般低于正常蓄水位，高于堰顶高程。这样在防洪限制水位和正常蓄水位之间的库容，既可以兴利，又可以防洪，从而协调了防洪要腾空库容与兴利要蓄水之间的矛盾。这部分防洪与兴利相结合的库容称为共用库容或结合库容。而防洪限制水位高于堰顶高程，就可以从洪水开始时得到较高的泄流水头，增大洪水初期的泄洪量，以减轻下游防洪压力。对于以兴利为主的水库，防洪限制水位确定应以汛后能蓄满兴利库容为原则。

（2）只有闸门全开才属于自由泄流，相当于无闸门控制，可用列表试算法或单辅助曲线法进行调洪计算；当闸门没有完全开时属于控制泄流，可直接用水量平衡方程计算。

（3）水库溢洪道有闸门控制的调洪计算，要根据下游有无防洪要求所拟定的调洪方式进行。

3．下游无防洪要求时水库的调洪计算

下游无防洪要求，水库的泄流量不受限制，水库防洪调度的目的是要确保水库本身的安全。调洪过程中，以相应于水库安全标准的设计（校核）洪水，作为入库洪水，在不泄放防洪限制水位 $G_{限}$ 以下水量的前提下尽量加大泄流量。如图 2－42 所示。闸门操作方式是 t_0-t_1 时段内，随着入库流量不断增大，逐渐开大闸门，使泄流量 q 等于入库流量 Q，保持库水位 $G_{限}$ 不变。至 t_1 时刻，闸门已全开，若入库洪水继续增大，说明入库流量要大于防洪限制水位所对应的泄流量 $q_{限}$，这时应敞开闸门自由泄流。到 t_2 时刻，库水位升到最高值 G_m，泄流量达到最大 q_m。随着入库洪水的消退，将闸门逐渐关闭，使库水位回降到 $G_{限}$。

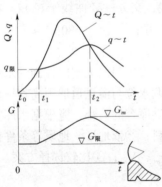

图 2－42　下游无防洪任务
调洪计算示意图

结合上述调洪方式，经调洪计算得到的水库最高水位 G_m 就是水库的设计（校核）洪水位，相应的调洪库容 $V_{调}$ 就是水库的设计（校核）调洪库容。

4．下游有防洪要求时水库的调洪计算

在有闸门控制的情况下，当下游有防洪任务时，水库本身的安全标准 p_2 高于下游防洪标准 p_1，水库需要采用两级（或多级）的调洪计算。

首先用相应于下游防护标准 p_1 的设计洪水，作为入库洪水，求出水库的防洪库容和防洪高水位。其调洪步骤为：开始泄流时，渐开闸门，来多少泄多少，但泄流量不能大于下游防洪标准 p_1 要求的安全流量 $q_{安}$，即当入库流量 Q 大于 $q_{安}$ 时，要渐关闸门，使 $q \leqslant q_{安}$。这种泄流封顶的调洪方式，俗称为"削平头"法，如图 2－43 所示。

然后以相应于水库安全标准 p_2 的设计（校核）洪水，作为入库洪水，用上述求得的防洪库容或防洪高水位作为第二级调洪开始的判别条件，对设计（校核）洪水进行两级（或多级）的调洪计算，求出相应某一溢洪道尺寸的设计（校核）最大泄流量。

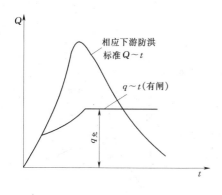
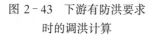

图 2－43　下游有防洪要求
时的调洪计算

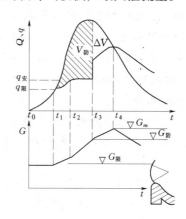

图 2－44　水库两级调洪
示意图

两级调洪计算的过程如下：如图 2－44 所示，开始先进行第一级调洪计算，为满足下游的防洪要求，泄流量 q 不大于 $q_安$，到 t_3 时刻，水库的 $V_防$ 已蓄满，即水库的水位达到 $G_防$。因来水量仍大于所控制的下泄流量 $q_安$，库水位将继续上升。这说明该次洪水超过了下游防洪标准相应的洪水，现已不能满足下游的防洪要求，需作第二级调洪计算，即为保证水库大坝的安全，需将闸门全部打开，形成自由泄流，下泄流量为下泄能力。当到 t_4 时刻，泄流量和入库流量相等，泄流量和库水位达到最大值。此时的库水位为设计（校核）洪水位 G_m，调洪库容（$V_调 = V_防 + \Delta V$）为设计（校核）调洪库容，t_4 时刻以后，库水位逐渐回降到防洪限制水位。

5. 坝顶高程的确定

由入库设计洪水或校核洪水经过计算，得出相应某一溢洪道尺寸的水库坝前设计洪水位 $G_设$ 或校核洪水位 $G_校$，为了确保水库安全，非溢流坝的坝顶高程 H 必须超过 $G_设$ 或 $G_校$。坝顶高程 H 可按式（2－87）计算，并取两者中的较大者作为最后选定的方案。

$$\left. \begin{array}{l} H = G_设 + H_{浪设} + \Delta h_设 \\ H = G_校 + H_{浪校} + \Delta h_校 \end{array} \right\} \tag{2－87}$$

式中：$H_{浪设}$、$H_{浪校}$ 为设计和校核条件风浪爬高，前者高于后者，按有关规范计算；$\Delta h_设$、$\Delta h_校$ 为设计和校核条件下的安全超高，前者高于后者，按有关规范选取。

可见，水库调洪计算是确定坝顶高程和泄洪建筑物尺寸的技术关键。

复习思考题

1. 题图 1 所示有 A、B 两测站所测得的洪水过程线。除下面指定的对比条件外，所有其他因素相同，那么

（1）哪一个流域的流域坡度大？

（2）哪一个流域的植被多？

（3）哪一个流域的河网密度大？

（4）哪一个流域的暴雨中心离流域出口近？

（5）若雨量相同，哪一个流域的雨强大？

（6）能想象出它们的流域形状、水系的类型吗？

2．何为降雨"三要素"？试比较一次降雨过程与对应流量过程的差异？

3．降雨、蒸发与下渗对径流形成有何影响？

4．怎样理解水循环是形成一切水文现象的根本原因？

5．何为水文测站，水文资料如何采集？

6．如何理解概率、频率与重现期的异同？

7．何为经验频率曲线？何为理论频率曲线？适线法的实质是什么？其步骤怎样？

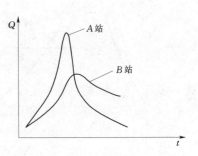

题图 1　A、B 两站流量过程线

8．何为统计参数，统计参数对频率曲线有何影响？

9．水文资料的"三性"审查指的是什么？相关分析的实质是什么？

10．简述年径流年内、年际变化的主要特性？

11．推求设计年径流量时为什么要推求设计年内分配？

12．缺实测资料时，怎样推求设计年径流量？

13．小流域设计洪水计算有何特点？

14．推理公式中有几个什么参数，其基本假定与形式是什么？

15．水库的兴利和防洪特征水位及相应特征库容有哪些？

16．径流调节分哪两类，兴利调节的类型有哪些？

17．水库的调洪作用与任务是什么？

18．水库调洪计算的基本原理是什么？

19．有闸门控制与无闸门控制水库调洪计算有何区别？

练　习　题

1．结合本地地形图，依给出的坝址断面绘出该断面以上的分水线，并量算出流域面积、流域长度与宽度、河流长度及绘出河道纵断面图并计算平均纵比降。

2．流域面积 $F = 100\text{km}^2$，设有甲、乙、丙、丁四个雨量站，经绘制泰森多边形，其各站所控制面积分别为 28 km^2、26km^2、21km^2、25km^2，一次降雨各站观测得到的雨量分别为 23.5 mm、28.9 mm、19.8 mm、20.6 mm，试用算术平均法与泰森多边形法分别计算该流域的平均降雨量。

3．某流域多年平均径流量 $W_0 = 31536 \times 10^4\text{m}^3$，流域面积 $F = 500\text{km}^2$，流域多年平均径流系数 $\alpha_0 = 0.6$，试计算该站多年平均流量 Q_0、径流深 Y_0、径流模数 M_0，X_0 及蒸发量 E_0。

4．如题图 2 为一测流断面图，图中数据为实测记录值。试计算断面流量与断面平均流速。

5．试用推理公式推求某小流域 $P=1\%$ 的设计洪水过程。

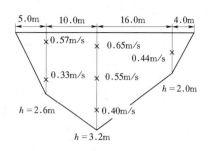

题图 2　测量断面测速垂线布置示意图

资料：

（1）流域特性参数：$F=100\text{km}^2$，$L=27.2\text{km}$，$J=6.82‰$。

（2）流域暴雨参数：由当地《水文手册》查得流域中心处年最大 24h 暴雨参数为 $\overline{X}=96$ mm，$C_v=0.40$，$C_s=3.5C_v$，$n=0.70$。

（3）流域产汇流参数：由当地《水文手册》查得 $m=0.092\left[L/\left(J^{1/3}F^{1/4}\right)\right]^{0.636}$，$\mu=3.0\text{mm/h}$。

（4）设计洪水过程线为三角形，且 $r=2.0$。

6．某流域面积 $F=200\text{km}^2$ 无实测资料，由当地水文手册查得多年平均径流深 $y_0=600\text{mm}$，$C_v=0.30$，$C_s=2C_v$。

（1）试计算 $P=90\%$ 的设计年径流量。

（2）概化的设计年内分配百分比（如题表1），试推求设计年内分配。

（3）若拟定水库死水位 $Z_{死}=100\text{m}$，$Z\sim V$ 曲线如题表2，对该年进行等流量完全年调节，求设计兴利库容和正常蓄水位。

（4）水库泄洪建筑物方案之一为无闸门溢洪道，其堰顶高程与正常蓄水位齐平，堰顶净宽 $B=45\text{m}$。堰流流量系数 $M_1=1.6$。设计洪水过程 $Q\sim t$ 列于题表3中，试用单辅助曲线法推求水库的下泄流量过程、设计最大泄流量、设计调洪库容和设计洪水位。

题表 1　　　　　**$P=90\%$设计枯水年各月占全年百分比分配表**

月　份	5	6	7	8	9	10	11	12	1	2	3	4	合计
分配比（%）	13.0	9.6	18.2	12.6	15.8	9.8	2.3	1.8	3.6	2.4	6.1	4.8	100

题表 2　　　　　**某水库水位～库容曲线表**

水位（m）	100	105	110	115	120	125
库容（10^6）	20.0	56.0	145.0	232.0	356.0	556.0

题表 3　　　　　**$P=1\%$设计洪水过程线**

时间（h）	0	2	4	6	8	10	12	14	16
流量（m^3/s）	0	300	680	440	320	180	120	60	0

附 表

附表 1

皮尔逊—Ⅲ型曲线的离均系数 ϕ_p 值表

C_s \ p(%)	0.01	0.1	0.2	0.33	0.5	1	2	5	10	20	50	75	90	95	99
0.0	3.72	3.09	2.88	2.71	2.58	2.33	2.05	1.64	1.28	0.84	0.00	−0.67	−1.28	−1.64	−2.33
0.1	3.94	3.23	3.00	2.82	2.67	2.40	2.11	1.67	1.29	0.84	−0.02	−0.68	−1.27	−1.62	−2.25
0.2	4.16	3.38	3.12	2.92	2.76	2.47	2.16	1.70	1.30	0.83	−0.03	−0.69	−1.26	−1.59	−2.18
0.3	4.38	3.52	3.24	3.03	2.86	2.54	2.21	1.73	1.31	0.82	−0.05	−0.70	−1.24	−1.55	−2.10
0.4	4.61	3.67	3.36	3.14	2.95	2.62	2.26	1.75	1.32	0.82	−0.07	−0.71	−1.23	−1.52	−2.03
0.5	4.83	3.81	3.48	3.25	3.04	2.68	2.31	1.77	1.32	0.81	−0.08	−0.71	−1.22	−1.49	−1.96
0.6	5.05	3.96	3.60	3.35	3.13	2.75	2.35	1.80	1.33	0.80	−0.10	−0.72	−1.20	−1.45	−1.88
0.7	5.28	4.10	3.72	3.45	3.22	2.82	2.40	1.82	1.33	0.79	−0.12	−0.72	−1.18	−1.42	−1.81
0.8	5.50	4.24	3.85	3.55	3.31	2.89	2.45	1.84	1.34	0.78	−0.13	−0.73	−1.17	−1.38	−1.74
0.9	5.73	4.39	3.97	3.65	3.40	2.96	2.50	1.86	1.34	0.77	−0.15	−0.73	−1.15	−1.35	−1.66
1.0	5.96	4.53	4.09	3.76	3.49	3.02	2.54	1.88	1.34	0.76	−0.16	−0.73	−1.13	−1.32	−1.59
1.1	6.18	4.67	4.20	3.86	3.58	3.09	2.58	1.89	1.34	0.74	−0.18	−0.74	−1.10	−1.28	−1.52
1.2	6.41	4.81	4.32	3.95	3.66	3.15	2.62	1.91	1.34	0.73	−0.19	−0.74	−1.08	−1.24	−1.45
1.3	6.64	4.95	4.44	4.05	3.74	3.21	2.67	1.92	1.34	0.72	−0.21	−0.74	−1.06	−1.20	−1.38
1.4	6.87	5.09	4.56	4.15	3.83	3.27	2.71	1.94	1.33	0.71	−0.22	−0.73	−1.04	−1.17	−1.32
1.5	7.09	5.23	4.68	4.24	3.91	3.33	2.74	1.95	1.33	0.69	−0.24	−0.73	−1.02	−1.13	−1.26
1.6	7.31	5.37	4.80	4.34	3.99	3.39	2.78	1.96	1.33	0.68	−0.25	−0.73	−0.99	−1.10	−1.20
1.7	7.54	5.50	4.91	4.43	4.07	3.44	2.82	1.97	1.32	0.66	−0.27	−0.72	−0.97	−1.06	−1.14
1.8	7.76	5.64	5.01	4.52	4.15	3.50	2.85	1.98	1.32	0.64	−0.28	−0.72	−0.94	−1.02	−1.09
1.9	7.98	5.77	5.12	4.61	4.23	3.55	2.88	1.99	1.31	0.63	−0.29	−0.72	−0.92	−0.98	−1.04
2.0	8.21	5.91	5.22	4.70	4.30	3.61	2.91	2.00	1.30	0.61	−0.31	−0.71	−0.895	−0.949	−0.989
2.1	8.43	6.04	5.33	4.79	4.37	3.66	2.93	2.00	1.29	0.59	−0.32	−0.71	−0.869	−0.914	−0.945
2.2	8.65	6.17	5.43	4.88	4.44	3.71	2.96	2.00	1.28	0.57	−0.33	−0.70	−0.844	−0.879	−0.905
2.3	8.87	6.30	5.53	4.97	4.51	3.76	2.99	2.00	1.27	0.55	−0.34	−0.69	−0.820	−0.849	−0.867
2.4	9.08	6.42	5.63	5.05	4.58	3.81	3.02	2.01	1.26	0.54	−0.35	−0.68	−0.795	−0.820	−0.831
2.5	9.30	6.55	5.73	5.13	4.65	3.85	3.04	2.01	1.25	0.52	−0.36	−0.67	−0.772	−0.791	−0.800
2.6	9.51	6.67	5.82	5.20	4.72	3.89	3.06	2.01	1.23	0.50	−0.37	−0.66	−0.748	−0.764	−0.769
2.7	9.72	6.79	5.92	5.28	4.78	3.93	3.09	2.01	1.22	0.48	−0.37	−0.65	−0.726	−0.736	−0.740
2.8	9.93	6.91	6.01	5.36	4.84	3.97	3.11	2.01	1.21	0.46	−0.38	−0.64	0.702	−0.710	−0.714
2.9	10.14	7.03	6.10	5.44	1.90	1.01	3.13	2.01	1.20	0.44	−0.39	−0.63	−0.680	−0.687	−0.690

C_s	\multicolumn{15}{c}{p (%)}	C_s
p (%)	0.01	0.1	0.2	0.33	0.5	1	2	5	10	20	50	75	90	95	99	
3.0	10.35	7.15	6.20	5.51	4.96	4.05	3.15	2.00	1.18	0.42	-0.39	-0.62	-0.658	-0.665	-0.667	3.0
3.1	10.56	7.26	6.30	5.59	5.02	4.08	3.17	2.00	1.16	0.40	-0.40	-0.60	-0.639	-0.644	-0.645	3.1
3.2	10.77	7.38	6.39	5.66	5.08	4.12	3.19	2.00	1.14	0.38	-0.40	-0.59	-0.621	-0.624	-0.625	3.2
3.3	10.97	7.49	6.48	5.74	5.14	4.15	3.21	1.99	1.12	0.36	-0.40	-0.58	-0.604	-0.606	-0.606	3.3
3.4	11.17	7.60	6.56	5.80	5.20	4.18	3.22	1.98	1.11	0.34	-0.41	-0.57	-0.587	-0.588	-0.588	3.4
3.5	11.37	7.72	6.65	5.86	5.25	4.22	3.23	1.97	1.09	0.32	-0.41	-0.55	-0.570	-0.571	-0.571	3.5
3.6	11.57	7.83	6.73	5.93	5.30	4.25	3.24	1.96	1.08	0.30	-0.41	-0.54	-0.555	-0.556	-0.556	3.6
3.7	11.77	7.94	6.81	5.99	5.35	4.28	3.25	1.95	1.06	0.28	-0.42	-0.53	-0.540	-0.541	-0.541	3.7
3.8	11.97	8.05	6.89	6.05	5.40	4.31	3.26	1.94	1.04	0.26	-0.42	-0.52	-0.526	-0.526	-0.526	3.8
3.9	12.16	8.15	6.97	6.11	5.45	4.34	3.27	1.93	1.02	0.24	-0.41	-0.506	-0.513	-0.513	-0.513	3.9
4.0	12.36	8.25	7.05	6.18	5.50	4.37	3.27	1.92	1.00	0.23	-0.41	-0.495	-0.500	-0.500	-0.500	4.0
4.1	12.55	8.35	7.13	6.24	5.54	4.39	3.28	1.91	0.98	0.21	-0.41	-0.484	-0.488	-0.488	-0.488	4.1
4.2	12.74	8.45	7.21	6.30	5.59	4.41	3.29	1.90	0.96	0.19	-0.41	-0.473	-0.476	-0.476	-0.476	4.2
4.3	12.93	8.55	7.29	6.36	5.63	4.44	3.29	1.88	0.94	0.17	-0.41	-0.462	-0.465	-0.465	-0.465	4.3
4.4	13.12	8.65	7.36	6.41	5.68	4.46	3.30	1.87	0.92	0.16	-0.40	-0.453	-0.455	-0.455	-0.455	4.4
4.5	13.30	8.75	7.43	6.46	5.72	4.48	3.30	1.85	0.90	0.14	-0.40	-0.444	-0.444	-0.444	-0.444	4.5
4.6	13.49	8.85	7.50	6.52	5.76	4.50	3.30	1.84	0.88	0.13	-0.40	-0.435	-0.435	-0.435	-0.435	4.6
4.7	13.67	8.95	7.57	6.57	5.80	4.52	3.30	1.82	0.86	0.11	-0.39	-0.426	-0.426	-0.426	-0.426	4.7
4.8	13.85	9.04	7.64	6.63	5.84	4.54	3.30	1.80	0.84	0.09	-0.39	-0.417	-0.417	-0.417	-0.417	4.8
4.9	14.04	9.13	7.70	6.68	5.88	4.55	3.30	1.78	0.82	0.08	-0.38	-0.408	-0.408	-0.408	-0.408	4.9
5.0	14.22	9.22	7.77	6.73	5.92	4.57	3.30	1.77	0.80	0.06	-0.379	-0.400	-0.400	-0.400	-0.400	5.0
5.1	14.40	9.31	7.84	6.78	5.95	4.58	3.30	1.75	0.78	0.05	-0.374	-0.392	-0.392	-0.392	-0.392	5.1
5.2	14.57	9.40	7.90	6.83	5.99	4.59	3.30	1.73	0.76	0.03	-0.369	-0.385	-0.385	-0.385	-0.385	5.2
5.3	14.75	9.49	7.96	6.87	6.02	4.60	3.30	1.72	0.74	0.02	-0.363	-0.377	-0.377	-0.377	-0.377	5.3
5.4	14.92	9.57	8.02	6.91	6.05	4.62	3.29	1.70	0.72	0.00	-0.358	-0.370	-0.370	-0.370	-0.370	5.4
5.5	15.10	9.66	8.08	6.96	6.08	4.63	3.28	1.68	0.70	-0.01	-0.353	-0.364	-0.364	-0.364	-0.364	5.5
5.6	15.27	9.74	8.14	7.00	6.11	4.64	3.28	1.66	0.67	-0.03	-0.349	-0.357	-0.357	-0.357	-0.357	5.6
5.7	15.45	9.82	8.21	7.04	6.14	4.65	3.27	1.65	0.65	-0.04	-0.344	-0.351	-0.351	-0.351	-0.351	5.7
5.8	15.62	9.91	8.27	7.08	6.17	4.67	3.27	1.63	0.63	-0.05	0.339	-0.345	-0.345	-0.345	-0.345	5.8
5.9	15.78	9.99	8.32	7.12	6.20	4.68	3.26	1.61	0.61	-0.06	-0.334	-0.339	-0.339	-0.339	-0.339	5.9
6.0	15.94	10.07	8.38	7.15	6.23	4.68	3.25	1.59	0.59	-0.07	-0.329	-0.333	-0.333	-0.333	-0.333	6.0
6.1	16.11	10.15	8.43	7.19	6.26	4.69	3.24	1.57	0.57	-0.08	-0.325	-0.328	-0.328	-0.328	-0.328	6.1
6.2	16.28	10.22	8.49	7.23	6.28	4.70	3.23	1.55	0.55	-0.09	-0.320	-0.323	-0.323	-0.323	-0.323	6.2
6.3	16.45	10.30	8.54	7.26	6.30	4.70	3.22	1.53	0.53	-0.10	-0.315	-0.317	-0.317	-0.317	-0.317	6.3
6.4	16.61	10.38	8.60	7.30	6.32	4.71	3.21	1.51	0.51	-0.11	-0.311	-0.313	-0.313	-0.313	-0.313	6.4

附表 2

皮尔逊—Ⅲ型曲线的模比系数 K_p 值表

(1) $C_s = C_v$

C_v \ p(%)	0.01	0.1	0.2	0.33	0.5	1	2	5	10	20	50	75	90	95	99	C_s
0.05	1.19	1.16	1.15	1.14	1.13	1.12	1.11	1.09	1.07	1.04	1.00	0.97	0.94	0.92	0.89	0.05
0.10	1.39	1.32	1.30	1.28	1.27	1.24	1.21	1.17	1.13	1.08	1.00	0.93	0.87	0.84	0.78	0.10
0.15	1.61	1.50	1.46	1.43	1.41	1.37	1.32	1.26	1.20	1.13	1.00	0.90	0.81	0.77	0.67	0.15
0.20	1.83	1.68	1.62	1.58	1.55	1.49	1.43	1.34	1.26	1.17	0.99	0.86	0.75	0.68	0.56	0.20
0.25	2.07	1.86	1.80	1.74	1.70	1.63	1.55	1.43	1.33	1.21	0.99	0.83	0.69	0.61	0.47	0.25
0.30	2.31	2.06	1.97	1.91	1.86	1.76	1.66	1.52	1.39	1.25	0.98	0.79	0.63	0.54	0.37	0.30
0.35	2.57	2.26	2.16	2.08	2.02	1.91	1.78	1.61	1.46	1.29	0.98	0.76	0.57	0.47	0.28	0.35
0.40	2.84	2.47	2.34	2.26	2.18	2.05	1.90	1.70	1.53	1.33	0.97	0.72	0.51	0.39	0.19	0.40
0.45	3.13	2.69	2.54	2.44	2.35	2.19	2.03	1.79	1.60	1.37	0.97	0.69	0.45	0.33	0.10	0.45
0.50	3.42	2.91	2.74	2.63	2.52	2.34	2.16	1.89	1.66	1.40	0.96	0.65	0.39	0.26	0.02	0.50
0.55	3.72	3.14	2.95	2.82	2.70	2.49	2.29	1.98	1.73	1.44	0.95	0.61	0.34	0.20	−0.06	0.55
0.60	4.03	3.38	3.16	3.01	2.88	2.65	2.41	2.08	1.80	1.48	0.94	0.57	0.28	0.13	−0.13	0.60
0.65	4.36	3.62	3.38	3.21	3.07	2.81	2.55	2.18	1.87	1.52	0.93	0.53	0.23	0.07	−0.20	0.65
0.70	4.70	3.87	3.60	3.42	3.25	2.97	2.68	2.27	1.93	1.55	0.92	0.50	0.17	0.01	−0.27	0.70
0.75	5.05	4.13	3.84	3.63	3.45	3.14	2.82	2.37	2.00	1.59	0.91	0.46	0.12	−0.05	−0.33	0.75
0.80	5.40	4.39	4.08	3.84	3.65	3.31	2.96	2.47	2.07	1.62	0.90	0.42	0.06	−0.10	−0.39	0.80
0.85	5.78	4.67	4.33	4.07	3.86	3.49	3.11	2.57	2.14	1.66	0.88	0.37	0.01	−0.16	−0.44	0.85
0.90	6.16	4.95	4.57	4.29	4.06	3.66	3.25	2.67	2.21	1.69	0.86	0.34	−0.04	−0.22	−0.49	0.90
0.95	6.56	5.24	4.83	4.53	4.28	3.84	3.40	2.78	2.28	1.73	0.85	0.31	−0.09	−0.27	−0.55	0.95
1.00	6.96	5.53	5.09	4.76	4.49	4.02	3.54	2.88	2.34	1.76	0.84	0.27	−0.13	−0.32	−0.59	1.00

(2) $C_s = 2C_v$

C_v	0.01	0.1	0.2	0.33	0.5	1	2	5	10	20	50	75	90	95	99	C_s
															p(%)	
0.05	1.20	1.16	1.15	1.14	1.13	1.12	1.11	1.08	1.06	1.04	1.00	0.97	0.94	0.92	0.89	0.10
0.10	1.42	1.34	1.31	1.29	1.27	1.25	1.21	1.17	1.13	1.08	1.00	0.93	0.87	0.84	0.78	0.20
0.15	1.67	1.54	1.48	1.46	1.43	1.38	1.33	1.26	1.20	1.12	0.99	0.90	0.81	0.77	0.69	0.30
0.20	1.92	1.73	1.67	1.63	1.59	1.52	1.45	1.35	1.26	1.16	0.99	0.86	0.75	0.70	0.59	0.40
0.22	2.04	1.82	1.75	1.70	1.66	1.58	1.50	1.39	1.29	1.18	0.98	0.84	0.73	0.67	0.56	0.44
0.24	2.16	1.91	1.83	1.77	1.73	1.64	1.55	1.43	1.32	1.19	0.98	0.83	0.71	0.64	0.53	0.48
0.25	2.22	1.96	1.87	1.81	1.77	1.67	1.58	1.45	1.33	1.20	0.98	0.82	0.70	0.63	0.52	0.50
0.26	2.28	2.01	1.91	1.85	1.80	1.70	1.60	1.46	1.34	1.21	0.98	0.82	0.69	0.62	0.50	0.52
0.28	2.40	2.10	2.00	1.93	1.87	1.76	1.66	1.50	1.37	1.22	0.97	0.79	0.66	0.59	0.47	0.56
0.30	2.52	2.19	2.08	2.01	1.94	1.83	1.71	1.54	1.40	1.24	0.97	0.78	0.64	0.56	0.44	0.60
0.35	2.86	2.44	2.31	2.22	2.13	2.00	1.84	1.64	1.47	1.28	0.96	0.75	0.59	0.51	0.37	0.70
0.40	3.20	2.70	2.54	2.42	2.32	2.16	1.98	1.74	1.54	1.31	0.95	0.71	0.53	0.45	0.30	0.80
0.45	3.59	2.98	2.80	2.65	2.53	2.33	2.13	1.84	1.60	1.35	0.93	0.67	0.48	0.40	0.26	0.90
0.50	3.98	3.27	3.05	2.88	2.74	2.51	2.27	1.94	1.67	1.38	0.92	0.64	0.44	0.34	0.21	1.00
0.55	4.42	3.58	3.32	3.12	2.97	2.70	2.42	2.04	1.74	1.41	0.90	0.59	0.40	0.30	0.16	1.10
0.60	4.85	3.89	3.59	3.37	3.20	2.89	2.57	2.15	1.80	1.44	0.89	0.56	0.35	0.26	0.13	1.20
0.65	5.33	4.22	3.89	3.64	3.44	3.09	2.74	2.25	1.87	1.47	0.87	0.52	0.31	0.22	0.10	1.30
0.70	5.81	4.56	4.19	3.91	3.68	3.29	2.90	2.36	1.94	1.50	0.85	0.49	0.27	0.18	0.08	1.40
0.75	6.33	4.93	4.52	4.19	3.93	3.50	3.06	2.46	2.00	1.52	0.82	0.45	0.24	0.15	0.06	1.50
0.80	6.85	5.30	4.84	4.47	4.19	3.71	3.22	2.57	2.06	1.54	0.80	0.42	0.21	0.12	0.04	1.60
0.90	7.98	6.08	5.51	5.07	4.74	4.15	3.56	2.78	2.19	1.58	0.75	0.35	0.15	0.08	0.02	1.80

(3) $C_s = 3C_v$

C_v \ $p(\%)$	0.01	0.1	0.2	0.33	0.5	1	2	5	10	20	50	75	90	95	99	C_s
0.20	2.02	1.79	1.72	1.67	1.63	1.55	1.47	1.36	1.27	1.16	0.98	0.86	0.76	0.71	0.62	0.60
0.25	2.35	2.05	1.95	1.88	1.82	1.72	1.61	1.46	1.34	1.20	0.97	0.82	0.71	0.65	0.56	0.75
0.30	2.72	2.32	2.19	2.10	2.02	1.89	1.75	1.56	1.40	1.23	0.96	0.78	0.66	0.60	0.50	0.90
0.35	3.12	2.61	2.46	2.33	2.24	2.07	1.90	1.66	1.47	1.26	0.94	0.74	0.61	0.55	0.46	1.05
0.40	3.56	2.92	2.73	2.58	2.46	2.26	2.05	1.76	1.54	1.29	0.92	0.70	0.57	0.50	0.42	1.20
0.42	3.75	3.06	2.85	2.69	2.56	2.34	2.11	1.81	1.56	1.31	0.91	0.69	0.55	0.49	0.41	1.26
0.44	3.94	3.19	2.97	2.80	2.65	2.42	2.17	1.85	1.59	1.32	0.91	0.67	0.54	0.47	0.40	1.32
0.45	4.04	3.26	3.03	2.85	2.70	2.46	2.21	1.87	1.60	1.32	0.90	0.67	0.53	0.47	0.39	1.35
0.46	4.14	3.33	3.09	2.90	2.75	2.50	2.24	1.89	1.61	1.33	0.90	0.66	0.52	0.46	0.39	1.38
0.48	4.34	3.47	3.21	3.01	2.85	2.58	2.31	1.93	1.65	1.34	0.89	0.65	0.51	0.45	0.38	1.44
0.50	4.55	3.62	3.34	3.12	2.96	2.67	2.37	1.98	1.67	1.35	0.88	0.64	0.49	0.44	0.37	1.50
0.52	4.76	3.76	3.46	3.24	3.06	2.75	2.44	2.02	1.69	1.36	0.87	0.62	0.48	0.42	0.36	1.56
0.54	4.98	3.91	3.60	3.36	3.16	2.84	2.51	2.06	1.72	1.36	0.86	0.61	0.47	0.41	0.36	1.62
0.55	5.09	3.99	3.66	3.42	3.21	2.88	2.54	2.08	1.73	1.36	0.86	0.60	0.46	0.41	0.36	1.65
0.56	5.20	4.07	3.73	3.48	3.27	2.93	2.57	2.10	1.74	1.37	0.85	0.59	0.46	0.40	0.35	1.68
0.58	5.43	4.23	3.86	3.59	3.38	3.01	2.64	2.14	1.77	1.38	0.84	0.58	0.45	0.40	0.35	1.74
0.60	5.66	4.38	4.01	3.71	3.49	3.10	2.71	2.19	1.79	1.38	0.83	0.57	0.44	0.39	0.35	1.80
0.65	6.26	4.81	4.36	4.03	3.77	3.33	2.88	2.29	1.85	1.40	0.80	0.53	0.41	0.37	0.34	1.95
0.70	6.90	5.23	4.73	4.35	4.06	3.56	3.05	2.40	1.90	1.41	0.78	0.50	0.39	0.36	0.34	2.10
0.75	7.57	5.68	5.12	4.69	4.36	3.80	3.24	2.50	1.96	1.42	0.76	0.48	0.38	0.35	0.34	2.25
0.80	8.26	6.14	5.50	5.04	4.66	4.05	3.42	2.61	2.01	1.43	0.72	0.46	0.36	0.34	0.34	2.40

(4) $C_s = 3.5C_v$

C_v \ p(%)	0.01	0.1	0.2	0.33	0.5	1	2	5	10	20	50	75	90	95	99	C_s
0.20	2.06	1.82	1.74	1.69	1.64	1.56	1.48	1.36	1.27	1.16	0.98	0.86	0.76	0.72	0.64	0.70
0.25	2.42	2.09	1.99	1.91	1.85	1.74	1.62	1.46	1.34	1.19	0.96	0.82	0.71	0.66	0.58	0.88
0.30	2.82	2.38	2.24	2.14	2.06	1.92	1.77	1.57	1.40	1.22	0.95	0.78	0.67	0.61	0.53	1.05
0.35	3.26	2.70	2.52	2.39	2.29	2.11	1.92	1.67	1.47	1.26	0.93	0.74	0.62	0.57	0.50	1.22
0.40	3.75	3.04	2.82	2.66	2.53	2.31	2.08	1.78	1.53	1.28	0.91	0.71	0.58	0.53	0.47	1.40
0.42	3.95	3.18	2.95	2.77	2.63	2.39	2.15	1.82	1.56	1.29	0.90	0.69	0.57	0.52	0.46	1.47
0.44	4.16	3.33	3.08	2.88	2.73	2.48	2.21	1.86	1.59	1.30	0.89	0.68	0.56	0.51	0.46	1.54
0.45	4.27	3.40	3.14	2.94	2.79	2.52	2.25	1.88	1.60	1.31	0.89	0.67	0.55	0.50	0.45	1.58
0.46	4.37	3.48	3.21	3.00	2.84	2.56	2.28	1.90	1.61	1.31	0.88	0.66	0.54	0.50	0.45	1.61
0.48	4.60	3.63	3.35	3.12	2.94	2.65	2.35	1.95	1.64	1.32	0.87	0.65	0.53	0.49	0.45	1.68
0.50	4.82	3.78	3.48	3.24	3.06	2.74	2.42	1.99	1.66	1.32	0.86	0.64	0.52	0.48	0.44	1.75
0.52	5.06	3.95	3.62	3.36	3.16	2.83	2.48	2.03	1.69	1.33	0.85	0.63	0.51	0.47	0.44	1.82
0.54	5.30	4.11	3.76	3.48	3.28	2.91	2.55	2.07	1.71	1.34	0.84	0.61	0.50	0.47	0.44	1.89
0.55	5.41	4.20	3.83	3.55	3.34	2.96	2.58	2.10	1.72	1.34	0.84	0.60	0.50	0.46	0.44	1.92
0.56	5.55	4.28	3.91	3.61	3.39	3.01	2.62	2.12	1.73	1.35	0.83	0.60	0.49	0.46	0.43	1.96
0.58	5.80	4.45	4.05	3.74	3.51	3.10	2.69	2.16	1.75	1.35	0.82	0.58	0.48	0.46	0.43	2.03
0.60	6.06	4.62	4.20	3.87	3.62	3.20	2.76	2.20	1.77	1.35	0.81	0.57	0.48	0.45	0.43	2.10
0.65	6.73	5.08	4.58	4.22	3.92	3.44	2.94	2.30	1.83	1.36	0.78	0.55	0.46	0.44	0.43	2.28
0.70	7.43	5.54	4.98	4.56	4.23	3.68	3.12	2.41	1.88	1.37	0.75	0.53	0.45	0.44	0.43	2.45
0.75	8.16	6.02	5.38	4.92	4.55	3.92	3.30	2.51	1.92	1.37	0.72	0.50	0.44	0.43	0.43	2.62
0.80	8.94	6.53	5.81	5.29	4.87	4.18	3.49	2.61	1.97	1.37	0.70	0.49	0.44	0.43	0.43	2.80

第三章 工 程 地 质

工程地质是从近代地质科学发展起来的一门新兴学科。它是把地质科学的知识和经验，应用于解决土木工程建筑物所提出的地质问题。工程地质工作，是以查明建筑地区的工程地质条件为基础，以分析建筑场地的工程地质问题为中心，以工程地质评价为目的，以工程地质调查（即勘察）为手段。在水利工程建设中，地质工作是基础性、支柱性工作，并贯穿其全部过程。在工程设计之前要选择最佳建筑场地，使建筑物与地质环境相适应；在工程施工和运营中，要分析解决新出现的地质问题，以避免因工程兴建而恶化地质环境。据统计资料，世界上有 2000 多座大坝和水库失事，其中大多与不良的地质条件有关。仅在 20 世纪，就有 200 多座水坝坍塌和漫顶，使 13500 人死于非命。

第一节 水利工程地质条件

一切水工建筑物都修建在地壳的表层，可以说，水利建设离不开地质环境。建筑场地及其周围的地形地貌、地层岩性、地质构造、地质灾害（即不良地质现象）、水文地质条件（地下水）以及天然建筑材料，统称为水利工程地质条件。工程地质工作的首要任务，就是要查明建筑地区的工程地质条件，分析它们对工程的影响，以利用有利的地质条件，避开和改造不利的地质条件。如修建水库时，要选择适宜的河谷地段作为坝址与库区，查明坝基岩体的稳定性，评价库区渗漏淤积问题，研究地质灾害的分布范围，勘测天然建筑材料的质量、数量和开采运输条件等。

一、地形地貌

（一）地球概况

1. 地球的形状

地球是一个围绕太阳旋转的椭球体，两极略扁平，赤道稍突出。人造地球卫星测量表明，地球南北两极也不对称，其北极凸出 18.9m，南极则凹下 25.8m，而且北纬 45°地带略显突出。如果夸大来看，地球的形状近似像一个不规则的梨（图 3-1）。

2. 地球的圈层构造

地球是由不同物理状态和化学成分的物质所组成的，具有同心圈层构造。地球由表及里可分为：外圈（包括大气圈、水圈和生物圈）、内圈（包括地壳、地幔和地核）。内圈就是过

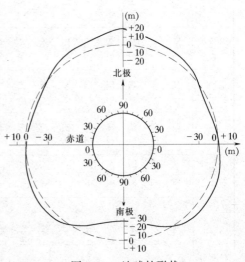

图 3-1 地球的形状

去人们认识的固体地球，其平均半径为6371km。

（1）地球的外部圈层。

1）大气圈。是环绕地球表面的空气层，其厚度在上千甚至上万公里以上。大气质量的3/4和几乎全部水蒸气都集中在靠近地表面8～17km的高度范围内，因此这里是产生风、云、雨、雪等气候现象的场所。在距地面20～30km的高空，为臭氧（O_3）分子相对密集的臭氧层。

2）水圈。是包围地面及其附近的一个连续水层，包括地表水、地下水、大气水和生物水。地球上的水总储量约为13.86亿km^3，其中海水占96.54%；人类能够直接利用的淡水只有约1%。目前世界上有80个国家约15亿人口面临淡水不足。

3）生物圈。是地球上生物及其分布和活动的范围。在大气圈的下层和水圈的大部分中，以及地表面和地壳表层的土壤与岩石里，都有生命物质的存在。生物之间、生物与周围环境之间相互依存、相互影响，共同组成一个不可分割的整体——地球生态系统。人类是这个系统中最能动的，也是最具有破坏力的因素。如何协调人与环境的关系，是21世纪地球科学研究的一个重要方面。

（2）地球的内部圈层。

1）地壳。是由岩石组成的固体地球的外壳，平均厚度为16km，其中大陆地壳平均厚度为33km，海洋为6km。中国青藏高原地壳最厚达72km，南美洲圭亚那附近的大西洋中地壳最薄仅1.6km。

组成地壳的基本物质是各种化学元素，其中以O、Si、Al、Fe、Ca、Na、K、Mg、H等9种元素为主。地壳中的化学元素往往聚集起来，以各种化合物或单质产出，形成矿物。各种矿物又在一定的环境条件下自然集合，形成岩石。岩石的生成有先有后，不同地质历史时期形成的岩石又构成地层。因此，岩石和地层是直接构成地壳物质的基本单位，也是记录地壳发展历史的"书页"。

2）地幔。是介于地壳和地核之间的圈层，它的上部与地壳的分界线称为莫霍面。地幔主要由铬、铁、镍、二氧化硅等物质组成，温度为1000～3000℃。以深度1000km为界，地幔可分为上地幔和下地幔。推测在上地幔深约50～250km范围内有一软流层，这里可能是岩浆的发源地，同时也是地壳运动的主要动力来源。上地幔软流层以上的岩石和地壳共同组成固体地球坚硬的外层，又称为岩石圈，其厚度约70～100km。

3）地核。是位于深度2900km以下直到地心的部分。它的上部与地幔的分界线称为古登堡面。主要由铁、镍的物质组成，温度为3000～5000℃。深度2900～4642km之间是具有金属流体或流塑体性质的外核，其下仍为具有金属固态性质的内核。

（二）地形地貌

地表面的形态是多种多样的，地势高低起伏，相差悬殊，大致可分为陆地和海洋两部分。其中海洋面积占70.7%，陆地面积占29.3%。陆地多集中于北半球，平均海拔高度为860m，最高点为中国珠穆朗玛峰（高程8848.13m）。海洋多集中于南半球，平均深度为3700m，最深处为太平洋西北部的马里亚纳海沟（高程-11033m）。

地球上的陆地并不是一个整体，而是被海水分割为许多巨大的陆地和较小的陆块，前者称为大陆或大洲，后者叫岛屿。陆地表面形态按其高程和起伏情况，可分为山地、高原、丘陵、盆地和平原等地貌形态（表3-1）。

表3-1　　　　　　　　　　　常见陆地地貌形态分类表

地貌形态名称	山　　地			高　原	丘　岭	平　　原	
	高　山	中　山	低　山			高平原	低平原
绝对高度（m）	>3500	1000～3500	500～1000	>600	<500	>200	<200
相对高度（m）	200～>1000	200～1000	200～1000	>200	<200	表面平坦，起伏差小	

1．山地

地形起伏很大，绝对高度大于500m的高地，称为山地。平行排列、延伸很长的山岭，称为山脉。在山区修建工程时，应查明岩石的风化程度和山体稳定性，研究滑坡、崩塌、泥石流等不良地质现象的产生原因和发展规律。

2．高原

海拔较高，面积较大，顶面比较完整平坦的高地，称为高原。一般高原是新构造运动强烈上升的地区。在高原上修建工程时，要注意周围的冲沟侵蚀和边坡稳定问题。

3．丘陵

外貌成低矮而平缓的起伏地形，称为丘陵。它多由山地或高原经过长期外力剥蚀、侵蚀作用而形成。在丘陵地区修建工程时，一般土石方工程量均较大，挖方、填方地段要注意地基不均匀沉陷问题，同时应查明滑坡、崩塌、水土流失等不良地质现象对工程的危害和影响。

4．盆地

四周被山岭或高地环峙，中间地势低平，外貌似盆的地形，称为盆地。盆地是地下水汇集的场所，蕴藏有丰富的地下水资源。一般河谷盆地的开阔地段，往往是修建水库的理想库区。在盆地修建工程时，存在基坑涌水问题，施工困难。特别是位于盆地中心，地表水排泄不畅，地下水埋深浅，有时形成大片沼泽地或盐碱地，且地基承载力较低。

5．平原

地势低平，高差很小的宽广平展地带，称为平原。地表高程在海平面以下的平原，称为洼地。在平原上建筑时，要注意防洪排涝和松散层地基稳定问题。

二、地层岩性

组成地壳的地层岩石，是地上建筑物的地基、地下建筑物本身的结构以及常用的天然建筑材料，其性质直接关系到建筑物地基的稳定性和石料质量的好坏。因此，在水利工程建设中，必须对组成地壳的地层岩石以及造岩矿物进行研究，并了解岩石的工程地质性质。

（一）造岩矿物

1．矿物与造岩矿物

矿物，是由地壳中的化学元素经过自然化合作用而形成的、具有一定化学成分和物理性质的均质体。它可以是由几种元素的化合物组成，如石盐（NaCl）和石膏（$CaSO_4 \cdot 2H_2O$）；也可以是由单独一种元素组成，如金刚石（C）和自然金（Au）。如今已发现的矿物有3000多种，但组成岩石的矿物只有二三十种，最常见的有10多种，如石英、正长石、斜长石、白云母、黑云母、角闪石、辉石、橄榄石、方解石、白云石、高岭石、绿泥石等。它们占岩石中所有矿物的 90% 以上，这些组成岩石主要成分的矿物，称为造岩矿物。

造岩矿物绝大多数是以固态出现的。固态矿物按其内部结构的不同，可分为晶质体和非晶质体。晶质矿物的内部质点（原子、离子、分子）是呈有规律排列的，常形成具有规则几何外形的晶体，如溶液中长出的食盐晶体便是立方体（图 3-2）。非晶质矿物的内部质点是杂乱无章的，因此就不可能形成规则的几何外形，如玻璃质体。

2. 矿物的物理性质

（1）形态。是指单个矿物和群体矿物的形态。矿物单体的形态有柱状（正长石）、片状（云母）、板状（斜长石）、纤维状（石膏）、多面体形状（方解石）等。群体矿物的形状是由同种矿物聚集在一起形成的，有晶簇状（石英）、致密块状（白云石）、土状（高岭石）、鳞片状（绿泥石）、粒状（橄榄石）等。常见造物矿物的形态如图 3-3 所示。

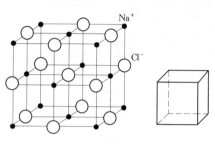

图 3-2 食盐的内部构造和晶体

（2）颜色。是指矿物表面呈现的颜色。一些矿物具有特定的颜色，如绿泥石为绿色，赤铁矿为暗红色等。大多数矿物含有微量杂质而改变其颜色，如纯石英是无色的，当它含有杂质时便可能是白色、灰色、粉红色或黄色等。

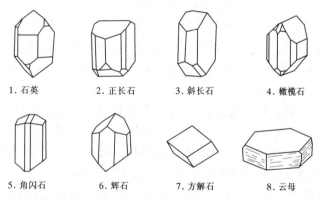

1. 石英   2. 正长石   3. 斜长石   4. 橄榄石

5. 角闪石   6. 辉石   7. 方解石   8. 云母

图 3-3 常见造岩矿物的形态

（3）条痕。是指矿物粉末的颜色。通常是矿物在无釉瓷板（条痕板或条痕棒）上刻划后留下的色痕。矿物的条痕色比矿物表面的颜色固定，因而是鉴定暗色矿物的重要标志。

（4）光泽。是指矿物表面反光的性质。有金属光泽，如黄铁矿；玻璃光泽，如方解石；油脂光泽，如石英；珍珠光泽，如云母；丝绢光泽，如纤维状石膏。没有光泽的矿物是暗淡的。

（5）硬度。是指矿物抵抗外力刻划和研磨的能力。德国的摩斯选取了 10 种不同种类的矿物相互刻划，确定了它们相对硬度的等级，以此为标准将矿物的硬度分为 10 级，称为摩氏硬度计（表 3-2）。

（6）解理。是指矿物受外力后沿一定方向裂开的趋势 [图 3-4 中的 (a)、(b)]。裂开后形成的光滑平面，称为解理面。根据解理面方向的数目多少，可分为一组解理（云母）、两组解理（长石）、三组解理（方解石）；根据解理面发育的完善程度，可分为极完全解理、完全解理、中等解理、不完全解理等。

表3-2   摩氏硬度计

硬度分级	1	2	3	4	5	6	7	8	9	10
标准矿物	滑石	石膏	方解石	萤石	磷灰石	长石	石英	黄玉	刚玉	金刚石

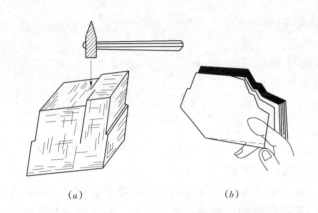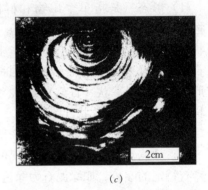

（a）   （b）   （c）

图3-4 矿物的解理与断口
（a）方解石的解理；（b）云母的解理；（c）石英的贝壳状断口

（7）断口。是指矿物受外力打击后，不是按一定方向裂开，而是不规则破裂的性质。破裂面呈多种凹凸不平的形状，如有贝壳状［图3-4中的（c）］、参差状、锯齿状等。

3. 造岩矿物的肉眼鉴定

岩石中含量较多的造岩矿物称为主矿物，它常是岩石命名的重要依据。当造岩矿物的晶体颗粒不小于1mm时，可以在手标本上做肉眼鉴定。肉眼鉴定法，是利用各种感官，并借助一些简单的工具（如小刀、铁锤、条痕板、磁铁、10倍放大镜、10%的稀盐酸等），对矿物的物理性质进行全面观察，然后定出矿物的名称。

矿物的物理性质并非对鉴定每一个矿物都是必要的，一般肉眼鉴定有两三个物理性质就足以鉴定一个矿物（表3-3）。还有一些矿物具有特殊的性质，也是有用的鉴定标志，如云母薄片有弹性、方解石有可溶性、滑石有滑感、高岭石有吸水性（粘舌）等。最有用的矿物鉴定特征有：形状、颜色、硬度、解理。鉴定时，先观察矿物的颜色，确定它是浅色的，还是深色的；然后鉴定矿物的硬度，在颜色相同的矿物中，硬度相同或相近的只有2~3种。通过看颜色、定硬度，可逐步缩小被鉴定矿物的范围。最后，根据矿物的解理、断口及其他特征，确定出矿物的名称。

（二）岩石

岩石，是指矿物的自然集合体。按其成因，可分为岩浆岩、沉积岩和变质岩三大类。认识岩石，应该了解它的成因、产状、成分、结构、构造、颜色等属性特征。

1. 岩浆岩

表 3-3　　　　　　　　　　　主要造岩矿物鉴定特征表

序号	矿物名称及化学成分	形状	颜色	解理与断口	硬度	鉴定特征
1	石英 SiO_2	六方柱,块状	无色,乳白	无,贝壳状	7	无色,硬度很大,无解理,贝壳断口,油脂光泽
2	正长石 $KAlSi_3O_8$	柱状,薄板状	肉红,灰白	两组,一组完全,一组中等	6	肉红色,粗短柱状,两向正交解理
3	斜长石 $(Na,Ca)AlSi_3O_8$	板状,短柱状	灰白	两组,一组完全,一组中等	6	灰白色,板状,两向斜交解理
4	磷灰石 $Ca_5(PO_4)_3(F,Cl)$	针状六面柱体	白,绿	不完全	5	灰白色,呈多种集合形态
5	白云石 $(Mg,Ca)CO_3$	菱面体,块体	灰白	三组完全	3.5～4	菱形块体,与HCL微反应
6	方解石 $CaCO_3$	菱面体,块体	白,褐红	三组完全	3	菱形块体,与HCL剧烈反应
7	白云母 $KAl_2(OH)_2 \cdot AlSi_2O_{10}$	片体	无色,白	单向极完全	2.5～3	无色,白色薄片有弹性
8	石膏 $CaSO_4 \cdot 2H_2O$	板状,纤维状	无色,灰白	单向完全	1.5～2	板状或纤维状,一组完全解理
9	高岭石 $Al_4Si_4O_{10}(OH)_8$	鳞片状,土状	白,灰,黄	单向完全	1～3	性软,粘舌,有可塑性
10	蒙脱石 $Al_4Si_8O_{20}(OH)_4$	土状	白,浅红等	单向完全	1～2	性软,滑腻,吸水膨胀
11	伊利石 $KAl_5Si_7O_{20}(OH)_4$	鳞片状,土状	白,浅黄等	单向完全	1	性软,有可塑性
12	滑石 $Mg_3Si_4O_{10}(OH)_2$	块状,鳞片状	灰白,淡红	单向完全	1	浅灰色,有滑感,性软
13	燧石 SiO_2	结核状,块状	灰至黑色	无,贝壳状	7	深色,块状,硬度大,可以打火
14	橄榄石 $(Mg,Fe)_2SiO_4$	粒状集合体	橄榄绿	无,贝壳状	6.5～7	橄榄绿色,粒状集合体
15	辉石 $(Ca,Na)(Mg,Fe,Al)$ $[(Si,Al)_2O_6]$	短柱状,粒状	绿黑至黑色	两组完全	6	绿黑或黑色,短柱状
16	角闪石 $Ca_2Na(Mg,Fe^{2+})_4$ (Al,Fe^{3+}) $[(Si_3Al)_4O_{11}]_2(OH)_2$	长柱状	深绿至黑色	两组完全	6	绿黑色,长柱状
17	蛇纹石 $Mg_6Si_4O_{10}(OH)_8$	块状,纤维状	黄绿至黑色	无,贝壳状	3～3.5	绿黑,深绿,有斑状色纹似蛇皮
18	黑云母 $K(Mg,Fe)_3AlSi_3O_{10}(OH)_2$	片状	黑,棕黑	单向极完全	2.5～3	深色,薄片有弹性,一组极完全解理

序号	矿物名称及化学成分	形状	颜色	解理与断口	硬度	鉴 定 特 征
19	绿泥石 $(Mg,Fe)_5Al$ $(AlSi_3O_{10})(OH)_8$	鳞片状 集合体	深绿	单向完全	2~2.5	深绿,鳞片状集合体,薄片 有挠性
20	赤铁矿 Fe_2O_3	块状,鲕 状	红褐,铁 黑	无,土状	5.5~6	红褐至铁黑色,条痕缨红色

（1）岩浆岩的形成及产状。岩浆岩，是由岩浆冷却凝固而形成的岩石。岩浆，是存在于地下深处成分复杂的硅酸盐熔融体。岩浆上升喷出地表冷凝所形成的岩石，称为喷出岩；如在地下凝固，就形成侵入岩。侵入岩按形成部位深浅，分为深成岩和浅成岩。岩浆岩主要是由橄榄石、辉石、角闪石、正长石、斜长石、白云母、黑云母和石英等8种矿物组成的。

岩浆岩是以一定形态的岩体产出的。岩浆岩体的大小、形状，及其与周围岩石的相互关系和分布特点，称为岩浆岩的产状。常见岩浆岩的产状如图3-5所示。

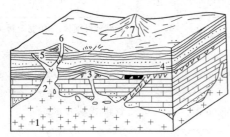

图 3-5 岩浆岩体产状示意图
1—岩基；2—岩株；3—岩盘；4—岩床；
5—岩墙和岩脉；6—火山锥；7—熔岩流

（2）岩浆岩的结构和构造。岩浆岩的结构，是指岩石中矿物的结晶程度、晶粒大小、晶体形态，以及颗粒之间的结合关系。岩浆岩的构造，是指岩石中不同矿物集合体的排列和充填方式，以及空间分布特点。结构反映的是岩石的内部组织，构造反映的是岩石的外貌特征。岩浆岩的结构和构造与形成环境有关。例如：岩浆喷出地表冷却得很快，来不及结晶就形成了玻璃质的凝固体。岩石全为玻璃质时，叫玻璃质结构；岩浆中一些气体尚未散逸就凝固，岩石中便留下许多气孔，称为气孔构造。岩浆喷出地表后，一面流动，一面凝固，因而形成许多流纹，就叫流纹构造。而侵入岩是岩浆在地下深处缓慢凝固结晶而形成的，矿物颗粒大小相近，这样的结构叫等粒结构；若矿物颗粒在空间分布得比较均匀，排列没有一定方向，则称为块状构造。深成岩常具有块状构造和等粒结构。岩浆活动中，有的矿物先结晶，晶体长得粗大；有的矿物后结晶，晶体长得细小。在同一块岩石中，晶体大的叫斑晶，细小的矿物叫基质。由斑晶和基质组成的岩石，称为斑状结构。浅成岩往往具有斑状结构和块状构造。岩石中的矿物颗粒较粗，用肉眼或借助放大镜能够辨认其颗粒的，称为显晶质结构；如果岩石中的颗粒很细，只能在显微镜下才能辨认，则称为隐晶质结构。

（3）岩浆岩的分类及鉴定。自然界岩浆岩的种类很多，按其形成条件，可分为喷出岩、浅成岩和深成岩三大类。常见岩浆岩的分类及肉眼鉴定特征见表3-4。鉴定时，先观察岩石的颜色，浅色的多是花岗或正长岩类的岩石；深色的多是闪长岩或辉长岩类的岩石。其次，确定岩石的结构和构造。如果是全晶质粒状结构、块状构造，表示属于深成岩；如果是斑状结构、块状构造，而且斑晶较大，表示属于浅成岩；如果岩石虽属斑状，但斑晶细小或岩石为玻璃质时，则为喷出岩类岩石。最后，再观察岩石的主要矿物成分，确定出岩石的名称。

表 3-4　　　　　　　　　　　　岩浆石的分类及肉眼鉴定表

成因类型	岩石名称		产状	结构	构造	主要成分	颜色
喷出岩		玄武岩	熔岩流	斑状、隐晶	气孔	辉石、斜长石	多呈黑灰或暗褐色
		安山岩	熔岩流	斑状	杏仁、气孔	角闪石、斜长石	多为灰绿或紫红色
		流纹岩	熔岩流	斑状	流纹	石英、正长石	常为粉红、灰白色
侵入岩	浅成岩	花岗斑岩	岩床、岩盘	斑状	块状	石英、正长石	为肉红或灰白色
		闪长玢岩	岩床、岩盘	斑状	块状	角闪石、斜长石	为灰及灰绿色
		辉绿岩	岩床、岩墙	细粒、隐晶	块状、杏仁	辉石、斜长石	为暗绿或黑色
	深成岩	花岗岩	岩基、岩株	等粒或似斑	块状	石英、正长石	为肉红或灰白色
		正长岩	岩株	中粗等粒	块状	正长石	为淡黄、肉红色
		辉长岩	岩株、岩盘	中粗等粒	块状	辉石、斜长石	为黑灰或黑色
		闪长岩	岩株、岩盘	细粒等粒	块状	角闪石、斜长石	为浅灰至深灰色、黑灰色

2. 沉积岩

(1) 沉积岩的形成及产状。沉积岩，是由松散沉积物固结而成的岩石。沉积岩物质的来源很多，主要有先成的各种原岩破坏后残留下来的矿物碎屑（如石英、长石、白云母）和原岩经强烈化学风化后所形成的粒径小于 0.005mm 的粘土矿物（如高岭石、蒙脱石、水云母）；沉积过程中水溶液沉淀析出或结晶而形成的新矿物（如方解石、白云石、燧石、石膏、岩盐）；以及来自生物形成的物质（如贝壳、石油、泥炭、硅藻土）等。

在地壳中，沉积岩多呈层状产出（图 3-6）。成层状分布的沉积岩石，叫做岩层。岩层是沉积岩的重要特征之一。

(2) 沉积岩的结构和构造。沉积岩的结构及其组成物质与成因有关。岩石由碎屑物被胶结物粘结而成时，称为碎屑结构；由粘土矿物和少量细小碎屑压固硬结而成的，称为泥质结构；由化学沉积物质的结晶颗粒组成时，称为化学结构；由 30% 以上的生物遗骸堆积而成的，称为生物结构。

沉积岩最主要的构造特征是具有层理构造和层面构造。沉积物在沉积过程中，是一层一层逐渐沉积下来的，先沉积的物质被压埋在下

图 3-6　成积岩成层状产出

面，后沉积的物质则覆盖在上面。不同时期沉积物的性质（成分、粒度、颜色）又不相同。因此，沉积岩在垂直方向上便显示出成层更换的现象，这种现象叫层理。在成分上基本均匀一致的沉积岩组合，叫做层；相邻两层的接触面称为层面。一般在平静的湖海中和同一环境下形成的沉积岩，它们的层理都是相互平行的，称为水平层理；当形成沉积物的

介质作单向运动时，常形成斜层理；当运动介质的强度或方向发生变化时，可形成不同方向倾斜的交错层理（图3-7）。

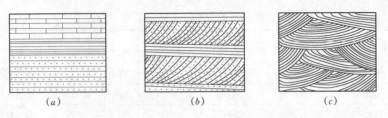

图 3-7　沉积岩层理形态示意图
(a) 平行层理；(b) 斜层理；(c) 交错层理

沉积岩的层面上常保留有形成时外力作用的痕迹，如波痕、雨痕、泥裂等。沉积岩中还保存有古代生物的遗体、遗骸及其活动的遗迹，这称为化石（图3-8）。沉积岩中包裹的与围岩成分明显不同的矿物质团块，称为结核，如石灰岩中的燧石结核、黄土层中的钙质结核等。

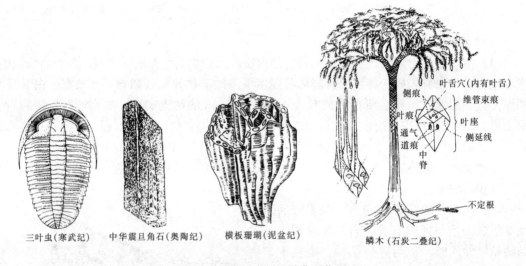

三叶虫(寒武纪)　　中华震旦角石(奥陶纪)　　横板珊瑚(泥盆纪)　　鳞木(石炭二叠纪)

叶舌穴(内有叶舌)
侧痕
维管束痕
叶痕
叶座
通气
道痕
侧延线
中脊
不定根

图 3-8　岩层中的几种典型化石

（3）沉积岩的分类及鉴定。根据沉积岩的成因、组成物质和结构，可将其分为碎屑岩、黏土岩、化学岩及生物岩三大类。常见沉积岩的分类及肉眼鉴定特征见表3-5。鉴定时，先观察岩石的结构和构造，把松散沉积物（土）与固结的沉积岩区别开。若被鉴定的岩石是坚硬的，泥质，具薄层理，就是页岩；泥质，但不具薄层理，则是泥岩。如果岩石是由被胶结的碎屑颗粒组成，手摸有砂粒的感觉，则为砂岩；若碎屑主要粒径大于2mm，则为砾岩。若被鉴定的岩石结构致密，颜色单一，非泥质和无砂感，就属于化学岩及生物化学岩。

3. 变质岩

（1）变质岩的形成及产状。变质岩，是地壳中原来的岩石经变质作用后形成的新岩石。变质过程中，原岩在地壳运动和岩浆活动的高压、高温以及化学性质活泼的气体与液体的

84

影响下，其成分、结构、构造等发生一系列的改变，形成一种适应新环境条件的岩石。但变质过程基本上是在固态下进行的，所以变质岩的产状仍然保留了原岩的产状。变质岩的矿物成分复杂，除保留原岩中的矿物外，还在变质过程中形成一些特有的变质矿物，如绿泥石、滑石、绢云母、石榴子石、石墨、蛇纹石等。变质作用及变质岩的类型如图3-9所示。

（2）变质岩的结构和构造。变质过程中，有的岩石被挤压破碎，形成碎裂结构；有的矿物发生重结晶作用而形成变晶结构；有的岩石变质作用进行不彻底，个别部分仍残留着原岩的结构，形成变余结构。

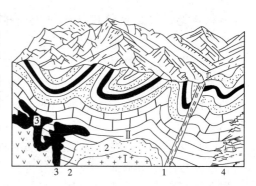

图3-9 变质作用及变质岩类型示意图
Ⅰ—岩浆岩；Ⅱ—沉积岩
1—动力变质岩；2—热接触变质岩；3—接触交代变质岩；4—区域变质岩

表3-5　　　　　　　　　沉积岩的分类及肉眼鉴定表

岩类	岩石名称	结构	成　　　　分	其　他　特　征
碎屑岩	砾岩	砾状结构（粒径>2mm）	岩块、岩屑矿物，多为石英	由带棱角的角砾经胶结而成的称角砾岩；由浑圆的砾石经胶结而成的称砾岩
	砂岩	砂状结构（2~0.05mm）	石英为主，次为长石、白云母及岩屑	按颗粒大小可分为粗砂岩（2~0.5mm）、中砂岩（0.5~0.25mm）、细砂岩（0.25~0.05mm）；按成分可分为石英砂岩（含石英颗粒>90%）、长石砂岩（含长石>25%，并含石英颗粒）、岩屑砂岩（含岩屑25%）
	粉砂岩	粉砂结构（0.05~0.005mm）	多为石英，次为长石、白云母、黏土及少量岩屑	碎屑常呈棱角状，胶结物以钙、铁质为主
黏土岩	泥岩	泥质结构（粒径<0.005mm）	黏土矿物为主，并常含有其他矿物碎屑	厚层块状，固结程度较高
	页岩			具明显的页片状层理或薄层状结构
化学岩及生物岩	石灰岩	化学结晶结构	方解石含量>90%	遇盐酸剧烈起泡，易溶蚀形成各种喀斯特形态
	白云岩		白云石含量>90%	遇盐酸微起泡，风化面常有白云石粉末及纵横交错的网状溶沟
	泥灰岩		方解石、白云石、黏土	黏土含量>25%，遇盐酸剧烈反应，起泥泡
	煤、油页岩	生物化学结构	碳、碳氢化合物，有机质	多为深灰、黑色，可燃

变质岩除某些岩石是块状构造外，大部分皆具有定向构造，亦称为片理构造。它是岩石中的片状、柱状、板状矿物，受到压力作用后互相平行排列起来形成的（图3-10）。如果暗的片状柱状矿物与浅色的粒状矿物相间排列，岩石呈现黑白交错的颜色，则称为

片麻状构造；仅是暗色片状矿物定向排列，则称为片状构造；由细小的片状矿物平行排列，片理面上具有微细的丝绢光泽和皱纹的，称为千枚状构造；由极细小的片状矿物平行排列，极易裂成厚度一致的薄板时，称为板状构造。

图 3-10　片理构造

（3）变质岩的分类及鉴定。变质岩的分类，首先考虑构造特征，将岩石分为片理构造岩和块状构造岩；然后，再根据矿物成分及其含量进一步分类和命名。主要变质岩的分类及肉眼鉴定特征见表 3-6。

表 3-6　　　　　　　　　　变质岩的分类及肉眼鉴定表

构　造		岩石名称	结构	主 要 成 分	其 他 特 征
片理构造	片麻状	片麻岩	粒状变晶	石英、长石、云母	外表颜色深浅不一，矿物颗粒肉眼能辨认
	片状	片岩	鳞片状变晶	云母、绿泥石、石英、角闪石	沿片理面易于裂开，暗色矿物含量多，颗粒易于辨认
	千枚状	千枚岩	细晶变晶	绢云母、绿泥石、石英、黏土矿物	表面具明显的丝绢光泽，矿物颗粒肉眼较难辨认
	板状	板岩	隐晶变晶	绢云母、绿泥石	可分裂成平整的薄板，敲击石板有清脆的声音，颗粒肉眼很难辨认
块状构造		石英岩	粒状变晶	石英	断口平坦，有油脂光泽，纯者为白色
		大理岩	粒状变晶	方解石、白云石	遇稀冷盐酸可起泡
		断层角砾岩	碎裂	岩石碎屑	由大小不一的、棱角状的岩石碎屑胶结而成
		糜棱岩	糜棱	岩石的粉末和碎屑，以及少量绢云母、绿泥石	外表多为各种绿色，一般具有似流纹的条带

鉴定时，首先确定岩石的构造是属片理的，还是块状的；然后再观察矿物成分及特征，就可定出岩石的名称。虽然变质岩的结构和某些构造与岩浆岩相似，但是它有特殊的片理构造，岩石中的片状、柱状暗色矿物多定向排列，因此能与岩浆岩区别开来。大理岩和石英岩虽无片理，但它们均为单一矿物组成的岩石，而岩浆岩中没有这样的岩石。变质岩多是质密结晶粒结构，不仅容易与松散沉积物相区别，而且也容易与固结沉积岩相区别。在鉴定时，不应把变质岩的片理构造与沉积岩的层理构造相混淆。片理面是光滑的，并常有丝绢光泽，延伸较短；层理面较粗糙，几乎无光泽，延伸较长。

（三）地层

86

1．地层的概念

地层，是指地质历史时期形成的各种成层或非成层的岩石总称。它具有时代和岩性的双重含义。从岩性上讲，地层包括各种岩浆岩、沉积岩和变质岩；从时代上讲，组成地层的岩石有新有老，具有时间的概念。

2．地层与地质年代的划分

根据岩石中所含的化石和放射性同位素，科学家推断地球的年龄（即地质年代）已有46亿年了。同人类社会发展历史分期一样，可将地质年代划分为五个代，即太古代、元古代、古生代、中生代和新生代。每个代内又分为若干纪，纪内分世。同地质年代划分相对应，地层也按照生成新老顺序划分为界、系、统等单位。如中国华北地区在古生代石炭纪和二叠纪形成的一套煤系地层，应称为古生界石炭系和二叠系。

按地层和地质时代早晚顺序进行编年，便建立起目前国际上通用的地层与地质年代表（表3-7）。

3．第四系地层的成因类型

第四纪是地球发展的最新阶段。距今二三百万年以来，地表面的外力地质作用异常活跃，在塑造现代地形地貌的同时堆积了各种松散的沉积物。它分布广泛，大量地下水赋存其中，很多水利工程也都修建在第四纪沉积物及其所构成的地貌形态上。第四系地层的成因、时代、分布、埋藏、岩性和厚度等，对岩（土）层的工程力学性质和水理性质都有直接的影响。

第四纪沉积物主要是由水流地质作用而形成的，其次为风化、重力、风力等作用的产物。第四系地层按形成时代，可分为全新统 Q_4、上更新统 Q_3、中更新统 Q_2、下更新统 Q_1。为了反映出沉积物的成因，一般规定在字母 Q 的右上角加注成因代号，例：Q_4^{al}，表示全新统冲积物；Q_2^{dl+pl}，表示中更新统坡积、洪积物等。水利建设中常见第四系地层的成因类型及岩性特征如表3-8所列。

（四）岩石的工程地质性质

岩石的工程地质性质，是指岩石与工程建筑有关的各种特征和性质。它包括岩石的属性特征、物理性质、水理性质和力学性质。对岩石的工程地质性质进行研究，既要从岩石的属性特征出发进行定性分析，也要考虑岩石的各种试验指标进行定量分析，最后综合对岩石的工程地质性质作出评价。

1．岩石的物理性质

岩石的物理性质主要有岩石的重度、密度、相对密度、空隙率等，它们是衡量天然建筑材料质量的重要依据。

空隙率，是指岩石中的空隙体积与岩石总体积之比。坚硬岩石的空隙率小于1%～3%，疏松多孔的岩石空隙率较高，大于10%～30%。

2．岩石的水理性质

岩石的水理性质，是指岩石与水作用时的有关性质。主要有吸水率、饱水率、透水性、给水性、溶解性、软化性、抗冻性、泥化性与崩解性等。

（1）吸水率和饱水率。吸水率，是指在常压下岩石所吸水的质量与固体岩石质量的比值；饱水率，是指在高压（真空条件）下，岩石所吸水的质量与固体岩石质量的比值。

表 3-7　　　　　　　地 层 与 地 质 年 代 表

地 层 与 地 质 时 代			距今年龄（百万年）	地壳运动	生 物 界	
界（代）	系（纪）	统（世）			植物	动物
新生界（代）Kz	第四系（纪）Q	全新统（世）Q_4	0.01	喜马拉雅运动	被子植物	人类
		上（晚）更新统（世）Q_3	0.1			
		中更新统（世）Q_2	1			
		下（早）更新统（世）Q_1	2~3			哺乳动物
	第三系（纪）	上（晚）第三系（纪）N	上新统（世）N_2	25		
		中新统（世）N_1				
		下（早）第三系（纪）E	渐新统（世）E_3	40		
		始新统（世）E_2	60			
		古新统（世）E_1	80			
中生界（代）M_2	白垩系（纪）K	上（晚）白垩统（世）K_2	140	燕山运动	裸子植物	爬行动物
		下（早）白垩统（世）K_1				
	侏罗系（纪）J	上（晚）侏罗统（世）J_3	195			
		中侏罗统（世）J_2				
		下（早）侏罗统（世）J_1				
	三叠系（纪）T	上（晚）三叠统（世）T_3	230	印支运动		
		中三叠统（世）T_2				
		下（早）三叠统（世）T_1				
古生界（代）P_t	上古生界	二叠系（纪）P	上（晚）二叠统（世）P_2	280	海西运动	蕨类植物	两栖类动物
		下（早）二叠统（世）P_1				
		石炭系（纪）C	上（晚）石炭统（世）C_3	350		
		中石炭统（世）C_2				
		下（早）石炭统（世）C_1				
		泥盆系（纪）D	上（晚）泥盆统（世）D_3	410		鱼类
		中泥盆统（世）D_2				
		下（早）泥盆统（世）D_1				
	下古生界	志留系（纪）S	上（晚）志留统（世）S_3	440	加里东运动	孢子植物高级藻类	海生无脊椎动物
		中志留统（世）S_2				
		下（早）志留统（世）S_1				
		奥陶系（纪）O	上（晚）奥陶统（世）O_3	500		
		中奥陶统（世）O_2				
		下（早）奥陶统（世）O_1				
		寒武系（纪）$\in$	上（晚）寒武统（世）$\in_3$	600		
		中寒武统（世）$\in_2$				
		下（早）寒武统（世）$\in_1$				
元古界（代）P_1	上元古界	震旦系（纪）Z		800	吕梁运动	真核生物（绿藻）	
	下元古界			2500			
太古界（代）A_r				4000	五台运动	原核生物（菌藻类）	
				4600		无生物	

表 3 - 8　　　　　　　　　　　第四系地层的成因类型及岩性特征

成因类型及代号	沉积方式及条件	岩性特征
残积物 el	岩石经风化作用而残留在原地的碎屑物	碎屑物从地表向深处由细变粗，其成分与母岩有关，一般不具层理。碎屑呈棱角状，土质不均，具有较大孔隙，厚度在山丘顶部较薄，低洼处较厚
坡积物 dl	风化的碎屑物由坡面水流、间有重力作用，经搬运在坡脚堆积而成	碎屑物从坡上往下逐渐变细，分选性差，层理不明显，厚度变化较大，一般坡脚地段较厚
洪积物 pl	由洪流将风化的碎屑物搬运到沟口或平缓地带堆积而成	颗粒大小混杂，有一定分选性，碎屑多呈次棱或次圆状。洪积扇顶部颗粒粗大，层理紊乱，扇边缘处颗粒细，层理清晰
冲积物 al	风化产物由河流搬运，在河谷、阶地、平原、三角洲地带堆积而成	颗粒在河流上游较粗，下游逐渐变细，在垂向上则由细变粗。分选性及磨圆性均较好，层理清楚，一般沉积厚度较稳定
风积物 eol	干旱气候条件下，碎屑物被风吹扬、搬运、降落堆积而成	颗粒主要由粉土或砂粒组成，土质均匀，质纯，孔隙大，结构松散

可用下列公式表示

$$W_1 = \frac{m_{w1}}{m_s} \times 100\% \tag{3-1}$$

$$W_2 = \frac{m_{w2}}{m_s} \times 100\% \tag{3-2}$$

式中：W_1 为岩石的吸水率，%；m_{w1} 为在常压下岩石吸收水分的质量，kg；m_s 为固体岩石的质量，kg；W_2 为岩石的饱水率，%；m_{w2} 为在高压下岩石吸收水分的质量，kg。

吸水率与饱水率之比值，称为饱水系数 K_W，即

$$K_W = \frac{W_1}{W_2} \tag{3-3}$$

吸水率反映了岩石中大的、张开的空隙的吸水能力，而饱水率反映的是岩石中全部开口空隙的吸水能力。岩石中的张开空隙越多，吸入的水量就越多。当空隙水结冰时，会直接胀碎岩石。所以，吸水率和饱水系数是评价岩石抗冻性的间接指标。通常认为吸水率小于 0.5% 或饱水系数小于 0.8 时，岩石是抗冻的。

（2）透水性。透水性，是指岩石允许水通过的能力。岩石中的空隙越大，张开性和连通性越好，则透水性越强。岩石的透水性常用渗透系数（K）和透水率（q）来表示，它们分别采用钻孔抽水试验和压水试验方法来测定。渗透系数等于水力坡度为 1 时，水在岩石中的渗流速度，其单位用 m/d 或 cm/s 表示。透水率，是指在 1MPa 压力下，压入钻孔 1m 试段中每分钟的水量，以 L/min 计，其单位为 Lu（吕容）。岩石的透水性分级见表 3 - 9。

（3）给水性。给水性，是指饱水岩石在重力作用下能自由排出一定水量的性能。常用给水度指标来表示。给水度，是指饱水岩石自由排出水量的体积与岩石总体积之比，即

表 3-9　　　　　　　　　　　　岩石透水性分级表

渗透性等级	标 准		岩 体 特 征	岩土类别
	渗透系数 K（cm/s）	透水率 q（Lu）		
极微透水	$K<10^{-6}$	$q<0.1$	完整岩石，含等价开度<0.025mm 裂隙的岩体	黏土
微透水	$10^{-6}\leqslant K<10^{-5}$	$0.1\leqslant q<1$	含等价开度 0.025～0.05mm 裂隙的岩体	黏土—粉土
弱透水	$10^{-5}\leqslant K<10^{-4}$	$1\leqslant q<10$	含等价开度 0.05～0.01mm 裂隙的岩体	粉土—细粒土质砂
中等透水	$10^{-4}\leqslant K<10^{-2}$	$10\leqslant q<100$	含等价开度 0.01～0.05mm 裂隙的岩体	砂—砂砾
强透水	$10^{-2}\leqslant K<10^{0}$		含等价开度 0.5～2.5mm 裂隙的岩体	砂砾—砾石、卵石
极强透水	$K\leqslant10^{0}$	$q\geqslant100$	含连通孔洞或等价开度>2.5mm 裂隙的岩体	粒径均匀的巨砾

注　引自 GB50287—99《水利水电工程地质勘察规范》。

$$\mu = \frac{V_w}{V} \times 100\% \qquad\qquad (3-4)$$

式中：μ 为岩石给水度，%；V_w 为饱水岩石自由排出水量的体积，cm^3；V 为岩石的总体积，cm^3。

（4）溶解性。溶解性，是指岩石溶解于水的性质，溶解性与岩石的化学成分、水的性质和交替状况有关。淡水的溶解力很小，而富含侵蚀性 CO_2 的水对石灰岩有较大的溶解能力。

（5）软化性。软化性，是指岩石在水的作用下，其强度降低的一种性质。常用软化系数来表示。软化系数是岩石的湿抗压强度与干抗压强度之比值，即

$$K_d = \frac{R_b}{R_c} \qquad\qquad (3-5)$$

式中：K_d 为岩石的软化系数；R_b 为岩石的湿抗压强度，kPa；R_c 为岩石的干抗压强度，kPa。

一般认为软化系数大于 0.75 的岩石，是软化性弱，抗风化、抗冻性强的岩石。

（6）抗冻性。抗冻性，是指岩石抵抗空隙水结冰后胀裂破坏的能力。除可用吸水率、软化系数等指标间接评价外，也可直接进行岩石抗冻性试验，使试样连续冻融 15 次或 25 次后，计算抗冻系数或重量损失率，然后进行评价。抗冻系数，是冻融试验后岩石抗压强度与试验前岩石抗压强度的比值，其值小于 20% 的是抗冻的，反之是不抗冻的。重量损失率，是冻融试验后岩石重量的差数与试验前岩石原有重量之比值。

（7）泥化性与崩解性。泥化性与崩解性主要是黏土质岩石所具有的一种性质。黏土质岩石吸水后变成可塑状态，即泥化；如果产生崩散解体现象，则称为崩解。如富含碳酸钙的黄土，遇水浸湿后强烈崩解，湿陷明显。

3. 岩石的力学性质

岩石的力学性质，是指岩石受到外力作用后发生变形和破坏的特点。表示岩石变形的

指标有弹性模量（E）、变形模量（E_o）和泊松比（μ）；表示岩石强度特性的指标有抗压强度（R）、抗拉强度（σ_t）和抗剪强度（τ）。其中抗压强度和抗剪强度是反映岩石坚固程度的两个重要指标。

（1）抗压强度。岩石的抗压强度，是指在单向压力作用下，岩石抵抗压碎破坏的能力。其值用岩石达到破坏时的极限压应力表示，即

$$R = \frac{P}{F} \tag{3-6}$$

式中：R 为岩石的抗压强度，MPa；P 为岩石破坏时的压力，MN；F 为岩石试件的受压面积，cm^2。

抗压强度分为干抗压强度和湿抗压强度。一般在天然状态下测定的抗压强度称为干抗压强度；岩石试样在饱水状态下测定的抗压强度，称为湿抗压强度。

工程上根据新鲜岩石的湿抗压强度，以 30MPa 为界，将岩石分为硬质岩石和软质岩石两大类，每大类又分为两个亚类，见表 3-10。

表 3-10 岩石坚硬程度分类表

类　别	亚　类		抗压强度 R_b（MPa）	代　表　性　岩　石
硬质岩石	极硬岩石		>60	花岗岩、花岗片麻岩、闪长岩、玄武岩、石灰岩、石英砂岩、石英岩、大理岩、硅质钙质砾岩与砂岩等
	次硬岩石		30~60	
软质岩石	次软岩石	较软岩	15~30	黏土岩、页岩、千枚岩、板岩、绿泥石片岩、云母片岩、泥质砾岩与砂岩、凝灰岩等
		软　岩	5~15	
	极软岩石		<5	

（2）抗剪强度。岩石的抗剪强度，是指岩石抵抗剪切破坏的能力，以岩石被剪断时的极限剪应力表示，即

$$\tau = \sigma \text{tg}\varphi + c \tag{3-7}$$

式中：τ 为岩石的抗剪强度，MPa；σ 为剪裂面上的法向应力，MPa；φ 为岩石的内摩擦角，$\text{tg}\varphi = f$，f 称为岩石的摩擦系数；c 为岩石的内聚力，MPa。

三、地质构造

地质构造，是指由于地壳运动使岩层发生变形和变位后形成的各种构造形态。常见的有倾斜构造、褶曲构造和断裂构造。地质构造改变了岩层的原始产状，甚至破坏了岩层的结构和构造，对水工建筑物地基岩体的稳定和渗漏有很大影响，而且常起控制作用。

（一）倾斜构造和岩层产状

原始沉积的近似水平的岩层，经过地壳运动后，可使岩层与水平面之间形成一定角度关系，这种倾斜岩层称为倾斜构造。

1. 倾斜岩层的产状

岩层产状，是指岩层在地壳中的空间方位。它是用岩层的走向、倾向和倾角三个要素来确定的。（图 3-11）

（1）走向。倾斜岩层面与水平面交线的方向即为岩层的走向。走向有两个方向，它表示岩层在水平面上的延伸方向。

（2）倾向。在岩层面上垂直于走向线，沿岩层倾斜面向下所引的一条直线称为倾斜线，倾斜线在水平面的投影所指的方向即为岩层的倾向。

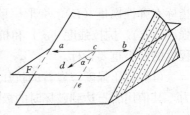

图 3-11　岩层产状要素
ab—走向线；cd—倾向线；ce—倾斜
线；F—水平面；α—倾角

（3）倾角。是指岩层面与水平面的夹角。倾角分为真倾角和视倾角。真倾角相当于岩层面与水平面的最大夹角；视倾角为岩层面上任一与走向线斜交的直线和该线在水平面上投影的夹角。视倾角永远小于真倾角，二者的关系可用下式表示

$$tg\beta = \sin\theta \cdot tg\alpha \qquad (3-8)$$

式中：β 为岩层的视倾角；θ 为岩层走向线与任一视倾斜线投影的夹角；α 为岩层的真倾角。

在工程中绘制地质剖面图时，常需要利用上式换算剖面上岩层的倾角。

2. 岩层产状要素的测量

在野外，岩层产状要素是用地质罗盘测量的。地质罗盘的主要构件有磁针、刻度环、方向盘、倾角旋钮、水准泡等（图 3-12）。

刻度环和磁针是用来测岩层的走向和倾向。刻度环按方位角分划，以北为 0°，逆时针方向分划为 360°。在方向盘上用四个符号代表地理方位，即 N，代表北 0°；S，代表南，180°；E，代表东，90°；W，代表西，270°。方向盘和倾角旋钮是测倾角用的。方向盘的角度变化介于 0°～90°之间。

（1）测走向。罗盘水平放置，将罗盘平行于南北方向的长边与层面紧贴，调整圆形固定水准泡居中，这时罗盘边与岩层面的接触线即为走向线，指南针或指北针所指刻度环上的读数就是走向。

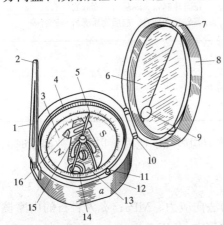

图 3-12　地质罗盘的结构

1—长照准合页；2—短照准合页；3—方向盘；4—刻度环；5—磁针；6—反光镜；7—照准尖；8—上盖；9—反光镜椭圆观测孔；10—连接合页；11—磁针锁制器；12—壳体；13—倾角指示盘；14—圆水准泡；15—测角旋钮（位于仪器方向盘背面）；16—长水准泡

（2）测倾向。罗盘水平放置，将罗盘平行于东西方向的短边与岩层面紧贴，且使方向盘上的北端朝向岩层的倾斜方向，调整圆形水准泡居中，这时指北针所指刻度环上的读数就是倾向。

（3）测倾角。罗盘直立摆放，将罗盘平行于南北方向的长边紧贴岩层面，并垂直于走向线，转动罗盘背面的倾角旋钮，使长柱状活动水准泡居中，这时倾角旋钮所指方向盘上的读数就是倾角。

岩层产状记录时，可写成：走向 E90°，倾向 S180°，倾角 30°，也可只记倾向和倾角，如写成 180°∠30°。

（二）褶曲构造

1. 褶曲及其要素

岩层在地壳运动作用下发生波状弯曲，这种塑性变形称为褶曲构造。褶曲的形态是多种多样的，为了研究和描述褶曲形态及其空间展布特征，应先了解组成褶曲的几个要素（图3-13）。

（1）核部。指褶曲中心部位的岩层。核部的岩层有的时代老，有的时代新。

（2）翼部。指褶曲核部两侧的倾斜岩层。一个褶曲具有两个翼。褶曲的弯曲程度大小与翼部岩层的倾角有关。

（3）轴面。指假想平分褶曲两翼的平面。轴面的产状有直立的、倾斜的和水平的三种情况。轴面的产状反映了褶曲的形态。

（4）枢纽。指褶曲岩层面与轴面的交线。枢纽反映了褶曲在其延伸方向上产状的变化。

2．褶曲的类型

根据组成褶曲的核部与翼部岩层时代的新老关系，可将褶曲分为背斜和向斜两种基本类型（图3-14）。

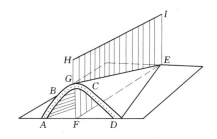

图3-13　褶曲要素示意图

AB、CD—翼部；被ABGCD包围的内部
岩层-核部；BGC—转折端；EG—
枢纽；EFHI—轴面；EF—轴

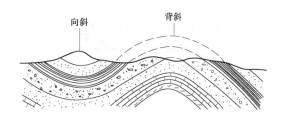

图3-14　背斜和向斜剖面示意图

（1）背斜。背斜在外形上是一个岩层向上拱起的褶曲。两侧岩层常向外侧斜，核部为时代较老的岩层，向两翼渐变为时代较新的岩层。

（2）向斜。向斜在外形上是一个岩层向下坳陷的弯曲。两侧岩层多向内倾斜，其核部岩层时代较新，两翼为老岩层。

在野外确定背斜和向斜，关键是要确定核部与翼部岩层的新老关系。常见的褶曲形态类型有直立褶曲、倾斜褶曲、倒转褶曲、平卧褶曲和扇形褶曲（图3-15）。

图3-15　褶曲形态分类剖面图

（a）直立褶曲；（b）倾斜褶曲；（c）倒转褶曲；（d）平卧褶曲；（e）扇形褶曲

（三）断裂构造

岩层在地壳运动作用下产生断裂错动的现象，称为断裂构造。根据断层面两侧岩层有

无明显的位移，可将断裂构造分为裂隙和断层两类。断裂面两侧岩层没有发生明显位移的，称为裂隙（或节理）；有明显位移的称为断层。断层与裂隙不同，它包括断裂和位移。

1. 裂隙

裂隙是岩石中极为普遍的一种断裂构造。它常成组出现，沿着一定方向有规律的排列（图 3-16）。裂隙的长短很不一致，短者仅几厘米，长者可达数米或更长；裂开的情况也各不相同，有的张开，有的紧闭。裂隙分布的密集程度与岩石性质及受力情况有关，在脆性岩石中的裂隙要比柔性岩石中发育；在构造应力集中的褶曲轴部和断层带附近，裂隙也比较发育。

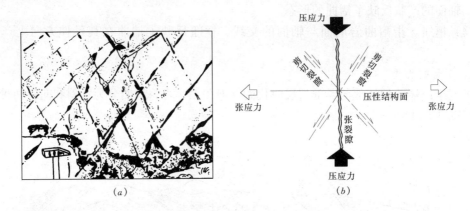

图 3-16 岩石中的构造裂隙

(a) 广东顺德石灰岩中的剪切裂隙；(b) 构造应力场恢复

根据形成裂隙的力学性质不同，可分为张裂隙和剪切裂隙。

(1) 张裂隙。是由引张力形成的，裂口张开，呈上宽下窄的楔形，裂隙面参差不齐呈锯齿状，平面上延伸不远即尖灭，相邻两裂隙间距较大。张裂隙常被其他物质所充填。

(2) 剪切裂隙是由剪切力作用形成的，裂口紧闭，裂隙面平直光滑，延伸较远，有时断裂面上可见小擦痕，相邻裂隙间距小。这种裂隙在岩石中多成对交叉出现，具有共扼关系，所以也叫"X节理"（图 3-16）。剪切裂隙发生的位置，一般是在与主压应力方向夹角呈 $45° - \frac{\varphi}{2}$ 的平面上，据此可推测区域构造应力的作用方向。

水利工程建设中，要对建筑场地岩石的裂隙进行观测，查明裂隙分布规律、发育程度，并结合具体工程对其危害性作出评价。表示裂隙发育程度的定量指标有裂隙率，它是指一定岩石露头面积内，裂隙面积与岩石总面积之比，即：

$$K_j = \frac{\sum A_j}{F} 100\% \tag{3-9}$$

式中：K_j 为岩石的裂隙率，%；$\sum A_j$ 为裂隙面积总和，m^2；F 为所测量地块的岩石露头面积，m^2。

2. 断层

(1) 断层要素。组成断层的基本要素有：断层面、断层线、断层带、断盘和断距（图 3-17）。

94

1）断层面。是岩层断裂错开的面。它可以是平面，也可以是弯曲的或波状起伏的面；可以是直立的，但大多是倾斜的。有时在断层面上还可留下断层擦痕。

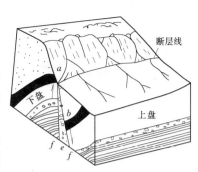

图 3-17　断层要素图
ab—断距；e—断层破碎带；
f—断层影响带

2）断层线。是指断层面与地面的交线。它表示断层在地面的延伸方向。实际上断层线并非是一条简单的线，而是一条宽窄不等、呈带状分布的破碎地带。

3）断层带。包括断层破碎带和影响带。破碎带是指两侧为断层面所限制的岩石强烈破坏部分，常由断层角砾岩组成。在断层破碎带一侧或两旁一定宽度范围内，受断层错动影响裂隙发育的地段，叫断层影响带。

4）断盘。是指位于断层面两侧的岩块。位于断层面上边的岩块，称为上盘；位于断层面下边的岩块，称为下盘。相对上升运动的一盘，称为上升盘；相对下降的一盘，称为下降盘。

5）断距。是指两盘沿断层面相对错开的距离。

（2）断层的类型。根据断层两盘相对位移情况，可分为以下三种断层：

1）正断层。是指上盘相对下降，下盘相对上升的断层［图 3-18（a）］。正断层面倾角较陡，多在 45°以上。破碎带较宽，由断层角砾岩组成。

2）逆断层。是指上盘相对上升，下盘相对下降的断层［图 3-18（b）］。逆断层面常呈舒缓波状起伏，其上往往有断层擦痕。破碎带中岩屑较多，岩石破碎成片状，并使一些岩块呈透镜体被包裹在破碎带中。根据断层面的倾角大小，逆断层可分为：冲断层（倾角大于 45°）、逆掩断层（倾角为 25°~45°）、辗掩断层（倾角小于 25°）。

3）平移断层。是两盘沿断层面作相对水平移动的断层［图 3-18（c）］。平移断层面一般平直光滑，有时好似镜面，并有较多的水平擦痕。破碎带中有大量的由岩石碾磨而成粉末状物质所组成的断层泥。

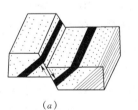 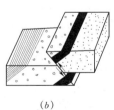 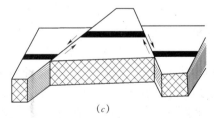

（a）　　　　　　　　（b）　　　　　　　　　　　（c）

图 3-18　断层类型示意图
（a）正断层；（b）逆断层；（c）平移断层

在自然界，断层往往不是单独存在，而是成群出现，许多断层排列在一起形成的组合类型有：地垒、地堑、阶梯式和叠瓦式（图 3-19）。

不同的地质构造形态，对水工建筑物的影响是不同的。岩层的断裂，破坏了岩石的完整性，降低了岩石的强度，增大了岩石的透水性，故对水工建筑物产生了极为不利的影响。因此，选择建筑场地时，首先要避开断层带和裂隙密集带。当无法避开时，可调整建筑物轴线的位置，并对断层带采取开挖回填或固结灌浆处理措施，以减轻断裂对工程建筑

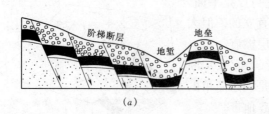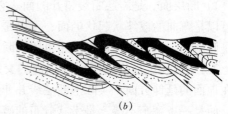

图 3-19　断层的组合类型

(a) 地垒、地堑和阶梯式；(b) 叠瓦式

的危害。而倾斜构造和褶曲构造，使岩层面的倾斜方向和倾角发生了变化，从而影响到岩层的稳定和渗漏条件。选址时要注意岩层产状，充分利用有利的地质构造条件，避开褶曲核部。以选坝址为例，图 3-20 中的第 I 坝址布在岩层倾向上游一翼，这对坝基抗滑稳定最有利，也不易顺层向下游渗漏；第Ⅲ坝址岩层倾向下游，坝基的抗滑稳定性较差，也容易向下游产生顺层渗漏；第Ⅱ、Ⅳ坝址，位于背斜和向斜的核部，这里构造应力集中，往往岩层破碎，裂隙发育，岩石强度低，透水性强，所以工程地质条件最差。

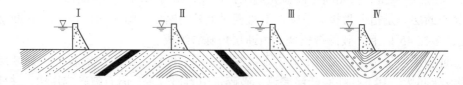

图 3-20　褶皱不同部位坝址的对比选择

四、地质灾害

地质灾害，是指直接或间接危害人类生命财产并降低环境质量的地质事件，也称为不良地质现象。常见的有岩石的风化、崩塌、滑坡、泥石流、水土流失、喀斯特、地震等。我国地域辽阔，地质条件十分复杂，山地、高原和丘陵占国土面积的 69%，气象条件在时间、空间上的差异很大，这就决定了我国是一个地质灾害多发的国家，地质灾害种类多，分布广，危害大。仅 1999 年，全国就发生较大规模突发性的地质灾害 320 起，因灾害产生的直接经济损失每年占国内生产总值（GNP）的 3%～6%。如长江三峡库区范围内，共有 2458 处危害较大的崩滑体地质灾害，急需防治的有 957 处。到 2003 年 6 月三峡工程实现蓄水、发电、通航之前，国家将投入 40 亿元，用于治理三峡库区地质灾害。地质灾害的防治，是关系到人民群众生命财产安全和子孙后代的大事，也是保证水利工程建设顺利进行并发挥正常效益的大事。

（一）岩石的风化

暴露于地表及其附近的岩石，在大气、温度、水和生物的联合影响下，会日渐崩解分裂，并改变其化学成分，这种现象称为岩石的风化。坚硬完整的岩石变为柔软疏松的物质后，其工程地质性质也由好变差。位于山体悬崖上的风化岩石，在重力作用下会失去平衡而坠落，造成山崩等地质灾害。

1. 岩石风化的类型

根据岩石的风化方式不同，可分为物理风化、化学风化和生物风化三种类型。

（1）物理风化。物理风化是以温度变化为主要影响因素，而使岩石发生机械破坏。如因温差反复变化而引起岩石的剥离和崩解；岩石裂隙中水的冻融所引起的冰劈胀裂；以及由盐类结晶引起的岩石崩裂等。在日温差和年温差变化大的地区，岩石物理风化的表现较为强烈。

（2）化学风化。化学风化是以大气和水为主要影响因素，不仅使岩石发生破坏，而且改变其化学成分，产生新矿物。如石灰岩在含有侵蚀性 CO_2 水的作用下，会被溶解；含有硬石膏（$CaSO_4$）的岩石，吸水后形成石膏（$CaSO_2 \cdot H_2O$），其体积增大 60%，使周围岩石胀裂；含有正长石的岩石与水作用，可使正长石中的钾形成 KOH 溶于水中，岩石的结构遭到破坏；岩石在氧化作用下，其中的低价元素转变为高价元素，形成新矿物，使岩石分解破坏。在炎热而潮湿的气候条件下，岩石的化学风化最为显著。

（3）生物风化。生物风化，一方面表现为生物对岩石进行的机械破坏作用，如生长在岩石裂缝中的植物，根长大时，对周围岩石产生的压力可达 $1.0 \sim 1.5MPa$，由于裂缝扩大，使岩石崩裂破碎；另一方面表现为生物由于新陈代谢，产生有机酸，使周围岩石遭到腐蚀和溶解破坏。

2. 岩石风化程度的划分

岩石风化后，形成的碎屑物质和一些难溶物质残留在原地，形成残积物。在有生物活动的地区，残积物顶部常发育成有一定肥力的土壤。残积物及其下伏的风化岩石构成了地壳的外壳，称为风化壳。风化壳的厚度因地而异。由于岩石的风化是由地表向地下深处逐渐减弱的，所以，风化壳具有垂直分带的特点（图 3-21）。在水利工程建设中，根据岩石风化后的主要地质特征，将风化的岩石划分为 5 个带：全风化带、强风化带、弱风化带、微风化带和未风化带（表 3-11）。

研究岩石的风化及其空间变化规律和岩石风化程度的划分，对建筑物位置的选择、确定基础开挖深度等，都具有重要意义。不同类型的坝及坝高对地基的要求不完全相同。如混凝土高坝（坝高大于 70m），一般要求开挖到新鲜坚硬岩石即未风化带或微风化带；中坝（30~70m）要清基到微风化带或弱风化带的底部；低坝（坝高小于 30m）可适当放宽。对于地基未开挖的风化岩石，应进行工程处理，如采取固结灌浆和帷幕灌浆等。

（二）崩塌与滑坡

崩塌与滑坡是两种最常见的不稳定斜坡类型。

1. 崩塌

崩塌，是斜坡上的岩体在重力作用下，突然迅速地向坡下垮落的现象（图 3-22）。崩塌以自由坠落为主要形式，垮落的岩块在斜坡上翻滚，相互碰撞破碎后堆积于坡脚，形成不规则的岩堆，称为崩积物。在山区大规模岩石的崩落，称为山崩；小

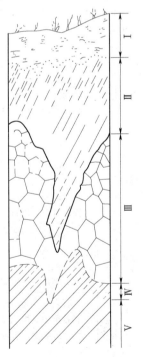

图 3-21 北京周口店花岗闪长岩的风化壳
I—土壤；II—全风化带；III—强风化带；IV—弱风化带；V—基岩

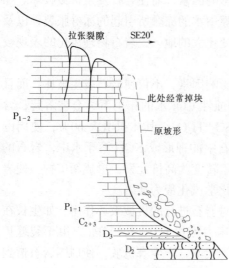

图 3-22 长江三峡月亮地厚层灰岩陡坡的崩塌

型崩塌,称为坠石。在河岸受水流的冲蚀,由于底部掏空而垮落,则称为塌岸或塌方。

崩塌多发生在坡度很陡（大于 $60°\sim70°$）的斜坡地带的前缘,如峡谷地带悬崖的顶部。一些土质斜坡（如高陡且垂直裂隙发育的黄土斜坡）也会产生崩塌。崩塌是突然发生的,坠落速度快,冲击力大,常造成巨大的灾害。如 1985 年 6 月 12 日凌晨,位于长江西陵峡北岸的黄崖一带发生大规模的山体崩塌和滑坡,3000 多万 m^3 的土石顷刻间摧毁和填埋了湖北省秭归县新滩镇及其周围的村庄,1000 多间房屋、700 多亩良田全部化为乌有;冲入长江的 200 多万 m^3 土石,把江水涌高 36m,击毁大小船舶 70 多艘。虽因预报及时,岸上无一人伤亡,但造成财产的直接经济损失仍达 1000 万元。

表 3-11 岩石风化带的划分

风化带	野 外 主 要 地 质 特 征	风化岩纵波速与新鲜岩纵波速之比
全风化	全部变色,光泽消失; 岩石的组织结构完全破坏,已崩解和分散成松散的土或砂状,有很大体积变化,但未移动,仍残留有原结构痕迹; 除石英颗粒外,其余矿物大部分风化蚀变为次生矿物; 锤击有松软感,出现凹坑,矿物手可捏碎,用揪可以挖动	<0.4
强风化	大部分变色,只有局部岩块保持原有颜色; 岩石的组织结构大部分已破坏,小部分岩石已分解或崩解成土,大部分岩石呈不连续的骨架或心石,风化裂隙发育,有时含大量次生夹泥; 除石英外,长石、云母和铁镁矿物已风化蚀变; 锤击哑声,岩石大部分变酥,易碎,用镐可以挖动,坚硬部分需爆破	0.4~0.6
弱风化	岩石表面或裂隙面大部分变色,但断口仍保持新鲜色泽; 岩石原始组织结构清楚完整,但风化裂隙发育,裂隙壁风化剧烈; 沿裂隙铁镁矿物氧化锈蚀,长石变得浑浊、模糊不清; 锤击哑声,开挖需要爆破	>0.6~0.8
微风化	岩石表面或裂隙面有轻微褪色; 岩石组织结构无变化,保持原始完整结构; 大部分裂隙闭合或为钙质薄膜充填,仅沿大裂隙有风化蚀变现象,或有锈膜浸染; 锤击发音清脆,开挖需要爆破	>0.8~1.0
未风化	保持新鲜色泽,仅大的裂隙面偶见褪色; 裂隙面紧密,完整或焊接状充填,仅个别裂隙有锈膜浸染或轻微蚀变; 锤击发音清脆,开挖需要爆破	>1.0

注 引自 GB50287—99《水利水电工程地质勘察规范》。

2．滑坡

滑坡，是斜坡上的部分岩体在重力作用及其他因素的影响下，沿着一定的软弱面，发生整体下滑的现象。组成滑坡的主要要素有三个，即滑坡体、滑动面和滑坡床（图3－23）。

（1）滑坡体。是指滑动的岩体，又称为滑坡堆积物。伴随着岩体的滑动，生长在滑坡体上的树木东倒西歪，形成"醉汉林"，或向上弯曲生长，形成"马刀林"（多见于老滑坡）。

（2）滑动面。是指滑坡体下滑的界面。它常由软弱地质界面而形成，如地层岩石中的裂隙面、断层面、软弱夹层等。

（3）滑坡床。是指滑动面以下稳定的岩体。

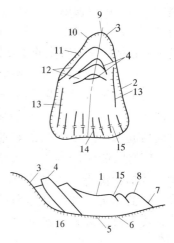

图3－23　滑坡要素及滑坡形态特征示意图

1—滑坡体；2—滑坡周界；3—滑坡壁；4—滑坡台阶；5—滑动面；6—滑动带；7—滑坡舌；8—滑动鼓丘；9—滑坡轴；10—破裂缘；11—封闭洼地；12—拉张裂缝；13—剪切裂缝；14—扇形裂缝；15—鼓张裂缝；16—滑坡床

滑坡对水利工程的危害是很大的。邻近坝区发生大规模的滑坡，会激起巨大的波浪，将冲毁大坝；大量滑坡体掉入水库，造成淤积，减少水库的库容和使用寿命。如意大利的瓦依昂水库，为双曲拱坝，坝高265.5m，库容1.65亿m^3。1963年10月9日晚，库区左岸呈M形的一块岩体突然整体下滑，滑坡体积达2.4亿m^3，将坝前1.8km长的一段水库完全填满，约有2500万～3000万m^3的库水被挤过坝顶，库水宣泄而下，冲毁了下游5个村镇，造成2500人死亡。在大坝电厂工作的60名人员，也无一幸存。滑坡体掉入水库激起的涌浪，对拱坝形成约400万t的推力，导致坝顶左肩严重破坏。由于滑坡体几乎占满了库容，无法处理，库水流失殆尽，因而全部工程均被报废（图3－24）。

为了防止斜坡失稳对建筑物的危害，在选择建筑场地时，首先应尽量避开那些稳定性极差、处理困难而耗资又多的斜坡地段。否则，就需要采取防治措施，如防渗与排水、削坡、支撑、锚固等。防治的原则是：预防为主，防治结合，早期发现，及时治理。

（三）泥石流

泥石流，是一种含有大量泥沙、石块等固体物质，突然爆发，来势凶猛，历时短暂，具有强大破坏力的特殊洪流。其中固体物质的体积含量一般大于10%，最高达80%，流速一般为5～7m/s，最高可达70～80m/s。泥石流因流速快，黏度大，其侵蚀、搬运、堆积过程特别迅速，在数分钟到数十分钟内即可将数十万立方米至数千万立方米土石搬出沟口，并摧毁或掩埋沿途房屋、道路、农田及一切工程设施，造成重大地质灾害。如1981年7月9日，四川省甘洛县大渡河支流利子依达沟因暴雨引发泥石流，1h内即有60万m^3的土石倾入大渡河，摧毁大渡河对岸800m长公路和成昆铁路线上的利子依达沟桥，中断铁路行车370h。当时开往成都的442次客车上行至桥上，两辆机车、一节邮车、一节客车被泥石流推入咆哮的大渡河，酿成我国铁路史上罕见的灾害事故，经济损失上千万元。目前，我国至少有400多个县市和大型企业，1万多个村庄受到泥石流的威胁。近半个世纪来，泥石流破坏水库1000多座，造成重大铁路事故250多起。泥石流是工程建设的拦路虎，是人民生命财产安全的大敌。所以，在泥石流多发区进行工程建筑时，必须考虑泥石流的不良影响。

泥石流的流域，从上游到下游可分为形成区、流通区和堆积区三个区（图 3-25）。泥石流的形成条件概括起来有三条：一是有便于集水、集物的陡峻的地形；二是有大量松散物质的堆积区和来源；三是有足够的水分，并能在短时间内获得，其主要来源是暴雨和冰雪急剧融化。

泥石流发生和发展的原因是多方面的，因此对泥石流的防治应采取综合措施。一方面在可能发生泥石流的地区植树造林，修筑排水沟系统和支挡工程；另一方面在泥石流沟谷区修筑拦截、滞流、利导和输排工程，尽量减少产生新的泥石流的可能性。此外，在选择工程建筑场地或线路时，宜采取绕避方案，当必须建筑时应采取治理措施。

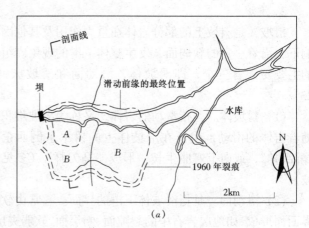

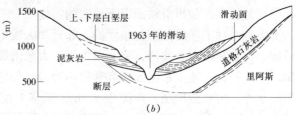

图 3-24 意大利瓦依昂水库滑坡示意图
(a) 水库平面图，图中 A 为 1960 年的滑坡，
B 为 1963 年的滑坡；(b) 剖面图

（四）喀斯特（岩溶）

喀斯特在我国又称岩溶。它是指可溶性岩石在水的淋漓、冲刷和溶蚀作用下，而形成的一种独特的地貌景观。喀斯特现象，以南斯拉夫北部的喀斯特高原发育最为典型，因此而得名。我国可溶性岩石（即石灰岩、白云岩、大理岩）分布面积广泛，约占国土总面积的 15%，几乎遍及全国各地。但由于南方与北方气候差异较大，故喀斯特的发育形态和发育程度都有明显不同，呈现出地带性。

1. 喀斯特的形态

喀斯特的地貌形态是多种多样的，包括地表和地下两大类。我国南方属湿润、热带—亚热带气候，地表和地下喀斯特均较发育；北方属干旱、半干旱、亚湿润、中暖温带气候，地表喀斯特发育非常微弱，但在地下喀斯特较发育。常见的喀斯特形态有以下几种。

（1）溶沟、石芽与石林、峰林。地表水沿石灰岩表面或裂隙面进行溶蚀，形成许多细小的沟槽，称为溶沟。溶沟之间突起的石脊，称为石芽。石芽的高度与溶沟的深度一般仅几米。当石芽非常大，如高一二十米到几十米，并罗列成林时，称为石林，如云南的路南石林（图 3-26），地面上无

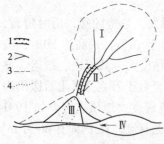

图 3-25 泥石流流域分区略图
Ⅰ—形成区；Ⅱ—搬运区；Ⅲ—停积区；Ⅳ—泥石流堵河形成淹塞湖
1—峡谷；2—有水沟床；3—无水沟床；4—区界

数孤峭的石峰、石柱，形似丛立的树林，称为峰林。我国广西桂林的峰林挺拔秀丽，千姿百态，故有"桂林山水佳天下"之誉。

图 3-26　云南的路南石林

（2）漏斗、落水洞与溶蚀漏斗、溶蚀洼地。地表水沿石灰岩中的垂直裂隙下渗，裂隙被不断溶蚀扩大，形成漏斗状的凹地，称为漏斗。当漏斗底部有陡直的溶蚀孔道把地表水转入地下时，便成为落水洞。落水洞进一步溶蚀、倒塌，形成漏斗状或碟形地形，称为溶蚀漏斗；再发展便形成宽阔的溶蚀洼地。21世纪初，我国科学家在广西乐山县和四川奉节县发现10多处大型的喀斯特漏斗（天坑与天坑群），坑深和口宽均超过600m，底宽400～500m，容积约 0.8 亿～1.2 亿 m³。

（3）溶洞与地下河、喀斯特泉。溶洞，是地下近于水平或倾斜的大型空洞，往往成层分布。如江苏省宜兴善卷洞，分上、中、下三层，下洞有地下河（图3-27）。一般溶洞

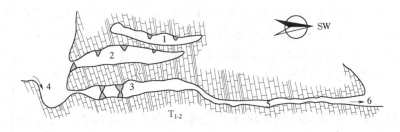

图 3-27　宜兴善卷洞纵剖面示意图
1—上洞（云雾大场）；2—中洞（狮象大场）；3—下洞；4—地下河进口（飞瀑）；
5—地下河（水洞）；6—地下河出口（豁然开朗）T_{1-2}青龙群薄层灰岩

中堆积有石笋、石钟乳、石柱等。溶洞相互贯通，地下水汇集畅流其中就成为地下河。有的地下河是地表河水通过落水洞转入地下通道而形成。地下河在我国南方石灰岩地区较为发育，而北方极为罕见。北方石灰岩中的地下水多以喀斯特泉的形式溢出地表，如山西朔州的神头泉，流量达 6.26m³/s（图3-28）。

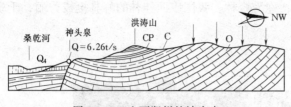

图 3-28　山西朔州的神头泉

Q—近代沉积物；CP—石灰二叠系矿页岩；O—奥陶系石灰岩

（4）溶隙和溶孔。溶隙是水流沿石灰岩裂隙进行溶蚀扩大而形成的，呈细缝状，宽度一般小于 50cm。溶孔是石灰岩被溶蚀后所形成的小孔洞，孔径一般小于 2cm，多呈蜂窝状，主要发育在岩性较纯的石灰岩层位及其构造破碎带。溶隙和溶孔多是在地下深处，由地下水溶蚀而形成。山西潞安盆地的钻孔资料表明，在地下 500m 深处仍有溶孔存在。

喀斯特的形成必须具备一定的条件。岩石的可溶性和透水性是喀斯特形成的物质基础；水的溶蚀性和流动性是喀斯特发育的外部动力。石灰岩是可溶的，但其溶解速度是非常缓慢的，每千年的溶蚀量在我国北方为 20～30mm，南方为 120～300mm。现代观察到的喀斯特现象，多是过去漫长的地质时期中逐渐被溶蚀的结果。但是，对水利建设来说，这样小的溶解速度也是不可忽视的。水库渗漏、坝基沉陷与塌陷、建筑基坑和地下洞室涌水，是石灰岩地区常遇到的三大工程地质问题。此外，在石灰岩大面积分布地区，因喀斯特发育，一方面地表水匮乏，地下水埋藏很深，造成人畜饮水困难；另一方面溶蚀洼地雨季积水，造成内涝。

（五）地震

1．地震及其成因

地震，是地壳快速颤动的一种自然现象。全世界每年发生地震多达 500 万次，但 7 级以上的大地震平均不到 20 次。地震的破坏力很大，强烈地震后，地表多有变动，如地裂、山崩、滑坡、地陷和喷水冒砂等，甚至山川改观。因此，在各种自然地质灾害中，地震对人类社会威胁是最严重的。例如 1995 年 1 月 17 日凌晨 5 点 40 分，日本大阪神户发生 7.2 级大地震，共振毁房屋 5.5 万间，破坏 3.2 万间，死亡 6430 人，伤 2.6 万余人，灾民总数达 380 多万人，造成直接经济损失超过 960 亿美元，给日本经济以沉重打击。

地震的成因有很多，主要有地壳运动引起岩层断裂造成的构造地震（占地震总数的 90%）；火山喷发活动时引起周围地面震动形成的火山地震（占 7%）；因岩层崩塌陷落造成的陷落地震（占 3%）。此外，人工爆破，向深井大量注水、水库蓄水等也可直接或间接诱发地震。

我国地理位置是处在世界两大地震带之间，即环太平洋地震带（占全球地震总数的 75% 以上）和阿尔卑斯—喜马拉雅地震带（占 22%）。所以，我国是一个多地震的国家。地震活动强烈地区集中分布在西北和西南；中等活动地区分布在华北和与东南沿海地区；较弱活动地区分布在东北和江南地区。

2．震源、震中和地震波

地球内部发生震动的地方称为震源，震源在地面上的垂直投影叫震中。由震中到震源的深度叫震源深度（图 3-29）。根据震源深度，地震分为浅源地震（深度为 0～70km）、中源地震（70～300km）和深源地震（超过 300km）。世界上 70% 以上的地震都是浅源地震。

地震引起的振动是以波的形式，从震源向四面八方辐射传播的，这种传播地震能量的弹性波称为地震波，地震波有两种：一种是体波，另一种是面波。

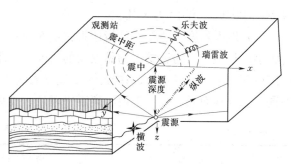

图 3-29　地震名词及地震波

（1）体波。体波是地下震源直接产生的地震波。它可分为纵波（P 波）和横波（S 波）。纵波是由震源向外传递的压缩波，它好似弹簧受压后，在松弛时所产生的前后运动情况一样。纵波在固体、液体、气体中都能传播，传递速度快，约 5～6km/s，振动的破坏力较大。横波是由震源向外传递的剪切破，它好似上下抖动一端被固定的绳子后所产生的波动一样。横波只能在固体中传播，波速比纵波慢，为 3～4km/s。

（2）面波。面波是体波传到地面以后，激发产生的沿地表面传播的波。它就像把石子扔到平静的水面后产生的水波一样。面波传播速度最慢，约 0.6～3.5km/s，但周期长，振幅大，故对地面的破坏力最大。面波又分为瑞雷波（在地面上滚动的波）和乐夫波（在地面上呈蛇形运动的波）。

地震波在传播过程中，由于机械能逐渐消减，因而离震源越远，振动越小，破坏力也就越微弱。

大地震发生时，地面出现的各种破坏现象都是由地震波强烈冲击造成的。从震源发出的地震波首先到达震中的是纵波，它引起地面上下跳动，这时在震中地区人会感到上下颠簸；接着横波到来，又引起地面晃动，人会感到前后左右摇晃。在离开震中的地方，纵波和横波以不同的角度与地面接触，再加上面波的作用，使地面的震动极为复杂。

3．地震震级和地震烈度

（1）地震震级。震级，是表示地震能量大小的一种量度。能量大，震级就大；反之能量小，震级则小。震级（M）大小的确定，是根据地震仪记录的地震波最大振幅值（f，以微米为单位）取对数而得，即 $M = \lg f$。一个 7 级破坏性的地震，大约相当于 60 万 t 级原子弹爆炸时所释放出的能量。震级每增加一级，能量约增大 32 倍。

地震按释放能量的大小划分等级，震级从 1 级到 8.9 级划分为 10 级（表 3-12）。一般说来，7 级以上的浅源地震，可以引起大的灾害；7 级以下至 6 级的地震，可以造成一定的灾害，但影响的面积较小；小于 5 级的地震，多不会造成灾害。所以，对于 5 级以上的地震，国家通过监测，分析确认后将向社会发布。目前记录到的最大地震是 1960 年 5 月 22 日智利发生的 8.9 级地震，这次地震从 5 月 21 日开始，时震时停，先后发生了 225 次大小不一的地震，使震中方圆 600km 以内

表 3-12　　地震震级及其能量表

震级	能量 E（J）	震级	能量 E（J）
1	2×10^6	6	6.3×10^{13}
2	6.3×10^7	7	2.0×10^{15}
3	2.0×10^9	8	6.3×10^{16}
4	6.3×10^{10}	8.5	3.6×10^{17}
5	2.0×10^{12}	8.9	1.0×10^{18}

成为一片废墟，有14万人死亡。

（2）地震烈度。烈度，是指地震对地面及其建筑物的影响和破坏程度。判断地震烈度的大小，是根据人的感觉、物品振动的情况、房屋及建筑物受破坏的程度，以及地面出现的破坏现象等综合确定的，共分为12度（表3－13），一次地震只有一个震级，但烈度却不同，它因地而异。一般来说，离震中越近，震级越大，震源越浅，地震烈度就越大。

表 3－13　　　　　　　　　　中国地震烈度简表（1980）

烈度	人 的 感 觉	一般房屋震害程度	其 他 现 象
1	无感		
2	室内个别静止中的人感觉		
3	室内少数静止中的人感觉	门、窗轻微作响	悬挂物微摆
4	室内多数人感觉，室外少数人梦中惊醒	门、窗作响	悬挂物明显摆动，器皿作响
5	室内普遍感觉，室外多数人感觉，多数人梦中惊醒	门、窗、屋顶、屋架颤动作响，灰土掉落，抹灰出现细微裂缝	不稳定器物翻倒
6	惊惶失措，仓皇逃出	损坏——个别砖瓦掉落，墙体微细裂缝	河岸和松软土上出现裂缝，饱和砂层出现喷水冒砂，地面上有的烟囱轻度裂缝、掉头
7	大多数人仓皇逃出	损坏——个别砖瓦掉落，墙体微细裂缝	河岸出现坍方，饱和砂层常见喷砂冒水，软土层上裂缝较多，大多数砖烟囱严重破坏
8	摇晃颠簸，行走困难	中等破坏——结构受损，需要修理	干硬土层上亦有裂缝，大多数砖烟囱中等破坏
9	坐立不稳，行动的人可能摔倒	严重破坏——墙体龟裂，局部倒塌，修复困难	干硬土上有许多地方出现裂缝，基岩上可能出现裂缝。滑坡、坍方常见。砖烟囱出现倒塌
10	骑自行车的人会摔倒，呈现不稳定状态的人会摔出几尺远，有抛起感	倒塌——房屋大部分倒塌，不堪修复	山崩和地震断裂出现，基岩上的拱桥破坏，大多数砖烟囱从根部破坏或倒毁
11		毁灭	地震断裂延续很长，山崩常见，基岩上拱桥毁坏
12			地面剧烈变化，山河改观

从中国地震烈度表可以看出，6度以下的地震一般对建筑物不会造成破坏，无需设防。10度以上的地震过于强烈，又难以有效预防。因此，建筑物抗震设防的重点是7、8、9度地震。我国需抗6度以上地震烈度的区域占国土面积的61%，全国40%以上的国土和60%～70%以上的大中城市都处于地震烈度7度以上的区域。在这些地区从事工程活动，建筑物必须进行抗震设计。工程设计时，经常用的地震烈度有基本烈度和设计烈度。

1）基本烈度。是指一个地区今后50年内，在一般场地条件下可能遭遇的最大地震烈度，即国家地震局《中国地震烈度区划图》（1/300 万，1990 年）规定的地震烈度。

2）设计烈度。是指建筑物在进行抗震设计时采用的烈度。它是根据建筑物的重要性，同时考虑场地的地形地质条件和工程结构特征，在基本烈度基础上调整确定的。一般情况下取基本烈度。设计烈度须经过国家授权的主管部门审定。

地震对建筑物的破坏，主要是地震波猛烈冲击地表产生的水平地震力（推拉）和竖向地震力（颠簸）共同作用造成的。建筑物地基不牢固、结构不合理、建筑材料不佳、施工质量不高等，是建筑物遭受地震破坏的重要原因。因此，在修建水利工程时，应当调查研究建筑地区地壳的稳定性和发震的可能性，为工程建筑选择烈度较低的地段作为场址，对处于强震区的场地提出采取防震、抗震措施的意见。

五、地下水

地下水，是埋藏于地下岩石空隙中的水。它是水利工程建设中经常遇到的流体，常给工程带来一定困难和危害，如大坝库区的渗漏及渗透稳定问题、建筑基坑与地下洞室涌水问题、地下水对混凝土的侵蚀问题、灌区地下水位升高引起土壤盐渍化问题，以及超量开采地下水造成的地面沉降问题等。因此，在水利建设中，必须了解地下水的形成、分布、埋藏条件和运动规律以及侵蚀性，也就是建筑地区的水文地质条件。

（一）地下水的形成

地下水与大气水、地表水有着密切的联系，在自然界中同处于一个完整的水循环系统之中。地下水的来源很广，但主要来自大气降水。降落到地面的水，经过地表向下运移叫入渗。运移到一定深度，埋藏于地下，使岩石所有空隙中均充满了水，便形成地下水。地下水向河流、湖泊、海洋流动叫地下渗流（或地下径流）。在渗流过程中，地下水可以蒸发的形式重返地表和大气层，形成水蒸气——云，遇冷风又可变成大气降水，再降落到地表，如此循环不止，即降水→入渗→地下渗流→出露于地表→蒸发→降水。地表水也能通过岩石空隙渗入地下形成地下水。这种由降水和地表水渗入地下而形成的地下水，称为渗入水。此外，还有岩石空隙中的水气因温度降低而形成的凝结水；有从岩浆活动中分泌出来的水汽因冷凝而形成的原生水；有古代沉积物中封闭保存的埋藏水。但是，这些来源的地下水都是极其有限的。

1. 地下水的形成条件

地下水的形成需要具备一定的条件：①岩石应是透水层，具有容纳水的空间和水渗流的通道；②具有良好的蓄水构造，使地下水能在岩石空隙中富集和储存；③具有充足的补给来源。在适宜的地形、地质和水文地质条件下，地下水会溢出地面。泉水，就是地下水在地表面的天然露头。

2. 含水层与隔水层

含水层，是指透水的且饱含水的岩层。它是地下水储存和渗流的主要场所。隔水层，是指相对不透水的岩层。自然界的岩石没有绝对不透水的，只是透水性的强弱程度不同而言。实际工作中，当某一岩层的透水性较其上下岩层的透水性都差时，该透水性弱的岩层就可称为隔水层。

3. 包气带和饱水带

地下水入渗向下运移，最终到了某一深度，岩层空隙达到了饱和状态，并出现了一个水面,这个水面便是地下水面。通常从地面起往下到地下水面,岩层仅是潮湿的,只是部分空隙有水充填,另一部分空隙仍充满空气,所以,这一带称为包气带。包气带以下的几乎全部空隙被水充填的岩层,称为饱水带。当钻孔揭露饱水带时,地下水便流入钻孔内(图3-30)。包气带内储存的主要是气态水(岩石空

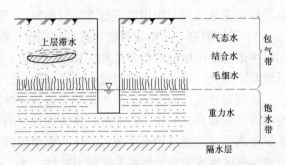

图3-30 包气带及饱水带

隙中以水蒸气形式存在的地下水)、结合水(附着于岩石颗粒表面的地下水)和毛细水(由毛细力支持充填于岩石细小空隙中的地下水);位于包气带中局部隔水层之上的地下水,称为上层滞水;饱水带则主要储存的是重力水(在重力作用下能自由运动的地下水)。

(二)地下水的埋藏

地下水的分布是极其广泛的,无论山地、高原和丘陵,还是平原、盆地,到处都有地下水。储存于平原和盆地松散沉积物孔隙中的地下水,称为孔隙水;储存于山区岩石裂隙中的地下水,称为裂隙水;储存于山区可溶性岩石溶隙和溶洞中的地下水,称为喀斯特水(岩溶水)。无论哪种类型的地下水,按其埋藏条件可分为潜水和承压水。

1. 潜水

潜水,是埋藏于地下第一个稳定隔水层之上的具有自由水面的地下水(图3-31)。潜水的自由水面称为潜水面,它是饱水带与包气带之间的一个界面。潜水面某点的标高称为该点的潜水位。潜水面至地面的距离称为潜水位埋藏深度。潜水面到隔水底板顶面的距离称为潜水含水层厚度。

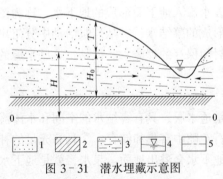

图3-31 潜水埋藏示意图
1—透水砂层;2—隔水层;3—含水层;
4—潜水面;5—基准面;
T—潜水位埋藏深度, H_0—含水层厚度;
H—潜水位

潜水面的形状与地形相似。潜水在重力作用下,由潜水位高的地方向潜水位低的地方流动。潜水可直接接受大气降水和地表水的补给,其水位、水量、水温、水质随季节变化明显,而且较易受到污染。

2. 承压水

承压水,是充满于两个隔水层之间的含水层中承受静水压力的地下水(图3-32)。

承压含水层上面覆盖的隔水层称为隔水顶板,下伏的隔水层称为隔水底板。顶底板之间的距离为承压含水层的厚度。在承压含水层中打井,只有揭穿了隔水顶板后才能见到承压水,此时的水面高程称为初见水位。由于承压水承受静水压力,随后水位会不断上升,达到一定高度便稳定下来,这时的水位称为稳定水位,即承压水位。初见水位与稳定水位二者间的差值,叫承压水头。当井中承压水位高出地面时,地下水就可溢出或喷出地表,所以承压水又称自流水。当两个隔水层之间的岩层未被水充满时,称为层间无压水。

106

承压水面的形状与地形没有关系，它在静水压力作用下，可以由地形低处流向地形高处。承压水可以在含水层出露地表的地方得到大气降水或地表水的补给，其水位、水量、水温、水质等受季节影响不明显，动态变化小，且不易受到污染。

地下水位不是静止不变的，当地下水的补给量超过它向河流、湖泊、海洋的排泄量时，水位将上升，储水量增多；反之，水位则下降，储水量减少。

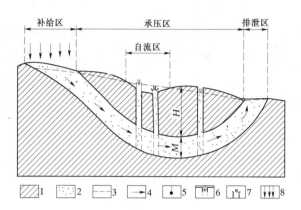

图 3 - 32 承压水埋藏示意图

1—隔水层；2—含水层；3—地下水位；4—地下水
流向；5—上升泉；6—钻孔，虚线为进水部分；
7—自流钻孔；8—大气降水补给；H—承压水
头高度；M—含水层厚度

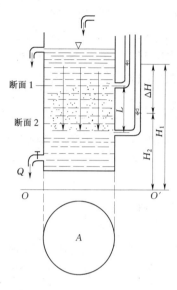

图 3 - 33 达西实验示意图

（三）地下水的运动

地下水在岩层空隙中的渗透流动，称为渗流。由于受岩石空隙大小、形状和连通性的控制，以及岩石颗粒的阻滞作用，地下水的运动极其复杂，且流动缓慢。1856 年法国的水力学家达西，通过大量实验发现了地下水的渗流定律，又称达西定律，其实验装置如图3-33所示。他用盛满沙的金属圆筒，模拟地下水在沙层中的运动。试验获得如下结论：单位时间内通过筒中沙的流量 Q 与渗流路径长度 L 成反比，而与圆筒的过水断面面积 A 和上下两测压管间的水头差 ΔH 成正比，即

$$Q = K \frac{\Delta H}{L} A = KiA \tag{3-10}$$

式中：Q 为渗流量，m^3/d；K 为岩石的渗透系数，m/d；H 为水头损失，即渗流上下断面的水头差，m；L 为渗流路径长度，m；A 为过水断面面积，即圆筒横截面积，m^2；i 为水力坡度，$i = \Delta H/L$。

由水力学知：$Q = AV$，则达西定律又可写成下式：

$$V = \frac{Q}{A} = K \frac{\Delta H}{L} = Ki \tag{3-11}$$

式中：V 为渗流速度，m/d；其他符号意义同前。

上式表明，渗流速度 V 与水力坡度的一次方成正比，故达西定律又称线性渗流定律。当 $i = 1$ 时，$V = K$，说明渗透系数在数值上等于水力坡度为 1 时的渗流速度。

达西定律中的渗流速度，并不是渗流在岩石空隙中运动的实际流速。因为地下水在渗

流过程中所通过的垂直水流方向的断面 A，不是实际可以过水的岩石空隙面积，而是由岩石固体颗粒和空隙组成的整个断面。因此，实际流速比渗流速度要大。可以看出，达西提出的渗流，是一种具有实际水流的特点，且连续充满整个含水层空间的虚拟水流。

达西定律描述了地下水运动的基本定律，它广泛用于钻孔涌水量、渠道与坝库区渗漏量以及含水层水文地质参数等计算中。

（四）地下水的侵蚀性

地下水的侵蚀性，主要表现为对混凝土及钢筋混凝土的侵蚀破坏。其侵蚀性的强弱取决于水中 H^+、CO_2、SO_4^{2-} 等离子的含量。因此，地下水的侵蚀性可分为：分解性侵蚀、结晶性侵蚀和分解结晶复合性侵蚀。

表 3-14　　　　　　　　　　　　环境水腐蚀判定标准

腐蚀性类型		腐蚀性特征判定依据	腐蚀程度	界　限　指　标	
分解类	溶出型	HCO_3^- 含量（mmol/L）	无腐蚀 弱腐蚀 中等腐蚀 强腐蚀	$HCO_3^- > 1.07$ $1.07 \geqslant HCO_3^- > 0.07$ $HCO_3^- \leqslant 0.07$	
	一般酸性型	pH 值	无腐蚀 弱腐蚀 中等腐蚀 强腐蚀	$pH > 6.5$ $6.5 \geqslant pH > 6.0$ $6.0 \geqslant pH > 5.5$ $pH \leqslant 5.5$	
	碳酸型	侵蚀 CO_2 含量（mg/L）	无腐蚀 弱腐蚀 中等腐蚀 强腐蚀	$CO_2 < 15$ $15 \leqslant CO_2 < 30$ $30 \leqslant CO_2 < 60$ $CO_2 \geqslant 60$	
分解结晶复合类	硫酸镁型	Mg^{2+} 含量（mg/L）	无腐蚀 弱腐蚀 中等腐蚀 强腐蚀	$Mg^{2+} < 1000$ $1000 \leqslant Mg^{2+} < 1500$ $1500 \leqslant Mg^{2+} < 2000$ $2000 \leqslant Mg^{2+} < 3000$	
结晶类	硫酸盐型	SO_4^{2-} 含量（mg/L）	无腐蚀 弱腐蚀 中等腐蚀 强腐蚀	普通水泥 $SO_4^{2-} < 250$ $250 \leqslant SO_4^{2-} < 400$ $400 \leqslant SO_4^{2-} < 500$ $500 \leqslant SO_4^{2-} < 1000$	抗硫酸盐水泥 $SO_4^{2-} < 3000$ $3000 \leqslant SO_4^{2-} < 4000$ $4000 \leqslant SO_4^{2-} < 5000$ $5000 \leqslant SO_4^{2-} < 10000$

　注　引自 GB50287—99《水利水电工程地质勘察规范》。

1. 分解性侵蚀

分解性侵蚀，是指酸性水对水泥的氢氧化钙与碳酸钙进行溶滤和溶解，而使混凝土分解破坏的作用。当水中含有一定的 H^+ 离子时，会与水泥的氢氧化钙起反应，使混凝土遭受溶蚀破坏，其反应式为：

$$Ca(OH)_2 + 2H^+ = Ca^{2+} + 2H_2O$$

108

当水中含有较多侵蚀性 CO_2 时，水的溶解能力增强，使碳酸钙溶解，混凝土结构遭受破坏，其反应式为：

$$CaCO_3 + H_2O + CO_2 \rightarrow Ca^{2+} + 2HCO_3^-$$

2. 结晶性侵蚀

结晶性侵蚀，是指水中过量的 SO_4^{2-} 渗入混凝土体内，与水泥的某些成分发生水化作用，形成易膨胀的结晶化合物，使混凝土胀裂破坏。如形成石膏和硫酸铝，其体积分别增大 1.5 倍、2.5 倍。为了防止 SO_4^{2-} 对混凝土的破坏作用，在 SO_4^{2-} 含量高的水下建筑物中可采用抗硫酸盐的水泥。

3. 分解结晶复合性侵蚀

分解结晶复合性侵蚀，是指水中 Ca^{2+}、Mg^{2+}、Zn^{2+}、Fe^{2+}、Al^{3+} 等阳离子含量过高，而对混凝土的一种复合破坏作用。如 $MgCl_2$ 与混凝土中结晶的 $Ca(OH)_2$ 反应后，容易对混凝土造成破坏，其反应式为：$MgCl_2 + Ca(OH)_2 \rightarrow Mg(OH)_2 + CaCl_2$。

对分解结晶复合性侵蚀的评价，一般适用于被工业废水污染的地下水或生产废水。

地下水对混凝土侵蚀性的判别标准见表 3-14。

第二节　水利工程地质问题

水利工程地质问题，是指水利工程与地质条件之间的矛盾，即建筑场地的工程地质条件不能满足水工建筑的稳定、经济和使用等方面的要求，而存在的地质缺陷和问题。水利工程建设中常遇到的有三大工程地质问题：稳定问题（包括坝基、坝肩、库岸、渠道边坡、隧洞围岩及进出口边坡稳定）、渗漏问题（包括坝区、库区、渠道渗漏）和水利环境地质问题。工程地质工作的中心任务，就是分析解决建筑场地的工程地质问题。

一、坝基稳定问题

拦河大坝是水利枢纽工程的主体建筑物。它的安全稳定是决定水利工程建设成败的关键。在大坝自重及水压力等外力作用下，可能导致坝基岩体产生的稳定问题主要有渗透稳定、沉降稳定和抗滑稳定三个方面。

（一）渗透稳定问题

渗透稳定问题，是由坝基岩体中的渗透水流造成的。大坝建成且水库蓄水后，坝上下游形成较大的水头差，将使坝基下的渗流水压力增高，渗流量加大，对坝基的稳定产生极为不利的影响。渗流对坝基稳定的影响，除了可使坝基岩体软化、泥化、溶蚀，降低其强度外，还表现在以下两个方面。

1. 产生扬压力，削减了坝体的垂直荷重

扬压力是渗透水流作用在坝基底面的向上的压力，它由渗透压力和浮托力两部分组成（图 3-34）。渗透压力，是在坝体上下游水位差（H_1）的作用下产生的静水压力。它的大小等于该作用点上的水位高度乘水的重度（γ_w），即在上游坝踵处等于 $\gamma_w H_1$，在下游坝址处等于零。渗透压力图呈三角形分布。浮托力，是在下游水头（H_2）的作用下产生的静水压力。它在坝基下的大小处处相等，均等于 $\gamma_w H_2$。浮托力图呈矩形分布。

扬压力方向朝上，可以抵消一部分坝体的垂直荷重，因而降低了坝基岩体中的抗滑

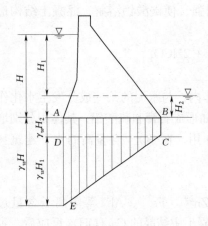

图 3 - 34 坝基下扬压力分布图

力，直接影响到坝基的抗滑稳定。如安徽省的梅山连拱坝，坝基为细粒花岗岩，岩体中裂隙和断层发育。1956 年 1 月大坝建成后蓄水 20 多亿 m³，1962 年 11 月 6 日发生了渗水现象，坝址处有一钻孔向外射水，水平射程达 11m，说明坝基下扬压力很高。接着，右坝肩岩体发生轻微滑移和张裂，拱圈出现多条裂缝，拱垛也发生了偏斜，拱顶开裂，使大坝处于很危险的状态。应立即放空库水，经采取全面加固处理措施，至今运行正常。

2. 产生动水压力，引起坝基沉陷变形，甚至破坏

动水压力，是渗透水流作用在岩体上的冲动压力，其方向与渗流方向一致，其大小等于水的密度、水力坡度与渗流计算体积的乘积。若取一个单位体积进行计算，表达式为：

$$D = \rho_w \cdot i \qquad (3 - 12)$$

式中：D 为渗流的动水压力，t/m³；ρ_w 为水的密度，t/m³；i 为坝下渗流的水力坡度。

若取水的密度 $\rho_w = 1$t/m³，则在数值上 $D = i$。这说明渗流的水力坡度越大，其动水压力就越大。

当坝基岩体中存在软弱夹层或裂隙与溶洞中有充填物时，在渗流及动水压力作用下，将会出现潜蚀、流土、流砂、管涌现象，松软物质被水流带走，使坝基形成空洞，从而引起沉陷变形，甚至破坏。例如四川省的陈食水库，为浆砌条石连拱坝，坝基为侏罗系泥岩和砂岩。由于清基不彻底，有的拱放在裂隙发育且风化的泥岩上，又没有采取防渗措施。水库蓄水后，库水沿泥岩中裂隙向下游渗漏，裂隙不断被冲蚀扩大，并发展成洞穴。库水迅猛下泄，近 100 万 m³ 的库水在 10min 内流失一空，坝基被冲蚀形成一个高 15m、宽 8m、深 7m 多的空洞（图 3 - 35）。

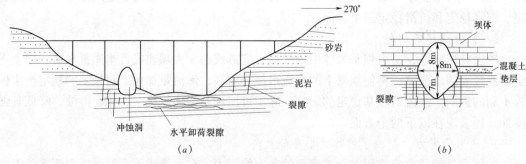

图 3 - 35　陈食水库坝基潜蚀（管涌）示意图

(a) 剖面图；(b) 冲蚀洞穴剖面

（二）沉降稳定问题

沉降稳定问题，是坝基岩体产生过大垂直压缩变形而引起的，特别是发生不均匀沉陷时，可导致坝体裂缝、倾斜，甚至失稳破坏（图 3 - 36）。一般由坚硬岩石组成的坝基，因本身强度高，压缩性小，往往沉降量很小；而由软弱岩石组成的坝基，则可能产生较大

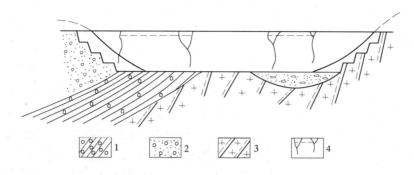

图 3-36　坝体因不均匀沉降而产生断裂

1—含砾石粘土；2—砂砾石；3—花岗片麻岩；4—沉降与裂缝

的沉降变形。所以，坝址应尽量选在均质的、抵抗变形能力强的岩石上。

坝基岩体是否会产生沉降问题，常用岩基容许承载力这个指标来定量评价。设计时，建筑物的荷载应控制在岩基容许承载力范围内。否则，需进行地基处理。岩基容许承载力，是指在保证建筑物安全稳定和正常运用的前提下，岩石地基所能承受的最大压强。可用以下方法确定。

1. 公式计算法

它是根据岩石的湿抗压强度，结合岩石的坚固性和风化程度，经折减以后确定的。计算公式为：

$$f_k = \xi \cdot R_b \qquad (3-13)$$

式中：f_k 为岩基容许承载力，kPa；ξ 为折减系数，其取值为特别坚硬岩石：1/20～1/25；一般坚硬岩石：1/10～1/20；软弱岩石：1/5～1/10；风化岩石：参照上述标准相应地降低 25%～50%。

2. 查表法

根据野外对岩性和风化程度鉴别结果，可查表 3-15 确定岩基容许承载力。

表 3-15　　　岩基容许承载力 f_k

（单位：kPa）

岩石类别	强风化	中等风化	微风化
硬质岩石	150～500	1500～2500	4000
软质岩石		550～1200	1500～2000

（三）抗滑稳定问题

拦河大坝与其他工程建筑物最大的不同点在于它承受着很大的水压力，在此力和其他工程力的作用下，常引起坝基岩体滑动破坏。抗滑稳定问题是混凝土坝最主要的工程地质问题。常见的滑动破坏形式有：坝体沿着与基岩接触面发生的表层滑动；发生在坝基岩体浅层部位的浅层滑动；发生在坝基岩体较深部位的深层活动。表层滑动和浅层滑动埋藏浅，一旦查明其分布范围后，很容易处理。

1. 坝基岩体滑动边界条件的分析

坝基岩体滑动边界条件的分析，就是讨论岩体结构面与建筑物的关系。一般深层滑动是在坝基岩体四周被结构面（即地质界面）切割，形成分离体，且有滑动面和可供滑出的自由空间的条件下发生的（图 3-37）。可见，坝基岩体的滑动边界条件应包括切割面、滑动面和临空面。

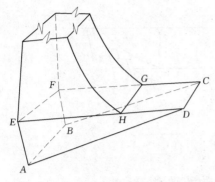

图 3-37 坝基岩体滑动边界条件示意图
滑动面—ABCD；切割面—ADE、BCF、
ABFE；临空面—CDHG

（1）切割面。是指将岩体割裂开来，形成分离体的结构面，通常由较陡的结构面构成，如图 3-37 中的 ADE 面、BCF 面和 ABEF 面。

（2）滑动面。是指分离体沿之滑动，并产生较大摩擦阻力的结构面。常由缓倾角（＜25°～30°）的软弱结构面构成，如图 3-37 中的 ABCD 面。

（3）临空面。是指滑动岩体与变形空间相邻的面。变形空间一般是指岩体可向之滑动，而不受阻碍或阻力很小的自由空间。如大坝下游河床面（图 3-37 中的 CDHG 面），还有河道中的深潭、深槽、冲刷坑等。

经过分析，若坝基岩体内切割面、滑动面和临空面同时存在，可认为滑动边界条件具备，坝基岩体可能发生滑动；若三种结构面缺一，则可认为滑动边界条件不具备，坝基岩体是稳定的。

2. 坝基岩体抗滑稳定性计算

通常采用极限平衡原理，按平面问题，将作用在坝基岩体上的各种力投影到同一可能的滑动面上，并按其性质分为滑动力与抗滑力两部分。抗滑力与滑动力的比值，称为抗滑稳定安全系数 K_c，即：

$$K_c = 抗滑力 / 滑动力 \qquad (3-14)$$

例如坝基岩体发生表层滑动时（图 3-38），作用在坝基底部滑动面上的力主要有坝体自重、库水压力和渗流扬压力，可用下列公式计算抗滑稳定安全系数：

$$K_c = \frac{f(\sum G - U)}{\sum H} \qquad (3-15)$$

$$K'_c = \frac{f(\sum G - U) + CA}{\sum H} \qquad (3-16)$$

式中：K_c 为抗滑稳定安全系数（忽略了滑动面上的内聚力，$C=0$）；K'_c 为抗滑稳定安全系数（考虑了滑动面上的内聚力，$C \neq 0$）；f 为坝体混凝土与基岩接触面之间的摩擦系数；$\sum G$ 为作用在滑动面上的各种竖向力的总量，kN；$\sum H$ 为作用在滑动面上的各种水平力的总和，kN；U 为作用在滑动面上的扬压力，kPa；C 为坝体混凝土与基岩接触面上的内聚力，kPa；A 为滑动面的面积，m^2。

当计算的 K_c 或 K'_c 大于 1 时，表示坝基岩体是稳定的。这是因为虽然滑动边界条件具备，但滑动面上的抗滑力大于滑动力，坝基岩体不会发生滑动破坏。工程设计中要求有一定的安全系数或稳定储备，对不同荷载组合与不同等级规模的建筑物来说，此值要求不同，一般规定是 $K_c \geqslant 1.05 \sim 1.10$ 或 $K'_c = 2 \sim 3$，才说明坝基岩体是稳定的。

（四）坝基处理与加固措施

改善坝基岩体稳定和渗漏条件的工程措施有清基、加固、防渗和排水等。

1. 清基

清基，就是将坝基底部风化破碎的岩石、浅部的软弱夹层等清除掉，使坝体放在比较新鲜完整的岩体上。为了提高抗滑能力，清基时应使基岩表面略有不平，如呈锯齿状，并造成一定的反坡。对近地表宽度较大的陡倾断层破碎带与软弱夹层，可在其中挖出一定深度的倒梯形槽子，然后回填混凝土。

2.加固

提高坝基岩体局部或整体强度的加固措施有锚固、固结灌浆等。

(1) 锚固。是打钻孔穿过软弱结构面，深入到完整岩体中一定深度，插入预应力锚杆（钢筋或钢索），回填水泥砂浆封闭，使岩体受一法向应力，上下连在一起，可以明显提高软弱结构面的抗滑能力。安徽梅山连拱坝右坝肩岩体锚固处理如图3-39所示。

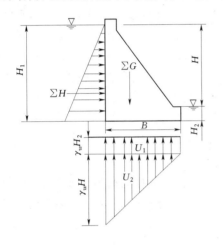

图 3-38 表层滑动稳定性计算示意图

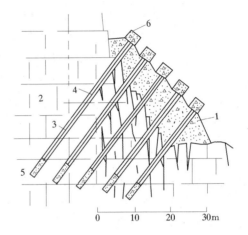

图 3-39 法国某坝右坝肩岩体锚固示意图
1—混凝土挡土墙；2—裂隙灰岩；3—预应力1000t 的锚索；4—锚固孔；5—锚索的锚固端；6—混凝土锚墩

(2) 固结灌浆。是在坝基中轴线靠上游一侧打钻孔，将适宜的浆液（水泥浆、黏土浆或化学浆）压入钻孔，使其灌注到基岩的裂隙和空洞中，使破碎岩体胶结成整体，洞穴被堵塞，以增强基岩的强度。

3.防渗和排水

坝基防渗处理的目的在于消除渗漏或控制渗漏量，防止因渗漏而导致坝基岩体渗透变形和力学性质恶化，并减小扬压力。

(1) 帷幕灌浆。是在迎水面附近的坝基岩体中打钻孔，将配制的胶凝防渗材料浆液，以适当的压力灌入到钻孔周围岩体的裂隙中，经凝固或胶结后形成隔水屏幕，故称帷幕灌浆。当隔水层埋深不大时，应使帷幕插入其中，以构成封闭式帷幕；当隔水层埋藏很深时，可作悬挂式帷幕。帷幕的深度可参考坝高、岩体的透水性和消减水头值的大小来确定。如根据一定坝高要求的透水率 q 来设置帷幕：高坝要求 $q>1Lu$，中坝 $q=1\sim3Lu$；低坝 $q=3\sim5Lu$。通常岩体透水率 $q<1Lu$ 或 $5Lu$ 时，可视为隔水层，一般不需要进行帷幕灌浆处理。

(2) 排水孔。是在坝基中轴线偏向上游一侧打钻孔，通过钻孔抽水，排泄渗流到坝基岩体中的地下水，以降低渗透压力（图3-40）。

坝基岩体裂隙不发育时，可以不设帷幕，以排水为主，设置排水孔；裂隙发育时，可

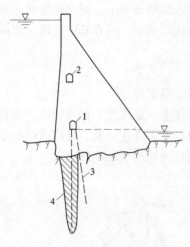

图 3-40　重力坝的防渗和排水措施
1—灌浆廊道；2—检查廊道；3—排
水孔；4—防渗帷幕

以同时设置防渗帷幕和排水孔。一般帷幕灌浆渗透压力折减系数 α_1 为 0.4~0.5，排水孔渗透压力折减系数 α_2 为 0.2~0.3。也就是说，经过采取帷幕灌浆和排水措施后，可将渗透压力减少约 80%。

二、库区渗漏问题

库区渗漏，是指库水通过渗漏通道向库外邻谷或洼地的渗漏。修建地面水库的主要目的在于蓄水利用，但多数水库都存在漏水问题。如北京的天开水库，设计库容为 1300 万 m^3，库区为震旦系硅质灰岩，溶蚀裂隙发育，岩层呈单斜构造，且倾向下游。每年雨季水库拦蓄洪水后，长则 50 多天，短则 10 多天，库水就全部漏失。不仅如此，位于水库下游的天开村，深受水库漏水之苦，一旦库内蓄水，村中就到处冒泉，人民群众的正常生产和生活均受到严重影响。

（一）库区渗漏的工程地质条件分析

1．地形地貌

山区水库，如四周山体单薄，邻近有低谷和洼地，且其底面标高低于水库正常水位，则从地形上创造了库水渗漏的有利条件。当水库位于河湾地段时，库水有可能通过河湾间的单薄山体向下游河谷渗漏。

2．岩石性质

水库产生渗漏与库区分布岩石的性质有关。大的渗漏通道有河谷松散的砂砾石层或埋藏的古河道、岩石中的破碎带与裂隙密集带、可溶性岩石中的喀斯特洞穴等。

3．地质构造

地质构造对水库渗漏有较大的影响。如背斜谷有向两侧产生渗漏的可能（图 3-41），向斜谷封闭条件较好，不利于库水渗漏（图 3-42）。单斜谷有向水库一侧邻谷或向下游渗漏的可能。库区的断层与邻谷相连且导水时，也会引起水库渗漏。

图 3-41　背斜谷可能导致库水渗漏
1—透水石灰岩；2—隔水页岩；
3—透水性小的砂岩

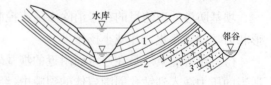

图 3-42　向斜谷不利于库水渗漏
1—透水石灰岩；2—隔水页岩；3—透水性小的砂岩

4．水文地质条件

库区地下水埋藏与运动的特点，是判断库区是否漏水的重要标志。如水库蓄水后，河间地块存在地下水分水岭，而且分水岭处地下水位高于水库正常高水位时，水库不会产生渗漏，如图 3-43（a）所示；水库蓄水后，河间地块没有地下分水岭存在，而且水库水位高于邻谷水位时，库水会通过河间地块的渗漏通道向邻谷渗漏，如图3-43（b）所示。

上述四个方面，就是库区向邻谷或洼地渗漏的必要条件。应把它们联系起来，综合分析，才能得出正确的结论。

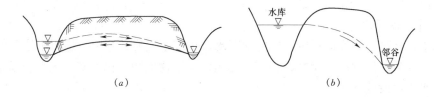

图3-43　河间地块地下水位与水库渗漏
（a）河间地块地下水分水岭高于水库设计水位；（b）河间地块无地下水分水岭

（二）主要防渗措施

1．垂直截渗

常用的有截水墙和帷幕灌浆。截水墙，即黏土或混凝土墙，它适用于透水性强、埋深与厚度不太大的砂卵石层形成的渗漏通道。当透水层厚度大、隔水层埋藏较深时，可采用帷幕灌浆，或者上部用截水墙，下部用帷幕灌浆。截渗墙体或帷幕深度都要达到隔水层中一定深度。

2．水平铺盖

当库区砂卵石层分布面积和厚度都很大，垂直截渗比较困难，且又无条件采取帷幕灌浆时，可在水库底部水平铺盖黏土层或用水泥砂浆抹面。水库渗漏不严重时，可利用水库淤积作为天然铺盖。铺盖法施工容易，但不如垂直截渗彻底，渗流量和出逸坡度常较大，必须结合下游排水减压措施。

3．断层带的防渗

断层影响带的岩石裂隙发育，含泥质较少时，可采用帷幕灌浆处理；断层破碎带的岩石破碎且含有泥质，可灌性很差，这时应沿断层带开挖斜井，清除破碎物质，回填混凝土，构筑防渗井或混凝土防渗墙。

4．喀斯特洞穴围堵

库区有较大落水洞时，由于采取铺盖和堵塞防渗效果不好，可在其周围修一筒状围井，高出库水面1m，可起到良好的隔水作用。当库内个别地段落水洞集中分布，或溶洞较多、分布范围较大时，可修堤坝把渗漏带与水库隔开。

三、水利环境地质问题

水利工程建设中，也会对建筑场地及其周围的地质环境产生不利影响，甚至造成破坏，这便形成水利环境地质问题。

（一）库区环境地质问题

1．水库淹没问题

水库蓄水后，库水位比原河床水位高出许多，回水也延伸到较远的地方，峡谷型水库则更远。如长江三峡水库蓄水后，回水直到重庆，长达650km。原河床水位以上被库水位所覆盖的地区，称为淹没区。三峡水库的淹没区有600多km²，涉及重庆市和湖北省的20个区县。水库淹没可能带来一系列环境地质问题，如淹没沿河两岸的地质地貌景观和矿产资源，淹没城镇和土地，同时产生移民问题。三峡库区百万移民被称为"世界级难题"。大量移民和城镇搬迁活动，将对新住地的地质环境造成破坏。如搬迁后的奉节新县城，修建城市道路65km，桥梁15座，复建房屋74.2万 m^2，拆除44.5万 m^2，治理高边坡18万 m^2。

2．水库浸没问题

水库水位抬高后，库区周围地区的地下水位也随之上升，这时，地下水位可能接近或高出地面，导致库岸农田土壤盐碱化、沼泽化，建筑物地基恶化，矿坑充水坍塌等，这种现象称为水库浸没问题。

3．水库淤积问题

水库建成后，河水流速减小，由上游携带的泥沙便在库区沉积下来，堆积于库底，这种现象称为淤积问题。我国建成8万多座水库，总库容近5000亿 m^3，由于泥沙淤积，库容减少了约40%。黄河三门峡水库就因泥沙淤积问题严重，长期不能发挥设计效益。

4．水库塌岸问题

水库在蓄水过程中或蓄水后，水库周边岸坡在水位升降和风浪冲蚀作用下，引起库岸发生塌落后退，并逐渐再造形成新的岸坡，这种现象称为水库塌岸问题。严重的塌岸不仅造成水库淤积，而且蚕食周边的大量农田，并威胁建筑物和人民生命财产的安全。

5．水库诱发地震问题

修建大水库会诱发地震，世界上约有100座水库蓄水后诱发地震。如1967年12月10日印度的柯伊纳水库发生6.5级地震，震中烈度八～九度，强震后重力坝及附属建筑物均被破坏。我国有14座水库诱发地震，如1962年3月19日广东新丰江水库发生了6.1级地震，烈度八度，周围200多km范围内的20多个县市遭受破坏，房屋毁坏2万余间，倒塌1000多间，死亡85人。地震时，大坝强烈摇晃，水平裂缝贯穿坝体，大坝电厂及附属设施均遭破坏。

水库诱发地震与坝高和库容、地质构造与岩性、库水渗透条件、区域构造活动等因素有关。统计数字表明，坝高超过100m，库容超过10亿 m^3 的水库，发震率超过50%。水库对地震的影响表现在两个方面：一是水体对库床及库岸岩体的压力，容易使处于不稳定状态的岩体失衡；二是库水的渗透和通过裂隙所形成的水压力及水的化学作用，对岩体固有结构的破坏与改变。

（二）建筑场地环境地质问题

建筑施工往往会破坏原有的地貌形态和岩体的天然结构，如人工开挖高陡边坡，岩体产生临空面和卸荷裂隙，可引起边坡滑动破坏；开采土石料，岩土剥离后加速风化，造成新的水土流失；弃土废渣乱堆乱放，引发泥石流等。在建的长江三峡工程，土石方开挖量达1.04亿 m^3，土石方填筑量为3260万 m^3，围堰拆除土石方为922万 m^3。为了施工期间导流、通航，开挖明渠长3400m，宽350m，年开挖量为816万 m^3。为了大坝建成后的通航，修建5级永久船闸，在大坝左岸岩体内人工开挖两条长7km、宽56m，最深达176m的巨型深槽，形成双向四面高陡边坡。一期开挖时，边坡中有62个可动块体已在爆坡过程中失稳；二期开挖中，已预报291个随机失稳块体。为了保证闸室边坡稳定和将来航运畅通，施工时采用特长锚杆像纳鞋底一样对闸室边坡进行了加固处理。可以看出修建大型水利工程对建筑场地及其周围地质环境的影响是十分严重的，丝毫不亚于自然地质作用。

（三）城市水利环境地质问题

地下水是我国城市和工业的主要供水水源，长期过量开采地下水，已造成严重的城市水利环境地质问题。

1．地面沉降

大量开采地下水，使含水层水压力降低，地层压缩变形，导致地面沉降。据统计，我国有上海、天津、北京、台北等46座大中城市都出现大范围的地面沉降。如上海市开采地下水已有100多年的历史了，在市区近郊区形成区域下降漏斗，中心水位下降了70多 m。1520～1938年平均每年地面下沉2.6cm，到1965年沉降中心区地面已下降了2.37m，到1993年最大沉降为2.63m。天津市地面沉降面积超过5700km²，市中心区地面下沉了1.56m，塘沽区最大下沉量达2.916m。

2．地裂缝

我国有200多座城市都相继出现地裂缝灾害。最严重的是西安市，从南郊到北郊的160km²范围内，形成10条大致平行的地裂缝带，带宽数米到数十米，出露地面总长度达55km，其中南郊小寨地裂缝长达9km，并且地面出现洞中塌陷。地裂缝破坏地面建筑物，切断城市供排水地下管网，直接经济损失超过2000万元。

3．地面塌陷

目前，我国有18个省市自治区出现地面塌陷点700多处，有塌陷坑3万多个。如1988年4月秦皇岛柳江水源地塌陷，面积达34万m²，出现陷坑286个，最大陷坑直径12m，深7.8m。安徽省铜陵市也因铜矿区大强度抽排地下水，从1955年至今，在铜陵市小街区形成喀斯特塌陷坑累计已达101个，陷坑直径数米，深不见底，陷坑周围遍布的地裂缝断续长达200多 m，致使1000多户人家的5万多 m²房屋遭受破坏，主干公路交通中断，铁道路基下沉，地下供水、供气和排水管道也遭到破坏，受灾面积51万 m²。

4．海水入侵

沿海城市过量开采地下水，常会引起海水入侵，使陆地淡水含水层水质逐渐变咸而恶化。我国山东半岛、辽东半岛、辽西走廊和杭州湾等地都多次发生海水入侵事故。辽宁、河北、山东三省的沿海地区发生海水入侵地段74个，总面积12361m²，有近1万眼机井因水质变咸而报废，每年地下水开采量减少了7000万 m³。辽东半岛大连市自来水厂位于基岩地区，断层裂隙很发育，大量抽取地下水导致海水入侵，造成水厂不能使用。

为了遏制水利环境地质问题继续恶化，2000年底国务院在颁发的《全国生态环境保护纲要》中提出：在发生江河断流、湖泊萎缩、地下水超采的流域和地区，应停止新的加重水平衡失调的蓄水、引水和灌溉工程；合理控制地下水开采，做到采补平衡；在地下水严重超采地区，划定地下水禁采区，抓紧清理不合理的抽水设施，防止出现大面积的地下漏斗和地表塌陷。

第三节　地质图的阅读与分析

地质图，是反映各种地质现象和地质条件的图件。它是将自然界的地质情况，按一定比例投影在平面上，并用规定的符号来表示的图件。主要用来表示地形地貌、地层岩性、地质构造以及矿产分布等内容的图件，称为普通地质图，简称为地质图。为服务于工程建筑（或国民经济某一产业部门），专门表示工程地质条件的地质类图，称为工程地质图；表示有关地下水内容的地质类图，称为水文地质图。

一、地质图的基本内容

一幅完整的地质图，包括有图名、比例尺、地质平面图、地质剖面图、地层柱状图、图例及地质图说明书等。其中最主要的是平面图、剖面图和柱状图，它们相互配合，互相对照补充，共同说明一个地区的地质条件。

1. 地质平面图

地质平面图，是反映地表出露的地质条件的图。一般是通过地质测绘工作，在野外直接填绘到地形图上编制出来的。它能全面反映一个地区的地质条件，是最主要的地质图件。

2. 地质剖面图

地质剖面图是反映地面以下某一断面或工程某一重要部位地质条件的图。它对地层厚度和地质构造现象的反映，要比平面图更清晰直观，它可以通过野外测绘或根据勘探资料编制，也可以在室内根据地质平面图来切绘。

3. 地层柱状图

地层柱状图，是综合性地反映一个地区各时代地层的岩性、最大厚度和接触关系的图件。该图对了解一个地区的地层特征和地质发展史很有帮助。它是将出露的所有地层按从新到老的顺序，自上而下用柱状图的形式表示出来，但不反映褶曲和断裂构造。

二、地质剖面图的切绘

根据地质平面图切绘地质剖面图的方法如下：

1. 选择剖面方向，在地质平面图上确定剖面线位置

一般剖面线的方向应尽量垂直地形等高线，岩层走向线和主要地质构造线方向，以便能更清楚、更全面地反映该区的地形地貌、地层岩性和地质构造特点。剖面应选在地层出露最全，能基本反映区内主要构造的部位。在绘制为工程服务的地质剖面图时，剖面线常沿建筑物轴线方向布置。

当剖面线方向不垂直岩层走向时，地质剖面图上的岩层倾角必须换算为该剖面方向的视倾角，换算公式为 $\text{tg}\beta = \sin\theta \cdot \text{tg}\alpha$。选定剖面线后，将其画在地质平面图上，两端注上剖面符号，如 $I—I'$、$A—A'$ 等。

2. 选择适当的纵横比例尺，沿剖面线作地形剖面

一般情况下，剖面图的纵横比例尺最好与平面图的比例尺一致，否则会改变图的真实面貌。有时因平面图比例尺过小或地形过于平缓，也可将剖面图的垂直比例尺适当放大，但此时剖面图中所采用的岩层倾角需根据式 $\text{tg}x = n\text{tg}\alpha$ 进行换算校正（式中 n 为垂直比例尺放大倍数，α 为岩层倾角，x 为校正后的倾角），而且绘制的剖面图对构造形态的反映有一定程度的失真。

选好比例尺，根据剖面线所通过的地形高程，按比例绘制地形剖面图。

3. 填绘地质界限，完成地质剖面图

把剖面线与地质界线的交点垂直投影到地形剖面上，然后，再根据岩层与构造产状（倾向及倾角）画出地质界线，并加注地质时代代号，标注剖面线方向和规定的岩性符号。最后，写上图名、比例尺、图例、制图人和日期，即完成了地质剖面图的绘制工作。

下面以图 3-44 为例具体说明地质剖面图的绘制方法。

该图上部是一幅简略的地质平面图，Ⅰ—Ⅱ为选定的剖面线位置，大致与地形等高线和岩层界线垂直。作地质剖面图时，首先在绘图纸上作平行于Ⅰ—Ⅱ的直线Ⅰ′—Ⅱ′，并使两者长度相等，Ⅰ′—Ⅱ′称为基线。其次，在基线两端点各朝上引一垂线，并按制图纵比例尺画等间距的短线表示高程。剖面图基线标高的确定，应低于平面图上剖面线所通过的最低点的地形高程。一般低于一、二条等高线即可。剖面线Ⅰ—Ⅱ与平面图中的地形等高线的交点分别为 1、2、3、4、5，通过这些点引垂线，分别投影到剖面相应高程上，得投影点 1′、2′、3′、4′、5′。连接这些投影点，即得地形剖面线。在连接相邻的两个地形投影点时，不能用直线，要根据平面图上的地形情况（是隆起，还是下凹），以圆滑的曲线连接，以适应地形的变化。

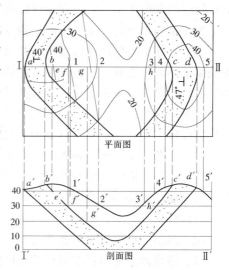

图 3-44　地质剖面图的作法

岩层界线与剖面线Ⅰ—Ⅱ的交点为 a、b、c、d，将其垂直投影到地形剖面线上分别为 a′、b′、c′、d′。根据平面图中已标出的岩层产状，可进行必要的外推，画出岩层界线，并标明岩性符号等。

三、地质图的阅读方法

1. 看图名和比例尺，了解图的地理位置及精度

图名可以告诉我们图幅所在的地理位置。一幅地质图通常是选择图面所包含地区中最大的行政区、居民点、主要河流、山岭等命名的。比例尺可以告诉我们图的缩小程度以及地质现象在图上能够表示出来的精度和详细程度。如比例尺为 1:50000 的地质图，图上距离 1cm 代表野外实际距离 500m。按填图的最小尺寸要求和误差（一般规定为 2mm），野外只有大于 100m 的地质体才能在该图中反映出来。否则，图上看不到。

2. 看图例，概括了解图中反映的地质信息及其表示方法

图例一般放在图幅的右侧，其排列顺序为地层符号、构造符号、其他符号。地层一般用颜色或符号表示，按自上而下由新到老的顺序排列。每一图例为长方形，左方注明地层时代，右方注明地层岩性，方块中注明地层时代代号。岩浆岩一般放在沉积岩图例之下。构造符号放在地层符号之下，一般顺序是褶曲、断层、岩层产状要素等。

3. 分析地形特征，了解地形起伏及山川形势

正式读图时，先分析地形，要熟悉地形的形态和地形的变化情况，了解山脉的一般走向、分水岭所在地、地形的最高点和最低点以及相对高差，重点认识河谷地貌和各种不良

地质现象（如滑坡、崩塌、泥石流、喀斯特等）在地貌上的形态。

4．阅读地质内容，掌握全区地质轮廓和发展规律

阅读地质内容时，应当按照从整体到局部，再到整体的方法。

（1）首先了解图内的一般地质情况。例如：①地层分布情况，老地层分布在哪些部位，新地层分布在哪些部位等；②地质构造总的特点是什么，如褶曲是连续的还是孤立的；断层的规模大小，它发育在什么地方；断层与褶曲的关系怎样，是与褶曲轴的延伸方向平行还是垂直或斜交等；③岩浆岩分布情况，是沿构造带有规律分布，还是零星散布。

（2）详细了解局部地质条件。开始时最好从图中老地层着手，逐步向外扩展，以免茫无头绪。例如：①对每一种地层，包括其分布、岩性、厚度、产状，以及与相邻地层的接触关系；②对每一种构造形态，包括其分布、规模、类型、性质、组成特点以及产状等；③对出露的岩浆岩，包括它的类型、形成年代、产状和分布范围等；④对地下水露头，包括出露位置、出露形式、出露高程、水位及埋深等。

（3）把各个局部地质现象联系起来，综合分析其间的关系、规律性及其形成过程。主要包括：①地形地貌与地层岩性、地质构造的关系；②地层岩性特征与古地理环境的关系；③褶曲、断层与岩浆岩的关系；④各种不良地质现象的形成条件与地形地貌、地层岩性和地质构造的关系；⑤泉水的出露与地形、岩性和构造的关系等。

（4）最后，根据地层和构造分析，恢复全区的地质发展历史。

四、清水河水库库区工程地质图的阅读与分析

（一）库区工程地质条件的阅读与分析

1．地形地貌

本区属中低山地貌，西有落雁山、青龙山，东有蛇山、白龙山，山顶高程一般为700～900m，最高在1100m以上，山脚高程约100m。山脉走向NE—SW向，分水岭高程在450m以上。清水河自西向东流经本区，并与岩层走向以45°角相交，形成斜交河谷，谷坡为40°以上的陡坡。河流流经图幅中部光华镇—鹿岭镇的山间堆积盆地，地形开阔，可作为理想的库区。清水河流出盆地后，自牛头山至白石岭一带均为坚硬岩石组成的峡谷河段，具有筑坝的可能。沿河两岸发育有两级阶地，河谷第四纪冲积层一般厚5～10m。河流出峡谷后进入冲积平原。

2．地层岩性

本区出露的地层，从时代上来看有晚古生代、中生代和新生代地层；从岩性上来看有沉积岩、变质岩和岩浆岩。地层由老到新分述如下。

（1）志留系分布在黄泥沟、老鹤沟和东墙峪一带。岩性上部为紫红色页岩，中部夹有数层砂岩，下部为黄绿色页岩，局部受侵入岩浆高温影响已千枚岩化，厚度750m。由于岩性较软，易风化剥蚀，地形上多为沟谷。页岩隔水性能良好，与其接触的泥盆系砂岩含水层中有泉水出露。

（2）泥盆系分布在竹岭、蛇山、孤山等地，出露面积最大。岩性上部为石英砂岩，中下部为灰绿色厚层中粒砂岩夹数层页岩，厚度930m。石英砂岩为硅质基底式胶结，质地坚硬，湿抗压强度达150MPa以上。砂岩中发育三组裂隙，风化深度较浅，一般为5～10m。

（3）石炭系分布在落雁山、白龙山和牛头山等地。岩性为灰白色或淡紫色中粒石英砂岩，硅质胶结，局部已变质成石英岩，底部为石英质砾岩，石质坚硬，厚度1350m。

（4）二叠系分布在青龙山和听涛岭附近。岩性上部为炭质页岩夹煤数层，中下部为石灰岩，质纯，致密，厚度650m。石灰岩具可溶性，在其分布的地方可见到喀斯特现象。

（5）侏罗系为燕山构造运动期的侵入岩，呈零星状态分布于鹿岭镇、听涛岭、梅岭和松山等地的山脚下。岩性为肉红色粗粒结晶花岗岩，岩性坚硬微风化，厚度550m。

（6）第四系集中分布在山间盆地、河谷地带和山前冲积平原。岩性为松散的砂卵石及亚粘土，厚25m。

3．地质构造

本区主要构造线（褶曲轴线和区域大断层线）均呈 NE—SW 向展布，系受 NW—SE 向地壳运动挤压力所形成，由一列褶曲和断裂构造所组成。褶曲构造主要有孤山背斜、白龙山—牛头岭向斜、黄泥沟背斜、青龙山—听涛岭向斜等。断裂构造有双吉山—孤山冲断层 F1、龙潭沟——西墙峪逆掩断层 F2 以及白石岭、羊坊、老鹤沟平移断层 F3、F4、F5。其中龙潭沟——西墙峪逆掩断层为区域性大断层，断层面产状为走向 NE50°，倾向 SE，倾角 30°～36°，断层破碎带宽 3～4m，由角砾岩、糜棱岩组成。由于构造影响，岩层裂隙发育，尤以背斜轴部和断层带附近为甚。如在泥盆系砂岩中发育构造裂隙三组：① 走向 NE50°，倾向 SE，倾角 60°～70°；② 走向 NW320°，倾向 SW，倾角 70°～80°；③ 走向 S—N，倾向 E，倾角 80°～90°。裂隙率 1.435%，为裂隙发育微弱的岩石。

4．水文地质条件

本区地下水主要为基岩裂隙潜水和喀斯特潜水，在盆地、河谷阶地与冲积平原则为孔隙潜水。裂隙潜水分布在泥盆系和石炭系砂岩含水层中，有泉水出露，泉水出露高程100～200m。喀斯特潜水分布在二叠系石灰岩含水层中，该岩层喀斯特发育，地表可见到干溶洞和有水溶洞，并有泉水出露。孔隙潜水分布于第四系松散的砂卵石含水层中，在沟谷中有泉水出露。志留系页岩构成本区相对隔水层，侏罗系花岗岩微风化，只是近地表有少量风化裂隙水外，基本上也是相对隔水层。这从听涛岭、松山等地泉水沿花岗岩与石灰岩、砂岩接触处流出，可以得到证明。

从钻孔揭露的地下水位和泉水出露高程来看，山区以及山前的地下水位均在水库回水线以上。沿层面及裂隙有小溶洞发育，但多不连通。因此，库区渗漏问题不大。水库周围的孔隙潜水和边山的裂隙潜水和喀斯特潜水均流向盆地，利于水库蓄水。

5．不良地质现象

本区冲沟发育，山前洪积扇、洪积锥、泥石流、崩塌及滑坡均有分布，可能造成库区淤积问题。此外，在羊坊坝址右岸有正在发展的滑坡体存在，可能威胁坝肩稳定，应予注意。

6．地质发展简史

从古生代志留纪到新生代第四纪，本区环境经历了由陆地→海洋→陆地的发展变化过程，其中二叠纪的早中期为浅海环境，沉积了厚层石灰岩（含有海生动物化石）。地壳运动经历了两次间歇性的垂直升降运动（志留纪末和泥盆纪末）和一次大的水平运动。其中发生在二叠纪以后、第四纪之前的水平运动，使地层受到 NW—SE 方向的挤压，而发生褶曲和断裂，并伴有岩浆侵入活动，形成一系列的背斜、向斜和断层。这次构造运动持续时间之长，活动之强烈，奠定了本区地貌轮廓的基础。后来，由于风化、流水等地质作用的影响，岩层长期受到剥蚀，以致才形成现在这样的中低山地貌。

（二）坝址选择的工程地质条件分析评价

根据一般地形地质条件，在清水河流出盆地后，自牛头山至白石岭一带均为坚硬岩石组成的峡谷河段，具有建坝的可能，峡谷上游的山间盆地是理想的库区。初步选择羊坊和梅村两坝段进行比较，以选择最优坝段，再进一步比较确定坝线位置。

1. 坝址选择的工程地质条件

在初步设计第一阶段，在梅村坝段进行了1∶50000的工程地质勘察。选择羊坊和梅村两个坝址进行比较，各坝址的工程地质条件列于表3-16中。可以看出，梅村坝址河谷较窄，岩层倾向上游，对坝基稳定有利。河谷冲积层覆盖厚度小，相对隔水层埋深浅，便于坝基处理，故决定选梅村坝址为拟建坝址。

表 3-16　　　　　　　　　梅村、羊坊坝址工程地质条件比较

坝址	工程地质条件				
	地形地貌	地层岩性及地质构造	水文地质条件	不良地质现象	天然建筑材料
羊坊	谷底高程30m，相对高差在400m以上。设计水位80m时，谷宽480m，谷坡较陡，河谷中发育有不对称阶地	基岩为泥盆系黄绿色砂岩，泥质胶结，夹有薄层页岩。处于白龙山向斜西北翼，产状为NE67°、SE、∠32°，岩层倾向下游，对坝基抗滑稳定不利。岩石风化深度为10～20m。左岸坝肩处有一滑坡体，影响坝肩稳定。冲积、洪积层厚10m	为强基岩裂隙水区，且岩层倾向下游，易沿层面渗漏，最大q值达70Lu，$q<1$Lu的相对隔水层深度在30～40m，基础处理工程量较小	库区冲沟、崩塌、滑坡较发育，有较多的泥石流和洪积扇，水库淤积问题较严重	石炭系石英砂岩及泥盆系绿色砂岩均可做石料，上游库区有充足的土料，坝址上、下游河谷中骨料储量丰富、质量合格
梅村	谷底高程20m，相对高差在400m以上，设计水位为80m时，谷宽为260m，河谷较窄	左岸及河床部分为泥盆系绿色石英砂岩，硅质胶结，右岸为黄绿色砂岩。右岸上游有花岗岩体。坝址位于孤山背斜西北翼，岩层产状为NE70°、NW、∠30°。地层倾向上游，对坝基稳定有利。上游F_4断层横穿河谷，但倾角甚陡，对坝体稳定无影响。冲积、洪积层厚5～10m，风化层厚约10m	岩层倾向上游，页岩夹层可起阻水作用，相对隔水层深度小于20m。F_1、F_3断层可能产生绕坝渗漏，应进行必要的处理	河床中局部有陡坎、深潭。库区冲沟、崩塌、滑坡较发育，有较多的泥石流和洪积扇，水库淤积问题较严重	泥盆系绿色砂岩，可做石料。坝址上游土料很少，下游骨料沿河谷储量丰富、质量合格

2. 坝线选择的工程地质条件

在初步设计第二阶段，对梅村坝址区进行了1∶10000的工程地质勘察。选择第一、第二、第三坝线进行比较。通过工程地质勘探及试验，获得各坝线的工程地质条件列于表3-17中。经过分析比较，第一坝线河谷宽度小，覆盖层厚度薄，风化带深度浅，坝区岩石为坚硬完整的砂岩，故选定第一坝线为最优坝线。

表 3-17　　　　　　　梅村坝址第一、二、三坝线工程地质条件比较

坝线	工程 地 质 条 件			
	地形地貌	地层岩性及地质构造	水文地质条件	不良地质现象
第一坝线	设计水位 80m 时，谷宽为 260m，谷坡对称	河床覆盖层一般厚 3～5m。基岩均为泥盆系砂岩。河床部分及左岸为硅质胶结的石英砂岩，岩性坚硬，风化轻微。右岸为硅质泥质胶结的黄绿色砂岩，风化深度为 6～12m，岩石一般坚硬、完整，抗压强度在 100MPa 以上。左岸小断层 f₁、f₂、f₃ 的影响带内，风化深度在 10m 左右，断层规模小，破碎带宽仅 10cm，两盘岩石尚完整	由钻孔资料分析，相对隔水层埋深 20m 左右	岩石弱风化下限深 5～10m。左岸有少量崩积物
第二坝线	设计水位 80m 时，谷宽 310m	河床覆盖层厚 10～12m。基岩为泥盆系石英砂岩，岩性同上，但裂隙发育，有大裂隙 T₁、T₂、T₃ 等，对岩体完整性影响较大	相对隔水层埋深 20～30m	岩石弱风化下限深 10～15m
第三坝线	设计水位 80m 时，谷宽 310m	河床覆盖层厚 10～12m。基岩为泥盆系黄绿色砂岩夹页岩，页岩摩擦系数低，变形模量小，对坝体稳定不利。右岸有 S₁ 破碎带通过，破碎带内岩石风化甚剧	相对隔水层埋深约 30～40m	岩石弱风化下限深 10～20m

复 习 思 考 题

1. 常见的大陆地貌形态分哪些类型，在这些地区修建工程时应注意什么问题？试指出教材后面附图"清水河水库库区工程地质图"上的主要地貌形态。

2. 如何区别地层和岩层、岩石性质和岩石的工程地质性质？熟悉清水河水库库区出露地层的地质时代和岩石性质。

3. 对清水河水库坝址区主要岩石的透水性、软化性和抗冻性作出评价。

4. 什么叫岩层产状，它包括哪三个要素？野外怎样测量岩层产状？某地岩层产状测量结果为：$145°\angle20°$，试详细说明它在地壳中的空间方位（即走向、倾向和倾角）。

5. 水利工程选择建筑场地时，为什么要尽量避开褶曲核部和裂隙密集带与断层破碎带？

6. 岩石的风化有哪些类型？研究岩石风化在工程上有何意义？岩石风化带是怎样划分的？

7. 崩塌与滑坡的形成条件有什么不同？它们对水工建筑物的影响如何？试分析清水河库区的崩塌、滑坡与地形、岩性和岩层产状的关系如何。

8. 喀斯特的形成条件是什么？在喀斯特地区修建水利工程会遇到什么地质问题？指出清水河库区的喀斯特发育在什么地层中？

9. 地震主要是由什么因素引起的？多大的地震就会造成建筑物破坏？基本烈度和设计烈度的含义是什么？

10. 地下水的来源主要是什么？潜水和承压水有何不同？指出清水河库区地下水的主

要埋藏类型。

11. 什么叫透水层、含水层和隔水层？透水层是否一定能成为含水层？综合考虑岩性、泉水出露、钻孔水位等因素，指出清水河库区的地层哪些是含水层，哪些是相对隔水层？

12. 达西定律的数学表达式是什么？达西模拟的地下水渗流与实际地下水流有何不同？指出清水河库区地下水的流向和水位埋深情况。

13. 地下水的侵蚀破坏有哪些类型？分析清水河库区二叠系石灰岩中发育的溶洞属于哪种侵蚀类型？

14. 坝基稳定问题包括哪几个方面？如何评价抗滑稳定问题？固结灌浆和帷幕灌浆的目的是什么，二者有何不同？确定帷幕灌浆深度要考虑哪些因素？清水河水库第一坝线建议设计固结灌浆界限与帷幕灌浆界线主要是根据什么因素确定的，二者设计深度有何不同？

15. 水库产生渗漏与哪些地质条件有关？分析清水河库区梅村坝址附近的 f_1 与 f_3 断层对渗漏问题的影响。

16. 水库引发的环境地质问题有哪些？过量开采地下水会出现什么不良后果？

第四章 水资源保护与节约

第一节 水环境保护

一、生态环境与水环境

（一）环境

从传统的意义上来讲，所谓环境，总是相对于某项中心事物而言，总是作为该项中心事物的对立面而存在的。对人类而言，中心事物是人，环境就是人类生存的环境，指的是人类周围的客观事物的整体，包括自然环境、人工环境和社会环境。

而现代科学研究表明，人类与环境既相互对立，又相互依存、相互制约、相互作用和相互转化。在人类与环境之间存在着对立统一的关系。从某种意义上来讲，人类也是环境的一部分，或者说，人类与环境已融为一体。为了了解人类与环境的相互关系，我们首先应对生态系统作一简介。

（二）生态系统

为了说明生态系统的概念，我们设想有这样一艘宇宙飞船：宇宙飞船中的宇航员不需要带任何补给，可以在宇宙中做任意长时间的飞行，当然，我们设想这艘宇宙飞船的动力和所有其他所需要的能源惟一依赖于太阳能，而且，该飞船的任何系统都不会损坏，宇航员也不会生病。

这艘飞船上有一个充分大的水罐，水罐里生长着可供宇航员直接食用以维持生命的水藻。水藻受到太阳光照射后，就进行光合作用，在光合作用过程中，水藻吸收二氧化碳、水，以及最初注入这口大水罐中的必要的养料后，水藻自身得以不断繁衍、生长，同时放出氧气。宇航员吸进氧气，呼出二氧化碳，饥渴时，直接食用水藻，保证维持生理需要，宇航员的排泄物经过一定时间分解后，放回水罐内以补充水藻所需的水分和养料，宇航员呼出的二氧化碳也是水藻所必须的。

从理论上讲，这个系统可以无限地继续下去。宇航员利用不断繁殖的水藻来维持生命；而水藻则利用宇航员的产物来不断繁衍。

在上述这个假想的系统中，有三条基本原理必须遵循：①养分循环。即水藻的生长满足宇航员的需要；宇航员的产物满足水藻的生长。②能量补充。即不断获得太阳能，以确保光合作用的实现，这样养分才能永远循环下去。③合理的结构。即水藻是可食用的，且其中的营养成分完全满足宇航员要求。如果水藻不可食用或不能完全满足宇航员的生理需要，则这个系统最终要破坏。另外，数量关系也要符合一定的比例，水藻的生长速度过快或过慢，都将打破这个系统的平衡，并最终导致系统破坏。

我们所居住的地球，其实就是一个悬在空中的物体——一只巨大的、围绕着太阳旋转的、除了从外界接受太阳辐射以外，不从外界接受任何东西的自给自足的宇宙飞船。只不过这艘宇宙飞船的生态系统要比我们前面所假想的那艘小小的宇宙飞船的生态系统复杂得多。

在前面假想的那艘宇宙飞船中，除了水藻、宇航员和分解宇航员的排泄物所必须的微生物外，还需要宇宙飞船本身以及宇宙飞船所携带的那个大水罐、大水罐中的水等物质。这些物质组成了生态系统中的无机环境。

同理，地球上除了有植物、动物和微生物外，还要有供这些生物群体生存所必须的无机环境，包括土壤、水分、温度、大气、阳光等。

所以，生态系统是生物群落及其地理环境相互作用的自然系统。包括无机环境（也称非生物因子）和生物群落两大部分。

（三）生态环境

生态环境是指影响人类与生物生存和发展的一切外界条件的总和。由许多生态因子综合而成，包括生物因子和非生物因子。其中，生物因子中当然也包括人类自身，即人类自身也是"影响人类与生物生存和发展的一切外界条件的总和"中的一部分。

生态环境的含义与生态系统的含义类似，所不同的是，分析问题的角度不一样。生态环境强调的是人类与生物赖以生存和发展的外界条件，人类活动对这些外界条件的影响，以及外界条件的改变所引起的生态系统的变化。

所有生物都必须适应它所生活的那个地区的非生物因子，非生物因子对形成该地区的生态系统起着基础性的制约作用。另外，正如一个沙漠商队的行进速度取决于行动最慢的骆驼一样，一个生态系统的总结构也可能受单个非生物因子所决定。这种因子可称为限制性因子。对地球上的大部分陆地来说，水分（降雨量）是生态系统被划分为森林、草原和荒漠等基本类型的基本因子或限制性因子。

（四）生态平衡

由于生态系统内的各个组成部分总是时刻不停地进行物质循环和能量交换，因此，生态系统内各个因素都处于动的状态。在长期的进化过程中，生态系统各部分之间建立起了相互协调与补偿的关系，使整个自然界保持一定限度的稳定状态。如果一个生态系统的各部分在较长时间内保持相对协调，这时候该生态系统就处于稳定状态，也就是说，该系统中的植物、动物、微生物，以及它们所处的无机环境之间存在着相对平衡的关系。这就是我们通常所说的生态平衡。

以池塘的生态系统为例，池塘中的鱼吃那里的浮游动物，浮游动物则以水生植物为食。鱼的尸体以及被鱼吃剩下的浮游动物的尸体经池塘中的微生物分解后成为水生植物生长时必不可少的养料，再加上光合作用，水生植物不断生长，同时，吸收水生动物呼出的二氧化碳，放出氧气，氧气又是水生动物生存所必须的。只要这个池塘中的各类生物群体之间，以及这些生物群体与赖以生存的无机环境之间相互协调，这个池塘的生态系统就能够一直维持下去，也就是说，该池塘处在生态平衡状态。

一般而言，当一个生态系统被扰乱时，该系统可通过自身的调节机制达到新的平衡，以保持自身的存在。当然，生态系统的调节能力是有一定范围的，当外界扰乱过大，超出了生态系统维持自身平衡的调节能力，此时，生态系统就会瓦解和破坏。我们的任务就是要弄清各种生态系统的调节能力的范围，确定外界干扰的限度，保证生态系统处于平衡状态。另外，当生态系统遭受严重干扰时，要采取合理、有效的措施，扭转生态系统瓦解的趋势，使生态系统恢复平衡。

（五）水环境

水环境是生态环境的一部分，而且是极其重要的一部分。作为环境因素之一的水环境，主要包括海洋水，陆地地表水，陆地地下水和大气水，以及这些水中的悬浮物质、溶解物质、水底物质和水生生物等。

水环境在不同地域的分布，水环境在不同季节的变化，水环境的水体质量以及生活在水体中的各类水生生物，它们与周围的其他环境因素共同组成了一个丰富多彩的世界。所有的环境因素相互影响，形成复杂的生态环境。

构成水环境的两个基本要素是水环境的分布和水环境的水质。

水环境是水资源的环境特性，水环境的分布类同于水资源的分布，已在本书第一章中述及。此处不再复述。水环境的水质将在本章第二节详述，这里也不作论述。

下面对与人类关系最密切的淡水环境简述如下：

1．湖泊水环境

湖泊水环境构成典型的静水生态系统，此类系统有明显的边界，也是由非生物因子和生物因子两部分组成。非生物因子包括水、溶于水中的二氧化碳、氧化钙、氮、磷、钾、微量元素、氨基酸、腐殖酸，以及岩石和泥土基质。非生物因子的一小部分可以为生物所利用，但大部分作为不溶解的化合物沉积在底泥中。

湖泊水主要来源于河流。随着河流中沉积物和溶解养分的输入，水体有机体的堆集，贫营养湖往往向富营养湖方向发展，以至造成表层浮游生物的过量生长，甚至引起鱼类和其他水生生物的大量死亡，成为严重的水环境问题。湖泊富营养化很难恢复，富营养湖最终可能变成沼泽。

2．河流水环境

河流是流水环境，与湖泊的静水生态环境相比差别很大。①由于河水是流动的，能不断地输入和输出养分和食物，而这些物质在河流中的停留时间相对较短；②河水往往是浑浊的，透光层较浅，影响光合作用，以致浮游植物数量不如湖泊那么多，因而对鱼类食料有影响；③溶解氧含量高，流动的河水有利于水体渗气，溶解氧富裕，有机物分解较快；④河流与其周围陆地环境之间能量和物质交换比湖泊要大得多；⑤因河流底部的流水速度相对较慢，故河流底部的生态环境对水生物的影响较大；⑥河流沿途经历许多水文学上的变化，如水位、流速、流量、含沙量等经常变化，因此河流的不同河段影响周围环境有很大差异。

如果破坏了河流的自然特性，如大量引水，或河流含沙量急剧提高，或截断河流等，都将引起河流水环境的改变。

3．地下水环境

地下水也是水环境的极其重要的组成部分，且与地表水互相渗透、补充。地下水水环境的主要特性是：①地下水水位。地下水水位应大致保持稳定。若地下水开采过度，开采量超过补给量，会使地下水水位持续下降，产生一系列问题。②地下水水质。一般而言地下水水质比地表水水质要好，且更稳定，不易遭到人为污染。但一旦受污染后，自净能力比地表水差得多，恢复起来十分困难。③在沿海地区，天然条件下，海洋咸水与陆地含水层之间的界线大致保持稳定。一旦沿海地区地下水位明显下降，会导致海水入侵，对人类生产、生活造成严重危害。

二、人类活动对水环境的影响

随着人类社会的不断发展和科学技术的突飞猛进，人类正以惊人的速度消耗着亿万年来形成的自然资源。人类对水的需求量也在不断增加，中国在20世纪80年代初用水量约4500亿 m^3，到2000年达6500亿～7000亿 m^3。

人类一方面在积极地开发利用水资源，另一方面，由于对水资源的环境特性缺乏深入的认识，又不自觉地使天然水环境受到破坏。

（一）农业开发对水环境的影响

1. 围湖造田改变了湖泊的生态系统

我国是耕地少、人口多、人地矛盾极为突出的国家。为了增加耕地，生产更多的粮食，曾一度掀起围湖造田的高潮，部分湖泊的水环境因之大为改变，严重影响湖泊的生态系统。

号称"八百里洞庭"的洞庭湖，在1949年以后的30多年中，由于围湖造田，湖床迅速淤积抬升，甚至比江北平原还高出5～7m，成了危险的"地上湖"。围湖所造田地，却因地势低洼，渍涝灾害严重，不得不常年靠机电排灌。围湖破坏了鱼类的产卵场，还使水禽水鸟丧失栖身和繁衍场所，从而改变了整个湖泊的生态系统。

湖泊是淡水的贮存库，是水环境的重要组成部分，破坏这些湖泊，往往招致严重的后果。贵州省草海原是一个面积达45km² 的淡水湖泊。湖内生长着40多种水生生物，栖息水禽多达54种。闻名全球的丹顶鹤、黑颈鹤等常在这里落脚。湖内还盛产鱼虾，最高年产达15万kg。草海每天向空中蒸腾1.2亿kg水分，调节着周围的温度和湿度，对附近环境起着巨大的影响。1970年，在草海进行围湖开垦，挖长渠排干湖水，进行竭泽而耕，于是这颗镶嵌在黔西北高原上的明珠终于被毁灭了。结果，导致周围地区春天干旱，地下水位下降，土地矿化度增高，农业害虫增加，粮食减产，疾病也蔓延起来。不仅破坏了生态环境，失去了丰富的水产资源，农业生产也未取得预期的成效。

湖泊的不合理开发，也会导致生态环境不断劣变，水生植物总量锐减，鱼类资源衰退，水禽种类和数量下降。以湖北省洪湖为例：20世纪80年代以前，洪湖水生植被覆盖率高达98%，水生植物总量157万t。水产专家预算，洪湖最佳圈养水面为1.5万～2万亩，极限圈养面积不超过2.5万亩，这样才能保持湖泊生态平衡。而目前洪湖圈养水面已超过2.5万亩，还有近10万亩精养鱼池都在湖中绞草，洪湖水生植物利用量已大大超过了极限，致使洪湖现有水生植被覆盖率下降了1/3，水生植物总量减少了近80万t。上世纪50年代，洪湖野生鱼类近100种，到了60年代中期，因江湖隔断，鱼类下降至74种；80年代至90年代减少到不足50种，其中还有约20种是人工引入的，湖内实际生息鱼类只剩下33种。洪湖可提出名录的鸟类有167种，其中国家一类保护珍禽4种，60年代水禽年产量32.5万kg以上，90年代产量减少60%，经济价值高的雁类和鸭类大大减少，这都是因为水生植物大量减少以及对水禽过度捕猎所至。

我国本是湖泊多、水产资源丰富的国家，仅淡水湖泊鱼类就有300余种。但在围湖造田和超量开发的冲击下，水资源和水产业蒙受了严重损失。江汉湖群、洞庭湖、鄱阳湖因围垦失去了 350 亿 m³ 的淡水资源。其中，江汉湖群目前的湖泊面积仅为解放初期的 50%；洞庭湖在 34 年间，湖区面积减少 1459km²，平均每年减少 42.9km²，容量共减少 115 亿 m³，平均每年减少 3.4 亿 m³，按此速度发展，50 年内洞庭湖就会消失。

2．大量使用农药导致水污染

据全国 2258 个县（市）的统计，在 15.01 亿亩耕地和 0.33 亿亩草原上，每年使用农药 110.49 万 t。一般来说，只有 10%～20% 的农药附着在农作物上，其余的都将流失在土壤、水体和空气里。关于水污染问题，将在下一节详述。

3．森林砍伐、植被破坏导致水土流失

我国是世界上水土流失量严重的国家之一。新中国成立后国家投入了大量的人力物力进行水土流失治理，到 1990 年底，累计治理面积 53 万 km²，占新中国成立之初水土流失面积的 1/3 还多。但遗憾的是点上治理，面上扩大；一处治理，多处破坏，新的水土流失不断发生。据统计，1990 年我国水力侵蚀面积已达 179 万 km²，远大于新中国成立之初的水土流失面积。据报导，截至 2002 年，我国水土流失面积已达 356 万 km²，约占国土面积的 37%。

水土流失最严重的西北黄土高原，总面积 54 万 km²，水土流失面积竟达 43 万 km²，占总面积的 80%。流经黄土高原的黄河，在陕西境内有泾河、渭河两条支流，泾河清，渭河浊，因而有"泾渭分明"这个成语。而如今，站在两河汇合口处观看两条水流，黄浑程度已难分彼此。泾河流域的水土流失加剧无疑是泾渭不分的根源。

长江的情况也不容乐观，长江每年输入海洋的泥沙约达 5 亿 t，已达到黄河入海泥沙量的 1/3。海河流域山区面积为 189700km²，土壤侵蚀模数大于 500t/km² 的水土流失面积为 132100km²，占山区面积的 69.7%，土壤侵蚀模数大于 2500t/km² 以上的占山区面积的 35.5%，年均泥沙流失量达 1.4 亿 t。在素称千里沃野的东北平原，在"天府之国"的四川盆地，在森林茂盛的海南岛，水土流失也越来越重，许多肥沃田野在年复一年地趋于贫瘠。

由于水土流失，造成了一系列危害：①冲走表土、流失养分、土地质量下降。据统计，由于水土流失造成的土地肥力损失，折合成化肥，竟然是全国年化肥产量的一倍以上。由此，给农业生产带来直接影响。②抗御自然灾害能力下降。茂盛的森林、植被可以自然调节地表径流，降水大时，不易形成洪水灾害，降水小时，可保持大量水分。由于森林、植被遭到破坏，下游河道水位随着降雨就会暴涨暴落，使水、旱灾害频繁发生。且水土流失还会造成下游河床淤塞，降低行洪能力，使洪水灾害更易发生。③淤积水库河道，降低水利工程效益。水土流失使大量泥沙下泄，淤积在水库河道中，使河床淤高，库容变小，降低了水利工程兴利防洪能力。④水源枯竭，人畜饮水困难。水土流失导致水源涵养能力减弱，自然水源减少，河流经常断流，井泉干涸，以致人畜饮水困难。⑤大量有机物进入湖泊，并沉淀下来，造成湖泊富营养化，破坏湖泊原有生态平衡。此外，水土流失加剧，还会导致泥石流和滑坡，对人民生命财产造成严重威胁。

4．过度放牧和开发、水资源无序利用导致土地沙化

在天然条件下，当草原上牧草的生长量大于牲畜对牧草的消耗量时，草原可以长期存在下去，这在理论上是显而易见的。然而在实践中，由于过度放牧，使牲畜对牧草的消耗

量远大于牧草的自然生长量，导致草原的沙化或沙漠化。

我国是世界上受沙化危害最严重的国家之一。历史上的三北地区（东北、华北、西北）曾有茂密的森林、肥美的草原，22个民族在这片辽阔的土地上生息繁衍，为中华民族的历史谱写了光辉的篇章。后来，由于人口增加、刀耕火种、战争及统治者大兴土木，人类活动对生态环境的破坏加剧，致使三北地区森林越来越少，植被越来越稀，大面积的森林与草原沦为裸地。植被的破坏导致了越来越严重的土地沙漠化和干旱，从新疆到黑龙江，八大沙漠、四大沙地绵延连片，形成了一条万里风沙线。我国土地沙化呈现以下两大特点：一是面积大、分布广。据国家林业局第二次沙化土地监测结果显示，截至1999年底，全国沙化土地面积达174.3万km^2，占国土面积的18%，涉及全国30个省（区、市）、841个县（旗）。全国沙化土地中，流动沙丘面积42.72万km^2，固定及半固定沙地46.30万km^2，戈壁及风蚀劣地71.14万km^2，其他14.14万km^2。我国西北、华北、东北，形成一条西起塔里木盆地，东至松嫩平原西部，长约4500km、宽约600km的风沙带，危害北方大部分地区。二是扩展速度快，发展态势严峻。据动态观测，20世纪70年代，我国土地沙化扩展速度每年1560km^2，80年代为2100km^2，90年代达2460km^2，21世纪初达到3436km^2，相当于每年损失一个中等县的土地面积。

土地沙化对我国的危害极大：①缩小了中华民族的生存和发展空间。全国沙化土地面积相当于10个广东省的幅员面积，5年新增面积相当于一个北京总面积。我国每年新增1400万人口，而耕地却在逐年减少，1949年以来，全国已有1000万亩耕地，3525万亩草地和9585万亩林地成为流动沙漠。②导致土地生产力的严重衰退。据中科院兰州沙漠所测算，我国每年风蚀损失折合化肥2.7亿t，相当于全国农用化肥产量的数倍。沙漠化使全国草场退化达20.7亿亩，占沙区草场面积的60%；耕地退化1.16亿亩，占沙区耕地面积的40%。③造成严重的经济损失。据《中国荒漠化灾害的经济损失评估》，我国每年沙化造成的直接经济损失达540亿元，相当于西北数省财政收入的数倍。沙区现有国家级贫困县101个，占全国贫困县592个的17%。④加剧了生态环境的恶化。我国每年输入黄河的16亿t泥沙中有12亿t来自沙化地区。全国特大沙尘暴频发，20世纪60年代8次，70年代13次，80年代14次，90年代23次。大气尘埃增加，空气污染加重，环境质量下降，北方城市沙尘暴、南方泥雨影响到韩、日，引起国内外关注，成为生态环境外交问题。

5. 不合理灌溉导致土地盐渍化

农作物生长离不开水，为了增产，人们开渠或铺设管道引水灌溉。传统的灌溉方法是，地面水通过地里的垄沟被引到地里。许多灌溉水渗入地下并且抬高了地下水位，当地下水位在地表大约1m以内时，毛细管作用能够使地下水上升到地表面并且从地表面蒸发掉。当地下水在地表蒸发时，由灌溉水带来的盐分以及从土壤矿物中溶解出来的盐分积集在土壤表层，使土壤盐渍化，以致植物不能生长。

盐渍化常发生在北方干旱或半干旱地区，且常与沙漠化并存。原因是北方地区地表蒸发量远大于降水量，只要由于某种原因导致地下土壤中的含盐水分上升至地表，在蒸发作用下，盐分在地面集聚，形成盐渍地。而盐渍地上一般植物很难成活，往往成为不毛之地。

（二）工业化和城市化对水环境的影响

工业化和城市化水平的提高，是经济发展的要求与必然，也是人类文明的主要结晶。在工业化和城市化的发展过程中，人们也逐渐认识到由此而带来的负作用，其中，对水环境的影响就是十分重要的一个方面。

1. 空气污染和降水

在工业化和城市化的发展过程中，对环境的影响最大者，莫过于空气污染。空气污染对人类的危害是多方面的，其中也包括对水环境的影响。由于大量排放二氧化碳，造成温室效应，使地球近百年来持续变暖。随着温室效应加剧，气候发生很大改变，干旱地区会更加缺水，而涝灾地区的雨水会更多。若地球温度继续上升，导致南极冰川融化，会使海平面上升数米至十多米，这对人类来讲，将是一场无法抗拒的灾难。像上海、广州这样繁华的沿海城市，将陷入汪洋之中，而世界上最繁华的城市几乎都坐落在沿海一带。

空气污染也影响降水的质量。许多污染物以降水方式广为散布，有关酸雨和黑雪的报导时常见诸报端。因此，毫无疑问，空气污染正进入水循环并且污染着人类赖以生存的水环境。这样，空气污染不仅仅是一个大气问题，而且也是一个水的问题。

2. 工业和城市废水排放

工业化和城市化对水环境最直接的影响莫过于大量工业和城市废水的排放。这是造成水污染的主要原因。有关水污染问题将在下一节详述。

3. 土木工程

伴随着工业化和城市化的推进，土木工程量也在急剧增加。由于建筑活动而导致天然植被破坏，浮尘增加，造成的水土流失和沙尘暴也是十分惊人的。有专家计算过，在一年间从建筑工地流失的土壤可能要超过在天然条件下 2 万～4 万年以上所损失的土壤。另外，近些年我国北方城市经常出现沙尘暴，其中部分原因也是由于城市中大量建筑工地上生成的沙尘，加剧了城市的沙尘暴。

4. 水资源短缺日益严重

水资源短缺的问题几乎遍布了世界各地。全世界 60% 的地区面临供水不足。特别是随着全球都市化的发展，而城市周围的淡水资源有限，加之人类过度开采和浪费，工业污染以及干旱沙化等，使水资源越来越匮乏。我国人均淡水为世界人均水平的 1/4，属于缺水国家。全国已有 300 多个城市缺水，约占全国城市总数的 2/3，已有 29% 的人正在饮用不良水，7000 万人正在饮用高氟水。每年因缺水造成的经济损失达 100 多亿元，水资源的匮乏已成为制约我国社会经济发展的主要因素。

长期以来，因地表水供给不足，一些地方只好开采地下水，造成局部地区地下水大量超采，形成地面沉降。调查资料显示，全国地下水多年年平均超采量 74 亿 m^3，超采区共有 164 片，超采区面积达 18.2 万 km^2，其中严重超采区面积占 42.6%。辽宁、山东、河北等省的一些沿海城市与地区，地下水含水层受海水入侵面积在 1500km^2 以上；北京、天津、上海、西安、宁波等 20 多个城市出现地面沉陷、地面塌陷、地裂缝，其中，北京因地下水位下降，形成了一个总面积超过 4 万 km^2 的"大漏斗"，非省会城市宁波市也由于水资源短缺，导致地下水开采惊人，而不合理的地下水开采，使得宁波市区地面下沉，到 2001 年年底，该市沉降区域总面积已达 175km^2。

（三）水利水电工程对水环境的影响

水利水电工程是人类有意识地改变水环境的天然状态，以适应人类需要的工程。水利工程建设给人类带来了巨大利益，可有效减轻洪水灾害，灌溉良田，解除干旱，为国民经济建设和人民生活提供强大电力等。但同时也带来很多负面效应，虽然人们对此已有研究，并采取了一些补救措施，但相对人们对自然的破坏程度，有许多方面是无法恢复和挽回的。

1. 库区蓄水对库区环境的影响

库区蓄水会造成土地资源丧失，人口搬迁，以及一系列的地质问题（如塌方、滑坡、诱发地震等），除此之外，对水环境本身也会造成影响。

由于水库蓄水，抬高了库区周围地下水位，可能引起库区周围土地盐渍化。水流由"动"变"静"，降低了水流的自净能力，另外，大量沉积物带入库区，改变河流天然水质，导致水质变坏。水库蓄水后，先前遗留在库底的残留物，如朽木、树根、废弃物等，会产生大量的沼气。据调查，每平方公里库水面积每年可向大气释放数十吨各类气体，增加了大气中的二氧化碳和甲烷的含量，加重了温室效应。一部分移民搬迁同样会带来新的生态与环境问题。如农村移民就近后靠，为了生存和发展，需要开垦山坡，这样又破坏了植被，导致水土流失。

2. 生态问题

大坝工程对于洄游类鱼种的繁衍会造成很大影响。由于大坝阻隔了鱼类通道，它们不得不寻求另外的繁殖场所，一旦找不到适合的场所，可能会导致这种鱼类的灭绝。被称为动物活化石的中华鲟鱼，由于独特的生活习性，每年都要在金沙江和东海之间洄游。葛洲坝工程的兴建，截断了中华鲟的出入通道。值得欣慰的是，在工程建设的同时，政府就特别关注对中华鲟的保护和科学研究，并试图通过设置鱼道、采取捕捞措施送鱼过坝、投入巨资进行人工养殖等科学实验，使中华鲟能够正常繁衍。值得庆幸的是，中华鲟的人工养殖获得成功，为保护濒临灭绝的珍稀动物积累了丰富经验。但通过人工养殖措施使中华鲟鱼得以繁衍生息，从遗传学的角度讲，能否长期保持这一物种"活化石"特性还值得深入研究。

在咸淡水交界的河口处，是一个特别富饶的生态系，全世界的渔产量将近有 80% 来自于这类地区，靠的就是大量且适时的营养物和淡水。大坝使流入海洋的营养物大量减少，破坏了固有的食物链，墨西哥湾、黑海、里海、加州的旧金山湾、地中海东部及其他地方海洋渔业的快速衰落都与大坝的兴建及河流改道使河口的水量改变有关。埃及阿斯旺大坝，使东地中海盛产的沙丁鱼锐减 95%，沙丁鱼加工业随之破产。加纳的佛塔河由于兴建了起调节作用的阿卡松波和柯澎（Kpong）坝之后，一度造成河口地区相当兴盛的蛤工业消失，梭鱼及其他运动性鱼类大量减少。

我国黄河河口地区也同样如此，生态环境遭到严重破坏：与 20 世纪 70 年代初相比，黄河三角洲湿地萎缩将近一半，鱼类减少 40%，鸟类减少 30%。

大坝蓄水减少了下游的洪水泛滥。河流及冲积平原生态系统对河流的泛滥周期早已适应，原生植物及动物依赖着这样的变动来完成其繁殖、孵化、迁徙及其他重要的生活史阶段。每年的洪水会增加土地上营养物质的沉积，带走死水，补足湿地水源。生物学家普遍认为水坝是所有造成河岸物种快速消失的原因中最具毁灭性的一种。目前世界上已知的8000多种淡水物种中约有20％因此而遭受到灭绝的威胁。

冲积平原本身也会受到大坝的影响。南非澎哥洛（Pongolo）河冲积平原的研究表明，大坝建成后森林物种的多样性减低了。另外，肯亚的他那（Tana）河沿岸的森林也因为一系列大坝的兴建减少了大洪水的次数，而逐渐消失。所有这些不能不使我们引起警觉。

3. 大坝下游河道演变问题

由于大坝截流，使得下泄水量减少，加上不合理的利用水量，如遇多年干旱，会导致河道下游水量锐减，加剧河道内的水沙不平衡状态，造成河道中下游严重淤积，导致河道断流，继而萎缩，生态环境恶化，河口地区湿地明显减少。

美国的科罗拉多河就是由于过量引水，造成河道萎缩、生态环境恶化、河口湿地明显减少等三大问题。我们在大江大河上修建大坝，跨流域调水等必须要考虑下游河道的演变、特别是河口地区的生态环境变化。

1971年竣工的埃及阿斯旺大坝，是一项宏伟的工程，大坝建成后可年发电70亿kW·h，灌溉36万hm²耕地。但是，大坝蓄水使泥沙大都淤积在水库里，下游淤泥补充减少，河岸侵蚀严重；沿河及下游土地因失去肥沃泥沙的补给，逐渐变得贫瘠，不得不依靠化肥来补充肥源；入海水量减少，挟带的沉积泥沙也少，海岸受海水侵蚀加剧，不断退缩，连海港城市亚力山大都有受到海水侵入的严重威胁。

我国新疆罗布泊地区曾经是水草丰美的美丽绿洲。20世纪60年代以后，由于塔里木河沿岸大量垦殖，提水灌溉，使河水流量日益减少。以后，又修筑了大西海子水库，把塔里木河拦腰斩断，致使原湖面达3006km²的罗布泊整个干涸。上游灌区大部分土地因次生盐渍化作用，作物单产很低；下游则因水量减少，地下水位下降，大片胡杨林死亡。这个昔日的绿洲终于覆灭，变成了不毛之地。

黄河是中华民族的母亲河，然而近年来，她似乎不胜重荷、日显憔悴。20世纪70年代以来，由于自然因素的影响和人类活动的加剧，黄河水资源供需矛盾呈越来越尖锐的趋势。从1972年到1998年的27年中，有21个年份黄河下游出现断流。尤其是90年代，年年春季断流，且断流的时间愈来愈提前，断流的位置愈来愈靠上，断流持续的时间也愈来愈长。其中1997年，距河口最近的黄河利津水文站，全年断流达226天，断流河段上延至距河口780km的河南开封。

黄河下游的频繁断流已经产生了一系列不利影响。如给沿黄两岸特别是河口地区城镇居民造成了多次用水危机；工农业生产时常被断流所困；下游河道特别是主河槽淤积加剧，泄洪能力降低；生态系统趋于恶化等。原来黄河每年在入海口造地3～4万亩，断流后，海水步步回逼，1972年至今，海水回逼10多km，等于减少100多km²的国土面积。黄河断流造成的经济损失更是难以估量：1997年断流，仅山东一省因此造成的损失就达100多亿元。

三、水环境保护

我国水环境恶化已成为不容忽视的重要问题。我国水体水质总体上呈恶化趋势。2000年全国污水排放量为620亿m³，其中近80％未经处理直接排入江河湖库水域。全国水土流失面积356万km²，占国土面积的37％。全国地下水多年平均超采量约74亿m³，已形成 164 个地下水超采区,部分地区出现地面沉降、海水入侵等问题。北方一些地区"有河皆干,有水皆污",南方许多重要河流、湖泊污染严重。北方大片土地沙漠化,沙尘暴连年施虐。湖泊富营养化,湿地锐减,河流断流,河口变异,严重损害了原有的生态系统。

（一）我国水环境问题成因分析

1. 对自然界的认识存在主观性、片面性

随着人类历史的不断发展,人类向大自然的索取也越来越多,当大自然因人类的索取日益增加而显出"不堪重负"时,我们却并没有"善待地球",相反地,按照"征服自然,战胜自然"的思想意识,对自然进行大加"改造",以为我所用。终于有一天,我们得到了大自然的严厉报复。正如恩格斯所说的那样:"我们不要过分陶醉于我们人类对自然界的胜利。对于每一次这样的胜利,自然界都对我们进行报复。"

2. 经济建设指导思想上存在着主观性、片面性

长期以来,我们在经济建设上往往只讲数量,不顾其他。大炼钢铁,使多少森林化为灰烬,以粮为纲,又使多少植被惨遭毁灭。我们终于尝到了粗放型经济增长所带来的恶果。值得欣喜的是,经过惨痛的教训后,党中央所提出的"可持续发展战略",已逐渐被全社会所认识和接受。然而,在有些地区,片面追求经济指标,"先顾肚皮,再顾脸皮","先要温饱,再要环保"等思想意识还很盛行,使一些地区的环境质量持续恶化。

3. 科学技术水平落后

水资源开发利用,水环境保护治理,都需要科学技术提供强有力的支持。例如,大型水利水电工程对生态环境的影响,就需要进行大量的科学研究;要进行全面的水质监测,就要布设大量监测站点,使用先进仪器设备;要建立节水型社会,除了全民普遍树立节水意识外,也需要大量采用先进的节水技术;尤其重要的是,为了解决人口增长与水土资源相对不足的矛盾,更需要大力开展科学研究,走人口、资源、环境协调发展的路子。此外,水土流失治理、沙漠化治理、水污染处理等,也需要采用一系列先进的工程、技术措施。

4. 水资源短缺与水污染互为因果,加剧了水环境问题

由于水资源短缺,水体稀释能力低,水体一经污染,很难恢复;水体污染后,可用水减少,更加剧了水资源的短缺,水环境更趋恶化。如我国海河流域水资源匮乏,水污染就相当严重。平原河道基本枯萎,邻近城市的河道成为排污沟。地处湿润地区的长江三角洲和珠江三角洲,由于水体受到污染,也成为污染型缺水地区,水乡无水可用成为严峻的现实问题。

5. 水资源管理不统一、法制不健全、全民水环境保护意识不强

我国与水相关的管理分属水利、城建、供水、环保、地矿等部门,在水利部门内部,对同一流域的管理也往往分属上下游、左右岸不同的水利管理部门。黄河、塔里木河断流的根本原因在于未能实现流域水资源统一管理调度。取水与用水相脱节,水资源保护与水污染处理各自为政,另外,法制不健全,人们在取水、用水、排水方面,各行其是,无章可循,无法可依,有限的水资源在人为的无序管理下,更加剧了水环境问题。再加上长期以来人们普遍认为,水是大自然的无偿馈赠,就如空气与阳光一样,既取之不竭,用之不尽,又永远不会改变。因此,人们普遍没有水环境保护意识。水资源是一种匮乏资源,水

环境需要小心呵护，只是在近十年才渐渐得到人们认同。

（二）改善我国水环境的对策与措施

1．正确对待人与自然的关系

人类是大自然长期演变的结果，从根本上来讲，人类的发展必须同时遵循自然规律和社会规律。我们认识自然的根本目的不是为了改变自然，而是为了顺应自然。在顺应自然方面，我们应加大非工程措施的力度，而对工程措施，尤其是大型工程措施可能造成的不利影响，一定要深入研究，努力将不利影响减少到最小程度。

2．提高全社会水环境保护意识，走可持续发展之路

我国水环境总体恶化，形势严峻，其发展态势令人忧虑。实践证明，以环境换发展，先污染后治理的路是行不通的。必须在全社会树立水资源与水环境的忧患意识，走可持续发展之路，使经济发展水平与资源条件、环境状况相适应。对于污染严重地区应将改善水环境作为区域社会经济发展的首要目标。

3．生产力布局与自然条件相适应

我国民间一直流传着"靠山吃山，靠水吃水"的俗语。其实，这既是人类顺应自然的必然选择，也是生产力合理布局的最基本的方式。围湖造田，垦荒种田，只能是非常时期的一种权宜之计。解决粮食问题的最根本措施是加大科技投入，采用先进的农业技术、灌溉技术，生物技术等，在宜耕土地上（如我国的三大平原）精耕细作，努力提高亩产量。我国自古以来就流传着"两湖熟，天下足"的谚语。在科学技术高度发达的今天，我们也完全能够做到利用少部分优质的宜耕农田、宜渔水面、宜牧草原，满足国民的粮食需求。那种粗放式的，单纯靠增加耕地面积提高粮食产量的做法，应一去不复返。天然的森林、植被、草原、湖泊、湿地、沼泽、滩涂，应尽量保持原貌；已被破坏的地方，要采取有力措施，尽量恢复原貌。以最终实现党中央提出的"再造秀美山川"的宏伟目标。

4．做好环境评价工作

人类活动（如兴建包括水利工程在内的各类工程等）对其周围和一定范围内的自然环境与社会环境，会产生各种影响。评价这些影响带来的后果是环境影响评价的一项重要任务。环境影响评价涉及物理、化学、生态、社会、经济等自然科学和社会科学方面许多领域。评价的目的，是从合理利用自然资源、保护环境、促进环境质量提高和维护生态平衡等观点出发，根据不同工程方案的技术、经济和环境指标，进行优选，在规划、设计、施工和管理等阶段分别提出减免不利影响和发挥有利影响的措施。开展环境影响评价工作，可使环境保护从被动的治理走向主动的保护。

5．建立水环境监测网络，严格排污管理

水环境监测网是防治水污染、改善水环境的尖兵与耳目，应该优先建设，优先发展。重点加强现场测试能力与快速反应能力，在有条件地区建立自动测报和预警系统。应定期公布水环境信息，引起公众对水环境的关注。

减少污染物排放是改善水环境的根本措施，最有效的办法是根据流域水环境容量制定污染物允许排放量，控制进入江河湖库的污染物。

6．统一管理，依法治污

流域是一个完整的水资源系统，应实行统一管理。如近两年大旱之年黄河不断流，使

中下游地区用水紧张的局面得到较大缓解。特别是 2001 年，在持续干旱的情况下，黄河下游最后一个水文站利津水文站平均流量仍然达到 $200\text{m}^3/\text{s}$ 左右，对河口地区生态安全起到了至关重要的作用，这应归功于黄河水利委员会对黄河水资源的统一管理。水环境状况也是流域水资源管理的重要指标，也要统一管理。当前应加强流域水资源保护机构的作用，发挥水利部门水量水质同步监测、统一管理的优势。流域管理与区域管理也要相结合，要实行区域管理服从流域管理的原则。实行水资源统一管理，联合调度，改善流域水环境。

依法治污是改善我国水环境的关键所在。应在《水法》、《水污染防治法》的指导下，健全流域水环境治理领导机构，制定流域及区域水污染防治规划及各种配套法规，使水环境防治工作法制化、制度化。

7. 团结协作，科学治理

水利、环保、农业、城建等各部门团结协作，是治理水污染改善水环境的组织保证，应各司其职，各用所长，统一目标，统一规划，统一调度，统一行动。水环境是一个复杂的大系统，涉及自然、社会、环境诸多因素，增加治理措施的科技含量和理论依据是当务之急，应逐年安排关键问题与关键技术的科技攻关，指导水环境治理工作。

8. 以自然恢复为主，辅之必要的人工建设

对重点生态破坏地区的生态重建和恢复应顺应自然规律，大力推进人工封育、围栏、退耕还林还草还水等，对现有天然林地、天然草场、天然湿地实行最严格的生态保护。只要不掺杂更多人为因素，大自然的自我调节能力是惊人的。

第二节　水　污　染　防　治

水环境保护中的一个极其重要的方面，就是水污染防治。本节着重论述水污染防治问题。

一、水污染

水污染是指污染物进入水体，引起水质恶化，使水的使用价值降低的现象。由于人类在其生产和生活过程中将一些物质排入水体，这些物质的数量超过水体的本底含量或自净能力，导致水体的化学、物理、生物或放射性等方面特性的改变，造成水质恶化，从而影响水的有效利用，危害人体健康或破坏生态环境。

（一）污染物

排入水体中的可能造成水体质量变坏的物质称为污染物。污染物主要有：①工业废水。废水中有毒、有害物质成分复杂，是造成目前水污染的主要原因。②农田排水。施用的化肥、农药，随农田排水、地表径流注入水体。③生活污水。成分复杂，以耗氧有机物最多。④城市垃圾和工业废渣。垃圾和废渣倾入水中或堆集在水域附近，经水的溶解或浸渍作用，使垃圾和废渣中有毒有害成分进入水中。⑤大气污染物。大气中污染物种类很多，可以直接降落或溶于雨雪后降落入水体。⑥天然污染物。火山爆发或其它地质活动，会使某些有毒物质进入水体。

（二）水污染分类

水污染按不同标准从不同角度可分为许多类型。①按污染源的分布形式，可分为面源污染和点源污染，前者主要是指来自流域面上的降雨径流污染和农田排水污染等；后者主要是指工业废水和城镇生活污水，因为它们具有固定的排放口。②按污染水体，可分为地表水污染、地下水污染和海洋污染。地面水污染还可分为河流污染、湖泊污染和水库污染。③按污染属性，可分为物理性污染、化学性污染和生物性污染，以及排放多种污染物的复合型污染。如耗氧物质污染、植物营养物质污染、病原体污染、放射性物质污染和热污染等。④按污染源排放时间，可分为连续性污染源，间断性污染源和瞬时性污染源。⑤按污染源位置，可分为固定污染源和流动污染源。固定污染源数量多、危害大，是造成水污染的最主要污染源。⑥按导致水污染的人类社会活动，可分为工业污染源，农业污染源，交通运输污染源和生活污染源。其中，工业污染源是造成水污染的最主要来源。工业门类繁多，生产过程复杂，污染物种类多、数量大，毒性各异，污染物不易净化，对水环境危害最大。

（三）水污染的危害

污染物进入水体，可使水体发生物理性、化学性和生物性危害。所谓物理性危害，是指恶化水体的物理状态，如水体含沙量大，会减弱浮游植物的光合作用，还有如热污染、放射性污染带来的一系列不良影响；化学性危害是指水体中化学物质达到一定数量后，降低了水体的自净能力，从而毒害动植物，破坏生态系统平衡，引起某些疾病和遗传变异，腐蚀工程设施等；生物性危害是指来自于生物制品厂、制革厂、屠宰厂、畜牧厂、医院和生活污水中的病原微生物随水体传播，造成疾病蔓延等。

饮用水安全已经成为全世界关注的问题，目前全世界有 20％ 左右的人群用不到安全的饮用水，其主要原因是饮用水污染。饮用水中主要的污染物质是有机物。目前，世界上已知的有机物种类已达 500 多万种，而且每年新增加的有机化学品种还有成千上万种。

（四）水体质量指标

衡量水体污染状况可以用水质指标，它包括物理、化学和生物学三个方面。最基本的水质指标有溶解氧（DO），生化需氧量（BOD），化学需氧量（COD），总需氧量（TOD），总有机氮（TOC），总氮（TN），总磷（TP），酸碱强度（pH）等。不同水体所含污染物质不同，其功能也可不同。因此，在制定水环境保护规划时，要综合水体的各种条件，合理确定各水体的功能。水体的功能不同，要求的水质标准也不同。许多国家都是根据本国的实际情况，针对水体功能要求，制定水质标准。比如，我国制定的《生活饮用水水质标准》、《渔业水质标准》、《农田灌溉用水水质标准》、《地面水环境质量标准》等，就是针对相应的水体功能，对各种水质指标（参数）作了限制。

在地表水环境质量标准中，通过对水体中有机物和无机物的含量分析，将水体的质量分为Ⅰ～Ⅴ等五个等级。Ⅰ类水主要是源头水，一般属国家级自然保护区；Ⅱ类水主要是集中式生活饮用水水源地一级保护区、珍稀鱼类保护区、鱼虾产卵场等；Ⅲ类水主要是集中式生活饮用水水源地二级保护区、一般鱼类保护区及游泳区等；Ⅳ类水主要是一般工业用水区及人体非接触的娱乐用水区等；Ⅴ类水主要是农业用水区和一般的景观要求水域。一般认为，低于Ⅲ类的水域，已不能满足人类生活的一些直接要求，水体就算污染了。水质标准是水环境评价、规划和管理的依据，当水质达不到要求的水质标准时，就应采取适当的防治措施，特别是工业废水和城市生活污水的排放，要经过处理，以保证水质达到用水和排放标准的要求。

二、我国的水污染

改革开放以来，我国经济持续高速增长，但直至20世纪末，我国经济增长的基本特点仍然是粗放型的、外延型的，其中相当部分的增长是以大量消耗能源、资源和以牺牲生态环境为代价取得的。

我国20世纪70年代以来水污染事件不断发生。1971年官厅水库水质受到污染并逐步恶化，1974~1975年又相继发生了蓟运河、白洋淀污染等影响全国的水污染事件。进入80年代以来，水污染已由局部发展到全局，由下游蔓延到上游，由城市扩散到农村，由地面延伸到地下。从80年代起城镇排污量不断增大，1980年废污水总量27.7亿t，1998年已达55.6亿t。

（一）我国水污染概况

在我国的主要江、河、湖、库等水域，如长江、黄河、淮河、海河、辽河、松花江、第二松花江、黄浦江、沱江、巢湖、滇池和太湖等已检测出数百种有机物，有些水域已经受到严重的有机物污染。在被检测出的有机物中，一些有毒污染物含量超过了地面水质量标准，有些是致癌、致畸和致突变有机污染物，地方病发病率很高。近年来，我国有关部门在水源保护方面作了许多工作，重要水域的污染趋势得到初步遏制，局部水域水质得到改善。但是，由于各种条件的制约，全国水源污染仍呈发展趋势，有90%以上的城市水域污染严重，近50%的重点城镇水源水质不符合饮用水源的水质标准。

全国各地水污染事故不断发生。据统计，1998年共发生788次，平均每天发生2.16起；造成的经济损失在所有环境污染事故中最大，为10105.1万元，年损失超过100万元的有江苏（8383.7）、四川（532.22）、浙江（187.98）、广西（164.2）、江西（130.17）、辽宁（110）、湖北（100）等7个省。1998年全国鱼塘污染受害面积为1013.7亿 m^2，受害面积超过100亿 m^2 的有浙江（247.2亿 m^2）、辽宁（161.7亿 m^2）、广西（151.5亿 m^2）、江苏（128.1亿 m^2）、新疆（110.9亿 m^2）、安徽（103.5亿 m^2）等6个省。水污染事故的发生影响着社会的安定团结。据统计，1998年全国信访办收到水环境污染纠纷群众来信19901封，平均每天收到54.5封；来访人次共8378，平均每天30人次。

1. 河流污染概况

根据国家环保局1999年的统计，我国主要河流普遍存在有机污染，面源污染日益突出。辽河、海河污染严重，淮河水质较差，黄河水质不容乐观，松花江水质尚可，珠江、长江水质总体良好。2000年，中国七大重点流域地表水有机污染普遍，各流域干流有57.7%的断面满足Ⅲ类水质要求，21.6%的断面为Ⅳ类水质，6.9%的断面属Ⅴ类水质，13.8%的断面属劣Ⅴ类水质。到了2001年，我国七大江河水系仍受到不同程度的污染，黄河、淮河和辽河由于水量大幅度下降，水体污染加重。其他水系水质基本稳定。

2001年，长江重要河段三峡库区自然生态整体状况保持在原有的状态，库区气候总体偏旱偏暖，重点污染源减少37家，污染负荷降低，工业废水排放量比2000年减少15.6%。三峡库区注册船舶油污水处理率达到了98.6%，比2000年提高了4个百分点。

库区化肥、农药使用总量有所减少，但化肥施用比例不合理，加重氮、磷流失。去年，三峡库区长江干支流水质状况总体良好，年度水质为二类，汛期水质有所下降，存在一定程度的重金属污染，主要超标项目为铅。

七大水系污染程度由重到轻顺序为：辽河、海河、淮河、黄河、松花江、珠江和长江。各大流域片的主要污染河段均集中在城市河段。

2. 湖泊、水库污染概况

我国的湖泊污染也很严重，多数湖泊的水体富营养化。在几大湖泊中，尤以太湖、巢湖和滇池污染最为严重。水体富营养化是指在人类活动的影响下，生物所需要的氮、磷等营养物质大量进入湖泊、水库、海湾等缓流水体，引起藻类及其他浮游生物迅速繁殖而引起的水质恶化现象。大量藻类分解时消耗水中的氧气，使溶解氧浓度降低到一定程度就造成鱼类死亡；有些浮游生物产生的生物毒素也会使其他生物死亡。自来水厂的水源体如果富营养化，会造成源水浊度变大，使水厂运行困难，费用增高；还使处理过的自来水有异味，水质下降，影响人体的健康水平。水体富营养化的直观现象是产生"水华"（淡水赤潮）。"水华"是水体中的浮游生物、原生动物或细菌在一定的环境条件下，短时间内突发增殖或聚集而引起的一种生态异常现象。"水华"可使水变成黄褐色，严重时可堵塞取水口，影响到人们的正常生产和生活。

太湖、巢湖和滇池（简称"三湖"）为我国的著名的湖泊之一。多年来，随着经济的迅速发展和人口数量的增加，由陆地非点源污染和工厂废水排入湖内的污染物质不断增多，致使"三湖"的水环境问题日益突出。主要表现在水体污染日益严重，水质恶化；浮游植物异常繁殖，富营养化问题十分突出；湖泊面积不断萎缩。我国政府已把"三湖"治理确定为国家重点项目加以防治。除此以外，还有许多靠近城镇等人口密集区的湖泊已退化成为流域中的污水库。

太湖在20世纪80年代初期水质以Ⅱ类为主，所占比例为69%；80年代后期水质由Ⅱ类向Ⅲ类过渡，Ⅱ类水质所占比例下降为59.4%，Ⅲ类水质所占比例增加到36.6%，并开始出现了Ⅳ类水质，即轻污染；90年代中期以Ⅲ类水质为主，所占比例增加到70%，并且Ⅳ类水质也增加到14%，开始出现了Ⅴ类水质，即重污染。特别是1987年以后，污染趋势更为严重，水体中有机污染指标和水体富营养化指标升高。

巢湖流域目前仍属富营养状态，11个水质监测点中，7个属Ⅴ类和劣Ⅴ类水质。

滇池在20世纪70年代水质良好，生物多样性丰富，而到了90年代，出现了严重的富营养化，滇池草海水体发黑发臭，水质超出Ⅴ类水标准。特别是氮、磷浓度很高，曾分别达到7.5mg/L和9.19mg/L，生物多样性破坏严重，整个草海以凤眼莲为优势群落，鱼虾稀无。滇池外海水质恶化，水质已超过Ⅳ类水标准，特别是氮、磷浓度分别达到1.5mg/L和0.14mg/L，导致滇池外海原有极为丰富的水生植物，从种类、分布、数量、演替上发生了极大的变化。

2001年，主要湖泊富营养化问题依然突出。许多水库也开始进入富营养化状态，靠近城市的水库富营养化问题最为严重，给城市供水带来严重危害。比如北京的主要供水水源地——官厅水库，由于污染曾一度停止向北京供水，后经控污治理于2000年才恢复供水，其他如大伙房、密云、新安江、丹江口水库等也不同程度存在污染问题。

3. 地下水污染概况

全国多数城市地下水受到一定程度的点状或面状污染，局部地区地下水部分水质指标超标，主要有矿化度、总硬度、硝酸盐、亚硝酸盐、氨氮、铁、锰、氯化物、硫酸盐、氟化物、pH 值等。在污染程度上，北方城市重于南方城市，尤以华北地区污染较突出。我国大部分地区地下水水质趋于稳定或略有改善，但仍有部分城市和地区地下水污染加重。

辽宁省全省城市工业用水每年仍有 20 多亿 m^3 的废污水未经处理就排掉，未经处理的废污水约占该省废污水总量的 70%。造成地下水污染严重，全省目前有近 26% 的城镇，因地下饮用水遭到污染而不得不停止饮用。

河北省地下水污染状况更令人担忧。据初步调查，在平原 2000 余眼监测井，仅有 30% 的水质符合生活饮用水标准，有 26% 的水质甚至达不到灌溉标准。

4. 海洋污染概况

2001 年，影响我国近岸海域水质的主要污染因子是无机氮和活性磷酸盐，部分海域石油类、化学类污染量超标，超Ⅳ类海水比例在四大海区中以东海为最，其次是渤海、黄海和南海。与 2001 年相比，渤海和东海近岸水体污染较重，黄海和南海近岸水质基本稳定，水质较好。2001 年中国海域赤潮发生的次数增多，发生时间提前，主要赤潮生物种类增多，面积比 2001 年有大幅度增加。近岸海域发生赤潮 77 次，累计面积达到 15000 多 km^2，比 2001 年增加 49 次，增加面积约 5000km^2。赤潮可以破坏海洋生态系统的平衡，恶化海洋生态环境，对渔业生产、海水养殖造成严重的经济损失。赤潮毒素会通过食物链危害人类的生命健康。

（二）水污染成因分析

随着各种有机物以不同方式进入人类的生活环境，导致水源的污染，破坏水环境的生态平衡。大量资料表明，水环境中的有机物有 86% 是由于人为的生产和生活活动产生的，只有 14% 的有机物来源于自然环境。在人为来源中，城市工业、矿业以及其他工业引起的有机物占 57%，沉淀物中有毒化合物释放引起的有机物占 16%，农业操作过程中的有机物流失占 12%，其他为 14%。

1. 工业与生活废水污染

工业废水量大、面广、成分复杂，毒性大，不易净化，处理难。不同工业、不同产品、不同工艺过程、不同原材料、不同管理方式排出的废水水质、水量差异很大。大部分的污水未经过处理直接排入水域，造成水体污染。因此，工业废水是我国水源污染的主要来源之一。生活污水的排放是造成水体受到有机物污染的另一个主要来源，随着生活污水排放量的不断增加，排放水体中有机物的种类和数量不断增加。

近 20 年来，虽然我国污水的处理率在不断提高，但我国污水的年排放量仍在大幅度增加。1999 年全国工业和城市生活废水排放总量为 401 亿 t，比 1998 年增加 6 亿 t。其中工业废水排放量 197 亿 t，比 1998 年减少 4 亿 t；生活污水排放量 204 亿 t，比 1998 年增加 10 亿 t；生活污水排放量首次超过工业废水排放量。1998 年全国工业和城市生活废水排放总量为 395 亿 t，其中工业废水排放量 201 亿 t，生活污水排放量 194 亿 t。工业废水排放量中，乡镇企业排放量为 29.2 亿 t，占工业排放总量的 14.5%。

2．乡镇企业造成的污染

改革开放带来了乡镇企业的蓬勃发展，带动了农村小城镇的复苏和兴起，但由于乡镇企业的发展具有布局分散、规模小和经营粗放等特征，使得周边环境严重污染。主要集中在造纸、印染、电镀、化工、建材等少数产业和土法炼焦等落后技术上。农村工业污染已使全国16.7万km²的耕地遭到严重破坏，占全国耕地总量的17.5%。此外，由于城市环境污染的严格控制，许多污染严重的企业转移到了郊区或小城镇，加剧了乡镇的污染。

由于乡镇企业的废水、废气处理率，处理达标率和符标率等三项指标均低，从而导致对农村生态环境的污染。据统计，1995年与1989年相比，乡镇企业废水排放量增加了33.4亿t，增加130%；COD排放量增加290.1%；固体废弃物排放量增加11倍多。各污染物排放总量1998年虽然比1995年均下降，但仍比1989年要高。1999年工业固体废物排放量为3881万t，其中乡镇工业的排放量为2726万t，占排放总量的70.2%。乡镇工业各污染物排放量占全国工业排放量的比重以固体废弃物最高，从1989年的17.8%上升到1995的88.7%。工业固体废物的排放堆存不仅占用大量土地，并对空气、地表水和地下水产生二次污染，其危害和影响更加隐蔽和长远。

3．农业造成的污染

随着点源污染的控制，农业面源的污染已成为水环境污染、湖泊水库富营养化的主要影响因素。农业面源污染主要来自化肥和农药残留物，以及水土流失过程中土壤养分和有机质。

实行农业生产承包制以来，农民不愿在所承包的土地上投入更多，表现在有机肥料施用的大幅度减少和化学肥料的快速增长且氮磷钾使用比例不平衡，其结果导致土壤板结、耕作质量差，肥料利用率低，土壤和肥料养分易流失，造成对地表水、地下水的污染，湖泊富营养化。农业生产中氮肥的利用率为30%～35%，氮肥的地下渗漏损失为10%，农田排水和暴雨径流损失为15%；磷肥利用率为10%～25%，已有研究认为来自地表径流的磷对湖泊富营养化的贡献大于来自氮的贡献。

农药对水体所造成的污染也很严重。据统计，我国农药总产量目前已超过40万t，生产品种从1986年的5个发展到200多个。每年农药的使用量在23万t左右，平均使用农药2.33 kg/hm²，其中浙江和上海用药水平最高，分别达9.96 kg/hm²和9.85 kg/hm²。农药对水体的污染主要来自于：①直接向水体施药；②农田使用的农药随雨水或灌溉水向水体的迁移；③农药生产、加工企业废水的排放；④大气中的残留农药随降雨进入水体；⑤农药使用过程中，雾滴或粉尘微粒随风飘移沉降进入水体以及施药工具和器械的清洗等。一般来讲，只有10%～20%的农药附着在农作物上，而80%～90%则流失在土壤、水体和空气中，另外，在灌水与降水等淋溶作用下也污染地下水。

由于水资源短缺，农业灌溉只能引用污水。据统计，农业污灌面积已从1963年的4.2万hm²发展到1998年的361.8万hm²，占全国总灌溉面积的7.3%，特别是1978到1980年污灌面积从33.3万hm²猛增到133.3万hm²。由于大量未经处理污水直接用于农田灌溉，水质超标、灌溉面积盲目发展，已经造成土壤、作物及地下水的严重污染。污水灌溉已成为我国农村水环境恶化的三大原因之一，直接危害着污灌区的饮水及食物安全。

污水灌溉的农田主要集中在北方水资源严重短缺的海、辽、黄、淮四大流域，约占全国污水灌溉面积的85%。污灌存在的问题主要表现在：污水处理跟不上，污灌水质超标、农田污染增多。目前污水灌溉存在的首要问题是灌溉水质超标。因此，导致许多农田受到污染，据1994年中国环境报报道：由于不适当的污水灌溉已使66万hm^2耕地受到重金属和有机化学物质污染。

除此以外，河道灌溉功能退化，在城市郊区大都变成污水排放的河道，农民引河水灌溉，造成农产品质量下降。城市和工业的发展使得有些灌溉用水的河道变成城市污水和工业废水排放的河道，久而久之变成了名符其实的污水河，失去了灌溉的功能。

随着城乡人民生活水平的提高，人们对肉类消费需求大增，消费种类也从猪肉为主向牛、羊、禽等多元化方向发展。我国畜禽养殖业得到迅速发展，畜禽基地建设开始于20世纪80年代中期，特别是1978年国家提出了建设"菜篮子工程"以来，城乡畜牧业规模发展迅速，各地在城镇郊区附近建立了一大批养殖厂，由原来农村的分散养殖变成了集中养殖，由此而带来了畜禽粪便废弃物的排放处理和污染问题。据推算，1988年全国畜禽粪便产量为18.84亿t，为当年工业固废的3.4倍，1995年已达24.85亿t，约为当年工业固废量的3.9倍。农业部估计，全国畜禽粪便年排放量2000年将会超过27亿t，相当于工业固废排放量的3～4倍。此外，粪尿中大量氮磷渗入地下，使地下水中硝态氮、硬度和细菌总数超标。

4. 生活垃圾

我国的居民生活垃圾数量巨大，3亿城镇人口，按每人每天产生1kg计，9亿农村人口，按每人每天产生0.5kg计，每天共产生75万t生活垃圾，全国每年合计将增加生活垃圾27375万t。同工业垃圾一样，生活垃圾利用率极低，大部分都露天在城郊和乡村堆放，这不仅占去了大片的可耕地，还可能传播病毒细菌，其渗漏液污染地表水和地下水，导致生态环境恶化。据估计，全国目前已有2/3的城市陷入了垃圾的包围之中，大量生活垃圾的产生和累积，也加剧了农村生态环境的恶化。

5. 天然污染物

天然污染物主要由天然有机物组成，天然有机物主要来源于动植物自然循环过程中的一些中间产物，是动植物在自然循环中经腐烂分解所产生的大分子有机物，包括腐殖质、木质素、藻类及一些嗅味物质，其中腐殖质在地面水中的含量最高。另外，原水中腐殖质的存在也是导致饮用水致突变活性增加的主要原因。

三、水污染防治

水污染防治，是一个庞大的系统工程，涉及政府法律、政策、管理措施、技术手段、经济手段、全民配合等各方面。水污染防治必须同国民经济和社会发展密切结合，统筹规划，综合治理，建立和完善水污染防治机制，调动全社会的积极性，采取强有力的措施，依靠全社会力量做好水污染防治工作。

(一) 水污染防治原则

根据我国水污染现状及政治、经济、地理等方面的特点，我国进行水污染防治应遵循以下原则：

第一，水污染防治应与国民经济建设相互协调，同步发展；

第二，水污染防治应与水资源合理开发利用相结合，并努力实现废水的重复利用，将废水资源化放在重要位置考虑；

第三，水污染防治应遵守国家颁布的有关法律、规章和标准；

第四，水污染防治应按流域、地区、城市、乡镇，进行全面规划。

（二）水污染防治措施

第一，行政措施。运用行政监督管理权力，规定污染物排放数量指标，或规定单位产品排污指标，并定期核查；监督检查建设项目的防治污染设施与主体工程同时设计、同时施工、同时投产的执行情况；在建设项目投产运行过程中，对环境影响预评价结果定期验证、补充、修正。

第二、技术措施。加强水污染源综合防治技术的研究，使企业采用对自然界无害的新工艺、新设备，并减少或消除废水排放。

第三，经济措施。用水单位根据用水水质、水量、输送和处理方法等方面，确定各种用水定额及收费标准，超出定额部分实行加价收费。排污及排泄废弃物的单位根据具体情况交纳排污费，超标准排放部分，交纳超标准排污费。

第四，法律措施。建立取水、用水、排污许可证制度，制定和严格执行国家和地方水污染防治的有关法规。

（三）分类防治水污染

（1）对于工业点源污染，必须加强管理，达标排放，决不能允许将企业治污的责任和成本转嫁给社会，企业排放的污染物总量必须控制在排污许可的范围内。通过适当的产业政策，鼓励企业清洁生产，将污染控制在生产的全过程，减少污水的排放。要采取奖励和惩罚相结合的措施，充分调动企业治污的积极性和责任感。一方面要加大对违法超标排污企业的处罚力度；另一方面政府要利用收取的排污费、排污权交易费等设立特别基金，用于扶持企业污水处理设施的建设，减轻企业治污的经济压力。对于排到自然水体的污水，一定要达到国家允许排放的标准，不允许对环境造成损害；对于排到公共污水管网的污水，要达到排放到公共管网排污标准，通过污水处理厂集中处理，企业承担相应的处理费用。

（2）对于生活污水的防治，要采取综合对策：一是对生活用水和排污都要建立定额管理、累进加价的水价制度，通过经济杠杆调整，提高公众的节水意识，加强节约用水，减少排污；二是要制定合理的污水排放费征收标准，为污水处理产业化创造条件；三是对污水处理产业，政府要给予政策倾斜和财政扶持；四是污水处理企业必须要走市场化、产业化的道路，通过竞争，降低污水处理的成本。

（3）对于农村面源污染，要加强宏观调控。要将面源污染的控制与农业灌溉方式的改变、农业产业结构的调整、绿色农业、生态农业、有机农业的建立等方面结合起来，提高科技水平，提高农民的环保意识，通过合理使用化肥、农药以及充分利用农村各种废弃物和养殖业的废水，将面源污染控制到最低程度。

（4）对于江河湖库等水域，要加强管理，科学调度，提高水体的水环境承载能力。要科学合理地进行河湖疏浚，减轻内源污染。同时要加强水库、闸坝的科学调度，保持水体的适当流动，达到流水不腐的目的，增加水体的自净能力。

湖泊的水污染防治工作不同于河流的水污染防治。目前我国河流的污染源主要是工业源和生活源，因此，主要措施是工业污染源的防治和生活源的治理。而湖泊则不同，湖泊是相对静止的水体，主要污染因子是氮和磷，必须采取强有力的管理措施和工程措施，有效控制生活污水、农业面源和内源污染，加强对湖内污染源的治理力度。

（5）我国针对饮用水污染所采取的对策主要是治理污染源：一方面是提高生活污水和工业废水的处理率，严格控制新的污染源产生；另一方面是推行节水技术，如改革生产工艺，尽量不用水或少用水；发展闭路循环的水处理系统，提高工业用水的重复使用率及城市污水资源化等，减少废水的排放总量。但是，即使如此也并没有使水环境污染状况显著改善。因为，随着国民经济的发展，城市排水量也在增加，从而导致在污水处理率不断增大的同时，未处理的污水量并未减少，反而有一定程度的增加。另外，虽然城市这种点污染源由于污水比较集中还相对易于处理，但是对大量的乡镇企业和农田施药施肥等形成的面污染源，因量大面广，污染的控制和治理就更加困难。在这种情况下，我国水环境质量继续恶化的趋势在今后的一段时间里很可能是不可避免的。因此，为了保证良好的饮用水水质，一方面需要通过合理的政策和先进的技术控制污水的排放量及提高污水处理率；另一方面需要采用一系列有效措施对已经受污染的饮用水源水进行处理。饮用水除污染的方法目前主要是采用吸附、氧化和生物以及膜分离等方法的处理工艺。

在加强饮用水除污染技术研究与应用的同时，还需加快制订新的饮用水水质标准。目前我国制订的水质标准与发达国家相比，监测项目少、标准低，尤其是缺少对水中有机污染物的具体规定。另外，我国饮用水的标准制订颁布的周期往往要经过10年左右的时间，不利于保障饮水安全和改进供水工艺。

（四）水处理

随着城市人口的增加和居民生活水平的提高，城市供水量和污水排放量也在不断增加，而城市污水处理率一直很低。就全国来说，城市生活污水排放量已达到全国污废水排放总量的40%左右，很多大城市及沿海城市甚至接近70%，而我国的城市污水处理率却还不到10%。"八五"期间，我国城市日供水能力共新增2979万t，而污水处理能力仅增加436万t，差距越来越大，使得城市生活污水对水环境的影响也越来越大。因此，建设城市污水处理厂是迫在眉睫的事情。

现代的污水处理方法分为预处理、一级处理、二级处理、三级处理和消毒。预处理主要是去掉可能会损坏处理厂机器设备的沙粒和较大的物质。预处理后，污水进入一级沉淀池中，使悬浮固体沉淀到池底。一级处理大约能去除50%的悬浮固体。二级处理是依靠细菌的作用去除大多数剩余的悬浮物和溶解有机物，其方法是往污水里吹进大量空气，刺激细菌产生作用，细菌吞食并分解有机物。经过二级处理后，污水中仍然还有富营养物质和病原体，因此还需进行三级处理，可采用硝化/脱氮作用去除氨和有机氮。污水处理的最后一步是灭菌，即利用紫外辐射装置或氯化/脱氯装置杀死有害细菌和病毒。污水通过上述处理，即可达到排放标准，甚至可以达到直接利用的水质标准。

（五）依法治理水污染

1. 完善立法

长期以来，我国的水污染防治主要是以加强环境教育为主，辅以一定的经济处罚。1996年8月，国务院颁布《淮河流域水污染防治暂行条例》（以下简称《条例》）以后，水污染防治工作开始转向依法治理阶段。《条例》明确规定："从 1998 年 1 月 1 日起，淮河流域所有工业企业排放废水不得超过国家或地方的排放标准"。新刑法的修改，也把环境污染纳入了刑法管理的范畴。

1996 年，全国人大对《水污染防治法》进行了修订，修订后的《水污染防治法》集中体现了我国水污染防治由分散治理为主转向集中控制与分散治理相结合，由末端治理为主转向全过程控制与末端治理相结合，由单一的浓度控制转向浓度控制与总量控制相结合，由区域管理为主转向区域管理与流域管理相结合的指导思想的转变，为我国进一步加强对水污染防治工作的监督管理和强化执法奠定了坚实的法律基础。

2. 强化监督管理

(1) 加强机构建设，强化流域管理。鉴于我国的水污染问题，流域性污染越来越突出，因此根据新修定的水污染防治法的规定，我国在重点流域实行了"统一规划、统一监督、分级负责"的管理制度，即"统一制定流域水污染防治规划"，根据用水要求，规定不同的环境功能区并制定与功能区相配套的水质目标，"各级地方人民政府对所辖区域的水环境质量负责"，由国家环保总局实施对全国水环境的统一监督和管理。各级人民政府的环境保护部门对水污染防治实施统一监督管理；各级交通部门的航政机关对船舶污染实施监督管理；重要江河的流域水资源保护机构协同环境保护部门对水污染防治实施监督管理。

(2) 达标排放与总量管理。国务院在《关于环境保护若干问题的决定》（以下简称"决定"）中明确要求：到 2000 年底，全国所有工业污染源都要做到达标排放，否则就要采取关停并转措施。同时还要求，非农业人口 50 万以上的城市需建设污水处理设施；淮河、太湖要实现水体变清，海河、辽河、滇池、巢湖的地面水水质应有明显改善等。《决定》对企业治污并做到达标排放提出了时限要求，地方各级政府按此进行监督检查，大大提高了企业治污的责任感和紧迫性，也大大增强了地方各级政府的责任感和监督力度，推动了企业的清洁生产和产业结构的调整。

我国的许多河流和湖泊的污染已十分严重，污染物排放量已大大超过水环境的承载能力，而这些地区的经济和人口都还在发展，因此，为实现这些区域环境与经济的协调发展，必须对污染物排放总量进行控制。对此，《水污染防治法》和国务院的《决定》等都明确提出了这个要求。实施"总量控制"有利于产业结构优化和布局的合理化，有利于推动经济增长方式的转变，有利于促进资源节约、技术进步和治理污染，是实现我国跨世纪环境目标的重要举措。

3. 加强普法宣传教育，提高公众的环境保护意识

开展环境普法教育和环境警示教育，增强公众环境法制观念和维权意识，也是防治水污染的重要措施之一。应加大新闻媒体环境宣传和舆论监督力度，建立舆论监督和公众监督机制。环境宣传教育要向农村扩展，逐步提高农民的环境意识。

规范环境信息发布制度，依法保障公众的环境知情权。目前，全国重点大中城市、重要的江河湖泊都定期向社会发布水环境质量公报，自觉接受公众监督。同时，还要加强环境信访工作，维护公民环境权益。鼓励公众自觉参与环保行动和环保监督。开展社区环保活动，倡导绿色文明，推行绿色消费。加强中小学校环保教育，建设绿色学校，使全社会

都来关注环境，关注水污染，为人类生存和经济社会的可持续发展保持洁净的水环境。

第三节 水资源节约

一、我国的水资源短缺问题

（一）我国的缺水现状

我国水资源短缺问题十分突出，已经成为我国经济和社会可持续发展的重要制约因素。其表现一是人均水资源占有量少。我国人均水资源量2200m³，约为世界人均水资源量的1/4。在世界银行统计的153个国家中居第88位。二是水资源分布不均衡。南方（指长江以南）人均水资源量达到3600m³以上，而北方人均水资源量只有720m³。黄淮海流域人口、粮食产量和国内生产总值都占全国的三成左右，但多年年平均水资源量仅占全国的7.2%。三是全国的污水排放量快速增长，对水资源造成严重破坏，加剧了水资源的紧缺程度。据统计，1980年全国废污水排放量为310亿t，2000年为620亿t（不包括火电直流冷却水），其中工业废水占66%，生活污水占34%，近80%的废污水未经处理，直接排入江河湖库水域。四是由于集中取水和集中排污，致使我国不仅北方城市普遍缺水，南方一些城市也出现"水质型"缺水。全国669个城市中，有400多个城市缺水，其中比较严重的缺水城市有110多个。

目前，全国年缺水总量约为300亿～400亿m³。1999年以来北方地区持续干旱，给工农业生产造成较大影响，也给城市、农村居民生活用水造成很大困难。2001年6月上旬旱情最为严重时，全国受旱面积达到4.2亿亩，17个省份的364座县级以上城镇缺水。农村先后有3300万人发生临时饮水困难，部分城市出现新中国建立以来最为严峻的缺水局面。因缺水造成工农业损失每年高达数千亿元人民币。

1．主要农业缺水区

农业缺水首先是指有效灌溉面积内，目前不能保证灌溉的那部分耕地面积的需水量，不包括未来需要发展的灌溉面积。这部分不能保证灌溉的耕地面积约0.067亿hm²，需水约772亿m³。在我国五大区（东北、华北、西北、西南、东南）已形成的有效灌溉面积内，缺水量以东南区、西南区及华北区比较大。但前两个地区因降雨充沛（800～1600mm以上），旱作农业也可达到较高的产量。而华北区雨量较少，缺水的影响最为严重。现状农业缺水量见表4-1。

其次，农业缺水也包括可灌溉而尚未灌溉的面积。据统计，全国有效灌溉面积为0.481亿hm²左右，约占全国耕地面积的51.2%。大约尚有近一半的耕地，合0.463亿hm²的农田尚未灌溉。其中，北方片无灌溉农田约为0.333亿hm²左右，占全国无灌溉农田的72%；南方片无灌溉农田为0.133亿hm²左右，只占全国的28%。由于南方地区的降水丰富，水源条件好，山区旱田雨养农田亦有一定天然水源，农业缺水问题相对北方要小；而北方0.333亿hm²的无灌溉农田，由于地形平坦，大多数地区适合灌溉，只要增加水浇地0.187亿hm²，即由现在的0.2亿多hm²增加到0.4亿hm²左右，每公顷按增产1500kg左右估算，就可望实现粮食增产250亿kg。

表 4-1	现状农业缺水量表				表 4-2	全国重点城市缺水量表		

表 4-1 现状农业缺水量表 (单位：亿 m³)			
分区	供水量	需水量	缺水量
全国总计	4389	5161	772
东北区	248	318	70
华北区	999	1180	181
西北区	765	830	65
西南区	439	626	187
东南区	1938	2207	269

表 4-2 全国重点城市缺水量表 (单位：亿 m³)			
分区	现状供水量	2000年需水量	2000年缺水量
全国总计	208.57	462.28	253.71
东北区	33.19	69.29	36.10
华北区	52.27	107.23	54.96
西北区	13.56	32.37	18.81
西南区	17.16	40.42	23.26
东南区	92.39	212.97	120.58

2. 严重城市缺水区

城市缺水包括生活、工矿企业与环境等方面的缺水。随着我国国民经济的迅猛发展及人口的增长，城市缺水日趋严重。据水利部门的统计资料表明，20世纪90年代初缺水城市已达300余个，其中严重缺水城市约为114个，年总缺水量58亿 m³。进入21世纪后，城市缺水每年近260亿 m³。缺水城市具体分布情况见表4-2。

（二）我国缺水成因分析

我国的水资源短缺状况：一方面是自然条件所造成的，但就总体而言，人为的因素是主要的。随着我国人口的迅速增加，水的需求量大增，在不认识或不重视水资源的生态特征的情况下，对水资源大量开采，从而导致水资源日益枯竭，危及人类的生存和发展。具体来讲，主要有以下几个方面。

1. 认识有偏差

长期以来，在人们的头脑中有一种错误的观念，即认为水就如空气和阳光一样，是一种廉价的，取之不尽、用之不竭的资源，因而可以任意取用。水资源的有限性，尤其是我国水资源的短缺性，只是在近些年才逐渐被我们所认识。

2. 水资源调控能力差

由于我国水资源在时空分布上很不均匀，用水与天然来水不协调，因此，人工调节与控制以改变这种不利条件显得十分重要。但目前我国水资源的利用程度仅为17.8%（发达国家可达25%～30%），说明大部分水资源白白地流入海中或蒸发掉，因此，科学合理地调控水资源，以充分利用我国水资源的潜力还是很大的。

3. 水资源管理水平不高

多年来，我国各地对水资源的管理比较混乱，水利、城建、供水、环保、地质、卫生等部门多"龙"管水。结果是任何一个部门也不能把水资源问题真正管好，乱采、滥用水资源现象到处存在。

4. 技术水平低，水资源利用不科学

我国水资源利用程度普遍不高，浪费严重。农业用水浪费最为严重，全国平均的毛灌溉定额为9975m³/hm²，特别是西北地区，如新疆、甘肃等地，平均更高达近15000m³/hm²，比标准定额多0.5～1.5倍。其次为工业用水，全国平均万元产值用水量是发达国家的 10~20 倍，重复利用率除少数大城市，如青岛、大连、北京、天津等，已达到 70%外，一般仅为 30%~40%，而发达国家在 20 世纪 80 年代已达到 75%~85%；城市居民用水与国外相比，虽然定额不高，但在一些大城市里，生活用水的浪费也很严重。

5．产业结构与布局不尽合理

一个地区的产业结构与布局必须与当地的水资源条件相适应，否则引起水资源供求矛盾在当地是永远解决不了的。如黄、淮、海平原的农业缺水问题与在 43% 的播种面积上种植耗水量较大的小麦有关。据试验资料分析，在小麦生长发育期内，自然降水远远不能满足需要，亏缺量高达 67%~70%，一般年份均需灌水三次才能得到较好的收成；对比其他两种主要作物：一是玉米，自然降水可以基本满足生长需求；二是棉花，其需水也和自然降水相吻合，不足额通常在 6%~17%。各地工业的布局也有单纯追求经济效益或过分强调建立完整的工业体系，而忽略了水的因素，使需水量超过当地水资源的承载力，形成人为的供需矛盾。如京、津、唐地区，本来水资源就少，但多少年来这一地带的工业发展却集中在高耗水类型的冶金、化学、电力、造纸、印染行业上。

6．经济工作指导思想存在片面性

多年来，各地政府偏重于本地的工农业产量、产值、财政、税收等指标，而对于水质、水源保护和生态系统的完整性等方面，则很少或根本没有任何要求，这对水资源的合理开发利用极为不利。

7．水的价格与水的价值不适应

水的价格与水的价值相适应，才有利于水的生产和水资源的保护。目前，用水浪费严重和效率低下，很多是由于水价偏低造成的。然而，水价低并不说明水来之容易。随着城市的发展，取水范围日益扩大，地下水位日益加深，供水成本一直在持续上升，而水价却没有相应提高。由于水价低，水费占企业生产成本比重甚小，客观上造成企业不重视节水工作。农业灌溉用水的水费始终难以征收，也造成了农业用水的浪费。居民生活用水也因为水价低而存在着不同程度的浪费现象。

8．过度开采导致水源枯竭

水资源的存在归根到底是因为地球上存在着水循环。当水资源的开采量超过天然的降水补充量后，水资源就会逐渐枯竭，这种掠夺式的过度取水，只能支撑一种脆弱的暂时繁荣。"人类的最后一滴水将是自己的眼泪"，并不是危言耸听。

9．水质污染加剧了水源危机

关于水污染问题，在上一节已作阐述，这里不在述及。

根据各个地区主要的缺水原因，可将全国的缺水划分为如下四种类型：

（1）资源性缺水。当地水资源贫乏或不足引起的缺水。此种类型主要分布在我国西北部干旱地区及北方半干旱半湿润地区。

（2）浪费性缺水。具备一定的水源条件，基本上可满足要求，但由于用水浪费或调配不当而形成缺水。此种类型主要分布在我国华北及东北的半湿润地区。

（3）污染性缺水。天然水资源并不缺，但由于工业与生活污水直排河道，使水质恶化，不能使用而形成缺水。此种类型主要分布在南方工业较发达的城市周围或其下游地区。蚌埠、上海、宁波等城市都属于此类缺水。

（4）工程性缺水。水资源丰富，但因无工程或工程设施不健全、不配套，无法利用天然水资源而造成缺水。我国南方，如重庆、武汉等城市的缺水即属于此种类型。此外，在一些新兴的城市或地区，由于经济发展速度与水资源的开发利用不相适应而产生缺水，也可列入此种类型。

（三）大力推进节约用水

节约用水是保障我国经济社会可持续发展必须坚持的一项重大国策。从现在起到本世纪中叶，是我国实现第三步发展目标的关键时期，这一时期，我国人口将在 2030 年以后达到 16 亿人，人均水资源量将下降到只有 1750m³，将列入严重缺水的国家。我国水资源总量约为 28000 亿 m³，据专家估算，我国实际可利用的水资源量仅为 8000 亿～9500 亿 m³。据预测，全国遇中等干旱年要实现水资源大致供需平衡，在考虑采取节水措施的基础上，2010 年总需水量为 6988 亿 m³，2030 年为 8000 亿 m³，2050 年约需 8500m³。也就是说，到了 21 世纪中叶，我国的用水将接近可利用水量的极限。

即使我国在 21 世纪中叶实现了 8000 亿～8500 亿 m³ 的供水目标，人均年用水量也只有 500m³（比目前仅增加 50m³），这实际上是目前中等发达国家人均年用水量的下限值。为此，我们必须坚持开源与节流并举，把节流放在首位的方针，实现以提高用水效率为核心的水资源优化配置，关键是把节水放在突出位置，以水资源的可持续利用，保障经济社会的可持续发展。

二、农业节水

（一）农业节水及其重要意义

1. 农业节水的概念

农业节水是指采取各种工程和非工程措施，减少农业区内用水各个环节中的无效消耗和浪费的活动。通过农业节水，可提高用水有效性，土地产出率，劳动生产率，产品商品率和资源利用率；通过农业节水，可增加农民收入，发展农村经济，实现农业的经济、社会、生态效益有机统一和可持续发展。农业节水包括很丰富的内涵，有农学范畴的节水（如根据作物生长特性，进行水分调控），灌溉范畴的节水（如灌溉工程、灌溉技术）和农业管理范畴的节水（如政策、法规、体制），其核心是提高天然降水和人工灌水的利用率。

农业节水有以下两种方式：

（1）节水灌溉农业。节水灌溉农业是在灌水技术、灌溉制度和灌溉管理上力求节水的农业。

（2）雨养农业。雨养农业又称非灌溉农业或旱地农业，即作物在生长期间，只依靠降水，不通过灌溉来补充土壤水分。它的分布范围很广，从干旱地区到水分饱和地区，均有雨养农业。因此，雨养农业又分为旱地雨养农业和湿地雨养农业两种类型。旱地雨养农业一般指在作物生长期间降雨量偏少，降雨不规律，且集中在年内一个较短时期内，农业生产上需着重水分的保养问题。湿地雨养农业一般指在作物生长期间降水充足，且雨量分布适中，在农业生长上主要是排水问题。

本书重点论述节水灌溉农业问题。

2. 农业节水的意义

中华人民共和国成立以来，我国农田灌溉事业取得了很大成就，灌溉面积由 1949 年的 0.16 亿 hm² 增加到 2000 年的约 0.55 亿 hm²。在占全国总耕地面积约一半的灌溉面积上，生产了占总产量约 2/3 的粮食。这对基本解决全国人口的温饱问题，对促进工农业生产和国民经济发展，起到了极为重要的作用。表 4-3 给出了不同典型年份灌溉农业的一些主要数据。

表 4-3　　　　　　　　　　　　不同典型年份灌溉农业情况

年份	有效灌溉面积 （亿 hm²）	灌溉用水量 （亿 hm²）	灌溉用水占全国总 用水量（%）	人　口 （亿人）	耕地面积 （亿 hm²）	粮食总产量 （亿 kg）
1949	0.14	956	92	5.40	0.978	1132
1957	0.25	1853	90	6.46	1.118	1950
1965	0.32	2350	85	7.25	1.036	1945
1980	0.49	3570	80.5	9.87	0.993	3206
1988	0.48	3874	—	10.96	0.957	3941
1993	0.50	3440	66.5	11.85	0.951	4565

从表 4-3 可以看出，在我国耕地面积略有减少的情况下，我国的粮食总产量自 1949 年以来增长了近 4 倍，这主要得力于农业技术和灌溉水平的不断提高，灌溉面积由 1949 年的 0.14 亿 hm² 增加到 1993 年的 0.50 亿 hm²，增长了 3 倍多。同时我们也看到，随着灌溉面积的扩大，灌溉用水量也在同比例增加，这对我国有限的水资源供应造成很大压力。另外，从上表还可以看出，灌溉用水量占全国总用水量的比例逐年下降。随着社会经济的迅速发展，工业用水和城镇供水的比例还将增加。工业用水和城镇供水与农业争水的局面已经形成，其中，北京、天津已非常严重，水资源将转向非农业方面，灌溉用水更为紧缺。

随着我国人口的不断增加，我国的粮食总产量还要增加。在耕地有限的条件下，只有靠提高农业技术和保证现有灌区的灌溉用水以及扩大灌溉面积来增加粮食产量。而按传统的方式保证灌溉用水以及扩大灌溉面积，将进一步扩大用水量，这对我国有限的水资源来讲是不堪重负的，因此，大力推广节水灌溉，努力提高水分生产率，是解决我国粮食问题、避免政治、经济和社会危机的根本途径之一。

3. 农业节水的潜力

我国农业灌溉长期沿用旧的灌溉制度与方法。用水浪费严重，现有灌溉用水量超过农作物合理灌溉水量的 0.5～1.5 倍以上，灌溉水的有效利用率只有 40%～50%。推广节水灌溉新技术的面积还很小，现有喷、滴灌面积仅占全国灌溉面积的 1.5%，而美国为 40%，前苏联为 47%。现有试验资料表明，改大水漫灌为小畦或长畦分段灌溉，可省水 20%～25%，而喷灌与滴灌的用水量分别是地面渠灌的 50% 与 30%。在田间输水方面，低压软管道输水灌溉的用水量比一般渠灌节水 1/3（表 4-4）。据粗略估算，全国农业灌溉水利用率从 0.5 提高到 0.7，则可有 1000 亿～1200 亿 m³ 的节水潜力（目前我国的年总用水量约 5000 亿 m³）。

表 4-4　　　　　　　　　　农 业 节 水 潜 力 估 算

节 水 项 目	节 水 技 术	节水潜力估计值 （％）	对照条件与说明
灌溉节水技术	滴灌	40～50	地面灌溉
	喷灌、微喷	30～35	地面灌溉
	小畦、管带	20～25	地面灌溉
	暗灌、渗灌	20～25	地面灌溉
	波涌、间歇	15～20	地面灌溉
减少输水损失	渠道衬砌	40～50	无衬砌
	减小灌畦	10	
	低压软管	30	
灌溉节水制度	灌水定额	30	与一般定额对照
	灌溉次数	1	返青水与拔节水合并
	灌关键水	2	小麦 5 次灌水
土壤保墒	覆盖技术	10～20	抑制土壤蒸发
	勤耕深翻	10	平原地区拦蓄雨水
	增肥调水	30～50	提高水分利用率

（二）节水灌溉农业

目前我国自流灌区渠系输水的有效利用率在 50％左右，同时还存在田间渠系的输水损失，田间深层渗漏损失，渠道跑水损失等，地面灌溉用水的实际有效利用率约为 20％～30％。另外不少灌区仍沿袭大水漫灌，串灌等落后的灌溉方式，可见水的浪费是惊人的。要解决好缺水和作物增产的矛盾，惟一的出路是搞好节水灌溉，力争在省水的前提下，获得较好的收成。其主要措施和内容如下。

1. 充分利用天然降水

提高天然降水的有效利用量，减少人工灌水，是最节省投资的节水措施。对于有一定降水量的缺水地区，意义尤其重大。

通过平整土地，修水平梯田，机械深松和耕翻，秸秆还田覆盖保墒，筑畦埂和使用保水剂等农业技术措施，增加土壤入渗能力和保水能力。

降雨量在 200～500mm 的山丘区，可通过人工方法汇集雨水，存放在调蓄池或水窖中，作为点播浇灌的水源。有条件的可配上移动式微喷、滴灌设备，在作物关键生长期进行灌溉。

井渠（河）结合，天然降水、地表水和地下水联合运用，雨季回补地下水，即增加了水源调蓄能力。

在不影响防洪排涝的情况下，经合理规划与调节，在河道或排水沟适当位置修堤建闸，梯级拦蓄雨季洪水，既能直接作为灌溉水源，又可增加对地下水的补给，以改变因超采地下水而导致的地下水位急剧下降的状况。

在半干旱、半湿润及湿润地区，采用科学的节水灌溉制度，可人为地利用田间（土壤）水分进行调蓄，扩大作物对降水的利用，直接减少灌溉补水，其节水效果量大面宽。

2. 改进地面灌溉系统

采取渠道防渗和管道输水措施以减少输水损失，一般可节水 50％～70％。渠道防渗主要用于自流灌区；管道输水主要用于井渠区。

渠道防渗工程措施按其防渗特点可分为两类：第一类是在渠床上加做防渗层（体），习惯上称为衬砌防渗；第二类是改变渠床土壤的渗漏性。渠道防渗是我国目前应用最广泛的节水措施，常用的防渗方法有混凝土衬砌、浆砌块石衬砌、塑料薄膜防渗和混合材料防渗等。

低压管道输水技术是我国北方井灌区发展较快的一种节水技术。它利用机泵抽取井水，通过管道系统把水直接输送到田间对农田进行灌溉。管道输水是在低压条件下进行的，水进入田间后仍属于地面灌溉范畴。低压管道输水具有明显的优点：①省水，管道输水损失小，水的有效利用率达 95％，解决了渗漏、蒸发损失问题；②节能，比明渠系统输水、灌水节能 30％以上；③省地，采用管道系统代替田间灌渠沟网，一般可省地 20％以上；④省工，节省明渠除草清淤、养护、灌水等用工，可减少用工一半，提高灌溉效率则达一倍；⑤适应性强，管道灌溉设备简单，技术易于掌握，使用灵活方便，可适用于各种地形，不同作物和土壤，不影响农业机械和田间管理。

3. 节水灌溉方式

将水输送到田间后，只有转化为计划湿润层内的土壤水，才能被作物利用，满足作物对水分的需要，这一过程必须靠田间工程和使用一定的灌溉技术才能实现。

目前，田间节水灌溉技术主要有以下几种。

（1）节水型地面灌溉。地面灌溉在我国占主导地位，改变地面灌溉方式，可起到大范围节水的目的，节水潜力很大。节水型地面灌溉主要有如下几种方式：①小畦灌。改长畦为短畦，畦长一般 30～50m，改宽畦为窄畦，畦宽一般为 1.5～3.0m，具有很好的节水效果。②波涌灌。利用闸阀控制，向沟畦间歇性供水，在沟畦中产生波涌，加快水流推进速度，缩短沟畦首尾段受水的时间差，使土壤均匀湿润，具有节水、节能和灌溉效率高、灌水质量好等优点。③细流沟灌。在每个灌水口设置一个控制水流的小管，引入小流量，一般采用的流量为 0.1～0.3L/s。其优点是沟内水流动缓慢，完全靠毛细管作用浸润土壤，灌水均匀，节约水量，不破坏土壤团粒结构，不流失肥料。④膜上灌。在地膜栽培的基础上，把膜旁水流改为膜上流，通过地膜上的放苗孔、灌水孔和膜侧旁渗，给作物灌水。其特点是可通过调整膜畦首尾的渗水孔数及孔径，来调整畦（沟）首尾的灌水量，以获得比传统在面灌水方法相对高的灌水均匀度，而且利用放苗孔灌水，正好在作物根部，灌水沿主根下渗，包围作物整个根系。膜上灌适用于所有实行地膜种植的中耕作物，特别适用于地势高、气温低、坡度大、土壤易板结的地块。⑤水平畦田灌。应用激光平地技术，实现水平畦田灌溉。畦田高差可小到 1～1.5cm，畦田周围建有畦埂，畦田面积一般为 40～50亩，大的也有超过 200亩的。这种方法的优点是灌水快、省工又不产生地面流失，渗漏很少，还可拦蓄部分降水，田间水利用率达 0.9以上。

（2）喷灌。喷灌技术是当前世界上先进的节水灌溉技术。近几年来，在我国发展较快。喷灌是利用水泵加压或利用自然水头，通过管道和喷头将灌溉水喷洒到需要灌溉的作物上空，然后洒落到作物及土地上，如同降雨一样进行灌溉。常采用较小的灌水定额浅灌勤浇，灌水较均匀，水量损失小，具有增产、节水、保土、保肥、对地形适应性强、机械化程度高、节省土地、能够调节空气湿度和温度等优点。但基建投资较高，受风的影响大。由于从水源到田间均用管道输水，喷洒均匀，渠系水利用率和田间水利用率均较高，与地面灌相比可节水 30%～50%。经统计，传统的地面灌，单井只能浇地 60～80 亩，改成喷灌后可浇地 200～240 亩，扩大灌溉面积达 3 倍。另外节省土地约 15%，提高产量约 20%。目前全世界喷灌面积已达 2000 万 hm^2，我国现有喷灌面积约为 126.7 万 hm^2。

（3）微灌。微灌技术是较喷灌更为省水的灌溉技术。作为一项新型的灌溉技术，微灌以其省水、增产、省工、省地、对地形和土壤适应性强、能结合施肥且肥效高、减少平地除草等田间管理工作量、易于实现自动化灌水等多方面优点，而引起人们的关注和重视。近年来微灌在我国发展很快，微灌面积已达到 13.3 万 hm^2。微灌是利用低压管道系统和灌水器，将水和作物所需的养分直接送到作物附近的土壤中。由于是局部灌溉，湿润土壤面积小，蒸发损失少，故比喷灌更节水。据统计，可比喷灌节水 30%～50%，比地面灌节水 45%～75%。按灌水时水流出流的方式不同，微灌有以下几种方式：①滴灌。滴灌是通过安装在毛管上的滴头、孔口或滴灌带等灌水器，将水滴入附近土壤中。灌溉时除紧靠灌水器下面的土壤为饱和状态外，其他湿润范围的土壤水分处于非饱和状态。为了防止毛管老化并方便田间作业，可将滴灌管道和灌水器一起埋入地下，称之为地下滴灌。地下滴灌有着其他灌水方法无可比拟的优点，可以利用污水灌溉以及没有地表滴灌的滴灌带铺设和回收问题。地下滴灌已成为近几年世界各国科学家研究的热点。②微喷灌。微喷灌也称雾灌，是在低压管道上安装微型喷头，将水喷洒在枝叶上或地面上。它是介于喷灌和滴灌之间的一种灌水方法。③涌泉灌。涌泉灌是通过安装在毛管上的涌水器形成小股水流，以涌泉方式使水流进入土壤。为防止产生地面径流，需在涌水器旁挖一灌水坑暂时储水。

（三）我国农业节水发展方向

农业用水地域性强，要受到当地水资源条件的制约。因此，我国农业节水的发展方向是：农业节水发展应与农业产业结构调整、农村地区小城镇建设以及生态建设相协调，依据水资源条件，分地区实行用水的总量控制。节水重点是灌区的节水改造，同时加强节水宏观规划和管理，使水土条件较好的局部地区农业用水有增加，但全国整个农业用水应争取基本不增长。为此，必须采取以下基本对策。

1. 以节水增产为目标，对现有灌区进行技术改造

我国不少大、中型灌区都是五、六十年代修的。由于工程老化失修或已到使用期限，灌溉效益衰减，灌溉用水浪费严重。因此，要根据当地自然条件、农业生产和社会经济特点，以节水、提高用水效率为目标，对灌区实施"两改一提高"。即改革灌区管理体制，改造灌溉设施和技术，提高灌溉水的有效利用率。重点放在大型灌区渠道防渗、建筑物的维修和更新以及田间工程配套等节水技术改造上。

2. 因地制宜加快发展节水灌溉工程

要根据各地实际情况，因地制宜地分别推广应用管道输水、渠道防渗、喷灌、微灌、沟畦灌、膜上灌等节水技术。在山丘区，因地制宜建设集雨水窖、水池、水柜、水塘等小微型雨水蓄水工程。

3. 加强用水定额管理，推广节水灌溉制度

制定各主要农作物的用水定额，根据定额确定农作物的灌溉水量。认真研究、积极推广节水灌溉制度，把有限的水量集中用于农作物用水的关键期，以扩大灌溉面积，使灌溉

总体效益最大。

4．平田整地开展田间工程改造

地面灌溉仍是我国目前采用最多的一种灌水方式，预计今后相当长的一段时间内，仍将占主导地位。据分析，地面灌溉用水损失中，田间部分损失占到 35% 左右，说明田间节水潜力很大。造成田间用水损失的原因是畦块过大，地块大平小不平，致使灌水不均匀，深层渗漏严重。实施田间工程改造，投资省、效益大，节水增产效果良好。

5．大力推广节水农业技术

各种节水工程技术只有与相应的节水农业技术相结合，才能发挥综合优势，达到节水、高产的最终目标。节水农业技术措施包括培养抗旱节水品种、地膜覆盖、秸秆覆盖、少耕免耕、节水栽培、农业结构调整等。

6．积极发展节水综合技术

目前，我国节水灌溉技术的推广应用仍以常规单项技术为主，虽然已开始重视研究节水综合技术，向精准化节水方向发展，但应用尚不普遍。节水灌溉综合技术的目标不但要提高灌溉水的利用率，而且也要使灌溉水的作用得到提高。真正实现节水增产的目标。因此，节水灌溉技术今后发展的主要方向是将现代工程技术、农业技术和节水管理技术因地制宜地进行有机结合，形成节水灌溉综合技术体系，并在大面积上推广应用。

三、城市节水

（一）我国城市及城市节水现状

1．城市发展预测

城市是国家一定区域内的政治、经济、文化、教育、科技和国内外交往的中心，在社会经济发展中发挥着很重要的作用。目前，我国正处在高速发展阶段，中心城市、中心城镇正在一批批地形成与扩建。表 4-5 给出了我国城市的发展状况和发展趋势。

从表 4-5 可以看出，我国城市化发展速度是很快的。城市人口的不断增长，将对城市供水提出更高的要求。

2．城市用水预测

据对 1993 年全国有统计资料的 548 个城市的研究分析，城市全年社会供水能力为 450.23 亿 m^3，供水人口为 1.86 亿人，供水人口普及率为 93.1%。

表 4-5　　城市发展规划一览表

项　目 ＼ 年　份	1993	2000	2010
城市数（个）	570	800	1200
城市化水平（%）	20.89	28	35
人口增长率（%）		1.05	1.0
总人口（亿）	11.6277	12.6	13.8

以 1993 年为规划基准年，对全国建制市现状及预测用水结果如表 4-6。

从表 4-6 可以看出，随着城市化水平的提高，城市用水量也在快速增长。

由于水资源的有限性，城市用水量的快速增长使城市缺水量明显增加，供需矛盾更加突出。据专家研究表明，1993 年全国城市日缺水约 1500 万 m^3，预计到 2010 年全国城市日缺水将高达 1.5 亿 m^3，相当于 1993 年缺水量的 10 倍。面对如此快速的需求增长，多数城市的现有水资源都难以承受。其中以地下水为主要供水水源的北方和沿海城市，尤其是大城市和特大城市都可能面临"水荒"的危机。

为了保证城市用水，必须大力推进城市节水事业。

3．城市节水发展概况

我国的城市节水工作开始于 20 世纪 70 年代末。随着我国北方一些城市和地区出现供水紧张局面，节水作为一种有效缓解措施得到广泛重视和采用。从中央到地方，目前都基本建有节水机构，普遍开展了节水宣传，制定了一些节水管理法规。整个节水工作有了一定的基础，取得了一定成绩。目前全国用水重复利用率普遍比 20 世纪 80 年代初提高了近 40%。

表 4 - 6　城市发展和供用水量预测

水量（亿 m³/a）	年份 1993	2000	2010
供水量	450.23	681.18	1052.96
其中：公共供水量	223.21	342.51	686.81
工业自备供水量	227.02	338.67	366.15
城市用水总量	419.81	624.68	979.43
其中：工业用水量	291.54	406.25	578.36
生活用水量	128.27	218.43	401.07
人均用水量〔L/（人·d）〕	188.6	210	240

在工业节水方面，万元 GNP 用水量已从 1980 年的 $9820 m^3$ 降到了 1999 年的 $680 m^3$，工业节水使污水排放量大大减少，1998 年县以上工业总污水量就比 1995 年减少 75 亿 m^3。在生活节水方面，全国所有城市和绝大部分市镇，都基本做到了安装水表收费，基本取消了居民生活用水包费制。一些重要城市，如北京、天津等还出台了一些严格的定额管理措施，实行计划用水，超计划加价的办法。另外，1999 年沿海城市还利用海水量达 127 亿 m^3。

特别是 2000 年国务院召开城市供水节水与水污染防治会议以后，国家相继发布了几项重要的节水政策：国务院发布了关于加强城市供水节水和水污染防治工作的通知；水利部、国家经贸委等 6 部委局发布了关于加强工业节水工作的意见；国家计委出台了改革水价促进节水的指导意见等。这一系列政策和措施，为节水的发展打下了更为坚实的基础。

4．城市节水潜力

长期以来，我国经济发展走的是粗放型模式。表现在用水方面，普遍存在着用水浪费和利用率不高的状况。1999 年，我国万元 GNP 用水量虽已下降到了 $680 m^3$，但仍是世界平均水平的 4 倍，是美国的 8 倍。全国工业用水重复率不到 55%（含乡镇工业），而发达国家则为 75%～85%。城镇生活用水在供水过程中，漏失现象相当严重。据分析，全国城市供水漏失率为 9.1%，有 40% 的特大城市供水漏失率达 12% 以上。我国城市家庭中，用水效率也普遍较低，如北方地区 245 个城市，1997 年人均家庭生活用水为 123L/d，已接近挪威（130L/d）和德国（135L/d），并高于比利时（116L/d），而上述三国经济发展水平和生活条件远高于我国，说明我国家庭用水中存在着明显的浪费现象。

此外，随着传统淡水资源（地表水、地下水）日趋紧张和科技水平不断提高，国内外纷纷把节水目光转向非传统水源，我国在这方面也有较大潜力。一是污水处理回用是一条重要途径。目前，我国城市每年有废污水 600 多亿 m^3，各城市正在陆续建设排水渠道的清污分流设施和污水处理厂，城市污水处理水平将会有较大提高，污水回用量将进一步增大。二是利用海水替代一部分淡水是沿海地区节约淡水的一条重要措施。我国海岸线长达 18000 多 km，沿海遍布城市、港口和岛屿，有利用海水的较好条件，随着经济社会发展和淡水资源日趋紧张，海水淡化、海水的直接利用等海水利用事业也得到了一定的发展。1999 年我国利用海水 127 亿 m^3。三是微咸水利用有一定前景。我国微咸水分布面积很广，数量很大。如华北平原含盐量为 2～5g/L 的微咸水就有约 22 亿 m^3。西北微咸水分布面积也很广，沿海城市地区微咸水面积也不小。四是雨水利用为干旱缺水地区开辟了一条节水新路。

（二）城市节水目标

1. 城市节约用水指标体系

城市节约用水指标体系可归纳为总体指标和分类指标两层。

总体指标有：

（1）万元国民生产总值（GNP）取水量	m^3/万元
（2）万元工业产值取水量减少量	m^3/万元
（3）城市人均日生活用水取水量	L/（人·d）
（4）第二、三产业每万元增加值取水量	m^3/万元
（5）城市工业用水重复利用率	%
（6）城市供水有效利用率	%
（7）城市污水回用率	%
（8）第二、三产业每万元增加值取水量降低率	%
（9）水资源利用率	%
（10）节水率	%

分类指标有：

（1）工业节水类

（2）农业节水类

（3）生活节水类

（4）环境保护类

（5）节水管理类

（6）节水经济类

在每一个分类指标下，还有若干细化指标。

下面，对总体指标作简要说明：

（1）万元国民生产总值（GNP）取水量。这是指产生每万元国民生产总值所取用的新水量。适用于城市间的横向对比，以促进城市的节约用水工作。

（2）万元工业产值取水量减少量。在城市用水中，工业用水占绝大部分，工业用水的合理与科学程度直接影响城市总体用水的合理与科学程度。该指标强调的是取水量的减少量，不反映城市或行业的总体节水水平，但可反映城市或行业的节水工作效果，可用于城市或行业间的横向比较。

计算公式：

万元工业产值取水量减少量＝基期万元工业产值取水量－报告期万元工业产值取水量

（3）城市人均日生活用水取水量。这是我国城市居民用水统计分析的常用指标，也是国外城市用水统计的内容。城市生活用水包括城市居民、市政和各单位的生活用水。城市人均日生活用水取水量的多少从一个侧面反映城市居民生活水平及卫生、环境质量，但绝不是越高越好。目前，我国城市居民生活用水在许多方面还存在着浪费现象，节约生活用水还是大有潜力可挖的。

（4）第二、三产业每万元增加值取水量。第二、三产业是城市经济的主体，该指标综合反映了城市的用水效率，是评价城市用水效率的重要指标。

计算公式：

第二、三产业每万元增加值取水量＝报告期城市行政区划（不含市辖县）取水总量
÷城市行政区划（不含市辖县）第二、三产业增加值之和

（5）城市工业用水重复利用率。该指标是综合城市各工业行业的重复用水指标，城市用水中工业用水占主导地位，因此城市工业用水重复利用率是从宏观上评价城市用水水平及节水水平的重要指标。提高水的重复利用率是城市节水的主要途径之一。需要指出的是，由于火力发电业、矿业及盐业的用水特殊性，为了便于城市间的横向对比，在计算城市工业用水重复利用率时不包括这三个工业行业部门。

计算公式：

城市工业用水重复利用率＝（工业重复用水量÷工业用水总量）×100%

（6）城市供水有效利用率。该指标是评价城市供水有效利用程度的重要指标。净化处理后的自来水从净水厂加压后，通过输水管网输配给用户。由于输水管网漏损等原因，由净水厂供出的总水量与用户实际接受到的总水量在数量上有差值。我们将用户实际接受到的总水量称为用水户的总取水量，也称有效供水量。

计算公式：

城市供水有效利用率＝（有效供水量÷供水总量）×100%

（7）城市污水回用率。长期以来，人们习惯于使用一种水，即自来水，似乎凡是要用的水都应是优质的自来水，而城市污水往往被当作废物抛弃。城市污水水量大而稳定，且无需长距离输送，就近可得，其处理设施的基建投资和处理成本，一般与以地面水为水源的自来水接近，虽水质差于自来水，但仍可用于对水质要求低于自来水的生产和生活用水的许多方面。比起长距离引水工程来讲，有较大的优越性。因此，城市污水是城市可靠的第二水源。城市污水的再生与回用，将大大节省自来水，并能减轻对城市水体的污染，保护城市水环境。所以城市污水回用具有开源节流和控制水污染的双重功效，具有明显的经济效益和社会效益。

计算公式：

城市污水回用率＝（城市污水回收利用总量÷城市污水总量）×100%

（8）第二、三产业每万元增加值取水量降低率。该指标与"第二、三产业每万元增加值取水量"指标不同的是，该指标排除了城市间产业结构不同的影响，具有城市间的可比性。

计算公式：

第二、三产业每万元增加值取水量降低率＝（1－报告期第二、三产业每万元增加值取水量÷基期第二、三产业每万元增加值取水量）×100%

（9）水资源利用率。该指标是反映水资源合理开发利用程度的指标。水资源利用率的定义为现状 $P=75\%$ 保证率下的供水量与水资源总量之比。不同地区的水资源总量不同，水资源总量制约着地区的用水总量，制约着地区的经济发展，对地区的产业结构也有很大影响。

城市水资源的开发利用，随着城市的发展而不断扩大。就水资源而言，它是有限的经济资源，对一个城市来说，在一定的技术经济条件下，城市的水资源存在着一个极限容量，城市水资源的开发利用绝不能超越这个极限，因此水资源利用率应保持适度。否则就会破坏水资源的再生平衡，使水资源逐步枯竭。

计算公式：

水资源利用率＝（现状 $P = 75\%$ 保证率下的城市供水总量÷城市水资源总量）×100%

（10）节水率。该指标最直接地反映了城市节约用水工作的成效。该指标是指，报告期内城市节约用水总量与城市取水总量之比。

计算公式：

节水率＝（城市实际节约的总水量÷城市取水总量）×100%

2. 城市节约用水规划目标

在工业节水方面，到 2005 年，工业取水量不超过 1250 亿 m^3，年均增长率控制在 1.2% 以内，其中，黄淮海和内陆河流域不超过 1%；万元工业增加值取水量下降到 $230m^3$；工业用水重复利用率由目前的不到 55% 提高到 60%；新增海水及苦咸水利用量达到 50 亿 m^3；工业节水量达到 180 亿 m^3。

在城镇生活节水方面，重点是推广节水器具和减少水在输配和使用过程中的漏损。至 2005 年，全国城镇人均用水（含公共用水）控制在每天 230L 以内（1999 年为 227L）。要求到 2005 年城市新建民用建筑全部使用节水器具，城市单位原有建筑不符合节水标准的用水器具要全部更换为节水型器具，并杜绝水的漏损。

根据建设部设立的《城市节水 2010 年技术进步发展规划》课题研究表明，我国到 2010 年城市节水规划目标如表 4-7 所示。

表 4-7　　　　　　　　　　　2010 年城市节水规划目标

指　　标	计量单位	规划目标
万元国民生产总值（GNP）取水量	m^3/万元	
万元工业产值取水量减少量	m^3/万元	＞15
城市人均日生活用水取水量	L/（人·d）	260±20
第二、三产业每万元增加值取水量	m^3/万元	＜500
城市工业用水重复利用率	%	＞78
城市供水有效利用率	%	＞90
城市污水回用率	%	＞40
第二、三产业每万元增加值取水量降低率	%	＞6
节水率	%	＞30
水资源利用率	%	70±5

（三）城市节水技术

1. 工业节水技术

工业用水一般由城市供水部门提供。但有些工业企业用水量大，对水质的要求却不高，或远离城市供水系统，常自建水厂；另有些工业企业，对水质的要求远高于生活饮用水，也要自建给水系统。我国工业给水的形式有三种：第一种为直排式给水，即工艺流程中各单元的废水分别一次性全部排出，这类排水耗水量大，污染环境，乡镇企业和以前的工厂多属此类；第二种为复用给水，即重复利用工业企业内部已经用过的水，按对水源的要求，在各工艺间或厂际间顺序重复用水；第三种为循环给水，即指已使用过的水经适当处理后再行回用，水在循环使用过程中会损耗一些，须从水源补水（这部分从水源补充的新水称新水量）。

国外发达国家工业节水主要是运用循环水和冷却水。目前，我国许多工厂企业设备陈旧、工艺落后，水的重复利用率只有 50%～60%，有近一半的工业用水白白流走。发达国家工业用水的重复率在 70% 以上。

因此，在我国要大力推进复用给水和循环给水，要将原来的直排式给水改造为循环或复用给水系统。

2. 中水回用技术

中水是指民用建筑或居住小区排放的各种生活污水、冷却水等，经适当处理后，可再回用的那部分水。中水的主要水质指标低于生活饮用水标准，而高于生活污水二级处理后的水质指标。中水可用于绿化，城市洒水和冲洗厕所等。因此，中水回用具有良好的发展前景。

中水可取自生活用水后排放的污水和冷却水。根据中水回用的水量和水质来选取中水水源，一般可按下列次序取舍：冷却水、沐浴排水、盥洗排水、洗衣排水、厨房排水，最后为厕所排水。医院排放的污水一般不宜做中水水源。对于传染病院、结核病院和某些放射性污水，严禁作为中水水源。

在保证水量平衡的前提下，中水水源集流有以下三种方式：

（1）全集流全回用方式。即建筑物排放的污水全部集流，经处理达到水质标准后全部回用。这种方式节省管道，但因为水质污染浓度高，水处理费用较高，目前国内外这方面工程实例不多。

（2）部分集流和部分回用方式。即优先集流不含厕所污水或不含厕所和厨房污水的集流方式，经水处理后回用于部分生活用水，如：冲洗厕所、洗车、绿化等。这种方式需要两套室内外排水管道（杂排水管道和粪便污水管道），两套供水管道（中水管道和给水管道），因而基建投资大些，但中水水源的水质较好，水处理费用低，管理简单，国内外工程实例较多。如北京市要求在京的高校，2000～2002 年要自建中水设施，集中处理洗浴水，用于校内绿化、喷洒操场、冲洗厕所。

（3）全集流、部分处理和回用方式。这种方式是把建筑物污水全部集流，但分批、分期修建回用工程。这种方式很适合已有建筑物为合流制排水系统，只需增建或扩建中水工程。它不必增加排水管道，只增建一套中水水处理站和供配水系统即可。我国已有这方面的工程实例。

在中水工程的水处理方面，随着研究的深入，新的处理方法、新的构筑物、新的处理装置和新的工艺流程会不断出现。

3. 采用节水型家用设备

（1）改进民用厕所设备，降低耗水量。我国目前大便器耗水量普遍较大，每次在 10L

以上，应该向 5～6L 方向发展。另外，由于厕所设备质量问题，我国每年厕所漏水高达 10 亿 m³。因此，改进厕所设备在节水方面有很大潜力。

(2) 目前我国民用水龙头，绝大多数是螺旋型铸铁水龙头，开启度大，启闭时间长，易溅水，使用不便，且因构造问题，常常拧不紧，造成滴水。有专家计算过，一个有 200 万家庭的大城市，若有十分之一的水龙头滴水，每月将白白"滴"走 240 万 m³ 自来水，一年下来将"滴"空一座中型水库。如果全国城市均如此，其自来水漏损是何等严重！为节约每一滴自来水，北京市政府已决定在 2000 年购买 200 万个节水型水龙头，无偿分发给北京的每一个家庭。

(3) 公共建筑的卫生器具是节水重点。考虑到公共建筑卫生间的特点，要大力开发高质量的节水型自动冲洗阀。

(4) 加强市政公共场所用水管理。公园、绿地、居民小区集中绿化带等市政公共场所，用水要安装节水龙头和节水灌溉设备。

4．加强供水管道管理，减少水量在供水过程中的漏损

城市供水中最大的水量漏损在供水管道方面。自来水管道的漏损率一般都在 10％左右。国家建设部要求，要把管道漏损率降到 8％以下，向国际标准看齐。

5．海水利用

在沿海城市工业生产和生活中，开发利用海水替代部分淡水是缓解淡水资源不足的有效途径，是一项值得重视的战略措施。海水作为水资源利用，主要有以下两个方面：一是海水代替淡水直接使用，如用海水作工业冷却水，也可在建材、印染、化工行业直接使用海水，还可用海水作为清洁、消防、游泳等用水；二是海水淡化后作为普通淡水使用，目前海水淡化的成本较高，但海水淡化的前景十分诱人，世界各国都在广泛、深入地研究海水淡化技术。

四、建立节水型社会

建立节水型社会，是解决我国水资源不足的根本途径。为此，我们应该采取以下 10 项政策措施：

1．把节约用水提到战略高度来认识，增强全民节水意识

要利用各种方式，广泛认真地宣传节水的战略意义，让人们都知道水资源危机绝不是危言耸听的故事，而是真真切切摆在人们面前的事实，使大家都有一种危机感和紧迫感，从而行动起来，为节约用水而努力；要充分利用一切宣传形式，大力宣传节约用水的方针、政策、法规，组织社会公众参与节水工作；要建立健全节水工作的社会监督体系，充分发挥新闻媒体的舆论监督作用，树立节水光荣的社会风尚。

2．把节约用水定为基本国策

水是生命之源，是人类生存和发展必不可少的物质基础，它对经济建设、社会发展和人民生活具有不可替代的全局性、长期性和决定性影响。对于人均水资源仅为世界人均水资源四分之一的中国来讲，把节约用水这项政策定为基本国策是合情合理、完全必要的。基本国策的"基本"两个字很重要，它说明这项国策不是权宜之计，而是长期的、根本的、战略性的政策，因而要毫不动摇地长期坚持执行下去。

3. 建立统一高效的管水机构

目前，我国多"龙"治水的管理体制仍然在许多地区存在，这对节水、水资源保护非常不利。节水是管水的一个很重要的方面，也要有全国统一的节水管理机构。国务院于1998年已明确有关部委在节水工作方面的分工，全国节约用水办公室应依据国务院规定，做好节水总体规划工作，会商有关部委，落实节水规划在各部门的分工，以保证能尽快启动和编制出全国节水规划；地方是负责节水工作的牵头部门，也应抓紧启动和编制地方节水规划。

4. 将节水工作列入各级国民经济和社会发展计划

经济社会的持续发展和进步，有赖于资源的最优配置。各级政府在编制国民经济的总体规划、城市规划以及决策兴建重大建设项目时，都必须考虑水资源条件，要附水资源和节约用水的专项规划或论证，以水定规模，以水定产。在缺水地区尤其要妥善布局城镇建设，合理安排产业结构，严格限制高耗水工业和农业的发展。

5. 加强节水工作领导

节水规划和计划中规定的节水目标应是"硬"任务，应列入各级政府的任期目标，实行行政首长负责制。要明确责任，定期部署、协调、检查和监督各部门、各行业的节水工作。应重点对高耗水、高污染行业进行监督和考核，将节水措施落到实处。

6. 增加节水工程投资

要逐步建立国家、地方、用水户多元化、多渠道的投资体系。国家和地方应根据"取之于水，用之于水"的原则，多渠道筹措资金，建立国家和地方节水基金，用于支持节水工程、节水技术改造项目、节水管理以及补助对节水工作作出重大贡献的用水户。还要充分利用市场机制，按照"谁投资，谁受益"的原则，吸纳社会资金用于节水工程或项目。国家还应建立稳定的节水科技发展基金，用于支持节水新技术、新工艺的研究开发和推广应用工作。

7. 运用经济手段促进节约用水

贯彻落实国务院关于利用价格杠杆促进节约用水的要求。根据《城市供水价格管理办法》和有关规定，合理调整城市供水价格，并对用水户开征污水处理费。农村供水水价也要纳入各级物价主管部门管理范围，合理核定到农户的最终水价，实行按用水量计量水费。超定额用水实行累进加价，对于浪费水资源行为，要按照水资源浪费的数量实行惩罚性水价。建立健全水资源费征收政策和办法，加大水资源费征收力度，逐步提高征收标准，用经济手段制约用户随意打井取水和滥用水资源，自用地下水的水资源费标准应高于公共供水系统水资源费标准，以控制地下水开采量。实行地区差价的水价和水资源费政策，缺水地区的水价和水资源费应当高于富水地区。

8. 健全节水法规体系

近几年，国家颁布了《中华人民共和国水法》，国务院颁布了《城市供水条例》，建设部颁布了《城市节约用水管理规定》等一系列法律、法规。为加强城市节约用水，实施依法管理打下了坚实的基础。依据这些法律和法规，各地应尽快制定与之相配套的地方法规，保证地方在实施"依法治水，依法节水"方面的力度。此外，还要建立一支具有较高政治业务素质的供水节水执法监察队伍，依靠这支队伍实施执法监督，保证供水节水法规的贯彻落实。

9．加强水资源保护，防止水污染

在大力推进节约用水的同时，更要十分注重对现有水资源的保护，尤其是要防止水污染。否则，我们花了十分努力节约下来的宝贵水源，也许在一夜之间被污染，不仅无用，还将给生产、生活带来严重危害。关于保护水资源、防止水污染问题，见本章前两节内容。

10．依靠科技进步，推进节水

要大力推进科学技术在节水领域中的应用，通过科技进步不断研制、开发节水新技术、新途径、新产品，并大力推广应用。重点节水技术研究开发项目，应纳入国家重点科学研究计划，鼓励成立节水高新技术研究中心。国家要制定节水技术政策，对落后的、耗水过高的项目、产品、设备实行淘汰制度。要加强国际节水技术交流，把国际先进的节水技术、工艺、装备和节水管理制度引进国内，不断提高我国的节水能力和水平。要努力提高节水管理、技术人员的水平，建设一支高素质的节水队伍。

第五章 水利事业发展前景

第一节 水资源的可持续利用

（一）可持续发展观

人类社会的发展是无止境的，而支撑人类社会发展的物质基础——资源（这里主要是指自然资源）总是有限的，如何用有限的资源满足人类社会的持续发展，这就是可持续发展观。

可持续发展思想是人类通过对自身历史的反省而得出的一个极其重要的思想。长期以来，人类几乎是无节制地开发利用自然资源，心安理得地接受大自然的"慷慨"馈赠，终于有一天我们感受到了能源危机、土地危机、水危机，看到了森林锐减，土地沙化，二氧化碳浓度增加，臭氧层逐渐消失。当人类在兴高采烈欢呼人类的进步时，终于发现我们为了所谓的"进步"付出了多么惨重的代价——一个不堪重负的、千疮百孔的、日渐萧条的地球！

人类在漫长的发展过程中，不断总结经验，反省历史，逐步认识到只有走可持续发展道路才是惟一正确的选择。

可持续发展的思想主要可从以下三个方面来认识：

（1）从发展的时间尺度考虑，可持续发展是既满足当代人的需要，又不对后代人满足其需要构成危害的发展。

（2）从发展的空间尺度考虑，可持续发展是某一区域的需要不危害和削弱其他区域满足其需要的发展。

（3）从人与自然的关系上考虑，可持续发展要求人与自然和谐发展。

所以，可持续发展思想是经济问题、社会问题和环境问题三者的综合体，并且随着社会和科学技术的进步，不断地对这个综合体的组成部分进行变革、提高，以不断充实可持续发展思想。

（二）水资源的可持续利用

水既是资源又是自然环境的重要组成部分，是可持续发展的基础和条件，也是环境问题和发展问题的核心。纵观人类几千年的文明发展史，不论是古代文明的摇篮，还是现代文明的居地，都离不开人类赖以生存的水资源和水环境。

人类开发利用水资源大体经历了三个主要阶段：

第一个阶段是以解决人类生存问题为主要目标的原始水利阶段。由于生产力低下，在这一阶段，人与水的关系以人适应水的自然状态为主要特征。

第二个阶段是以工程措施为主要手段，改变水的自然状态，以满足人类的生存和发展的阶段。在这一阶段，人与水的关系是以人改造和利用水资源和水环境为主要特征。在这一阶段的前期，人类通过兴建水利工程，局部改善了人类的生存和发展条件，使社会经济不断发展。而到了后期，特别是进入工业化时代以后，人类改造自然的能力迅速提高，人类通过工程和技术措施既局部改善了生存和发展所必须的水环境，同时也出现了新的问题，如水资源过量开采导致水环境恶化，水污染加剧，生态系统遭到破坏等。

第三个阶段是以水资源优化配置为根本目的，综合利用工程措施和非工程措施，实现水与经济、社会、环境持续协调发展的现代水利阶段。在这一阶段，人与水的关系以局部改造和整体适应相结合为主要特征。从以对水的无限需求来保证经济社会的不断发展转向以水的有限而持续地供应来保证经济社会的不断发展。

就目前我国的实际情况而言，我国开发利用水资源正在从第二阶段向第三阶段过渡。在这一过渡时期，我们尤其需要大力宣传可持续发展思想，坚定不移地走可持续发展道路，以水资源的可持续利用，保障经济社会的可持续发展。

水资源可持续利用的基本内涵是：

（1）水资源是有限的，水资源的利用应以不破坏水的天然再生能力为限。

（2）以水的供应确定各用水户对水的需求，合理布局产业结构，优化水资源配置。

（3）从整体上保持水环境的天然状态，对水环境的局部改变，不应导致水环境的恶化。

（三）我国水资源利用的五个层次

不同的历史时期，不同的社会经济发展水平，对水资源利用的要求是不同的。我们所说的以水资源的可持续利用，保障经济社会的可持续发展，总体而言，是提供以下五个方面的保障：

（1）居民生活用水保障。这是人类生存的基本条件，是水资源利用的首要任务。到2000年底，我国还有2400万人口饮用水困难问题没有解决，其中大多数分布在中西部和老少边穷地区。解决好他们的生活饮用水问题，是水利部门义不容辞的责任。要下决心争取用三年左右的时间基本解决我国人口的生活饮用水问题。

（2）防洪安全保障。不能有效抗御洪水，人民群众的生产、生活就不能得到保障。我国每年的防洪形势依然严峻，要继续以堤防为基础，以枢纽工程为骨干，以蓄滞洪区为应急手段，加强大江大河大湖治理，建设防汛指挥系统，确保城市和重要地区的防洪安全，确保人民群众的生命财产安全。

（3）粮食生产保障。这是人类进入农耕经济以来一直重视的方面，我们经常说的"水利是农业的命脉"也就是这个道理。在我们这样一个有12亿多人口的大国，农业发展始终是社会稳定与发展的基本保证。在我国现有水资源开发利用条件下，实现我国的粮食生产保障，就必须做到在农业用水总量不增加的前提下，通过节水解决新增粮食产量所需的灌溉水量。

（4）经济发展保障。在社会进入工业化时代之后，城市和工业用水的地位逐渐突出了，必须努力保证城市的供水。在水量和水质上不断满足经济发展和社会进步的需求。要加强需水管理，厉行节约用水，多渠道开辟水源，科学配置水资源，合理安排产业结构。在科学论证的前提下，积极实施跨流域调水，以满足各地区经济发展对水的需求。

（5）生态环境保障。由于人类大规模改造自然的活动，许多都是以牺牲环境为代价换取自身的发展。对环境和生态的破坏，已经反作用到人类社会本身，阻碍或延缓了经济的发展，减少了人类的生存空间，降低了人类的生活质量。要协调好生活、生产、生态用水，采取措施切实保证生态脆弱地区的生态环境用水。

可见，随着人类社会的进步，水利对社会经济的保障作用愈加扩大和突出，世界各国概莫能外。而对我国来说，由于特定的自然和社会条件，水利事业尤显重要，在国民经济基础设施中排列首位。

第二节　水资源统一管理

（一）水资源统一管理内涵

经济社会的可持续发展有赖于水资源的可持续利用，水资源的可持续利用有赖于人类对水资源的优化配置，而要做到对水资源的优化配置，就需要对水资源实行统一管理。

我国在 20 世纪 90 年代以前，水资源管理模式基本实行的是根据水的用途按行业分部门进行管理。其中水利部门主要负责江河综合治理、防洪和灌溉。而地下水开发利用、城市供水、水污染防治、水环境保护、节水等则分别由其他部门管理。随着工业化、城市化进程的加快，这种管理模式越来越不适应经济社会的发展，还带来了一系列问题，加剧了水资源的供需矛盾，严重违背了水的自然规律，不利于各种水问题的有效解决，已成为水资源可持续利用的障碍。

水作为一种自然资源和环境要素，以流域或水文地质单元构成一个统一体。地表水与地下水相互转换，上下游、左右岸、干支流之间的开发利用相互影响。对水资源的管理主要涉及这样一些方面：

1）准确掌握水资源状况；

2）因水资源是有限的，对水资源的开采、利用也应有限度；

3）因水的天然特性，要防治洪涝灾害；

4）农业灌溉用水问题；

5）要根据水的天然分布，合理布局产业结构；

6）城市取水、供水、用水、排水问题；

7）水环境保护；

8）节约用水；

9）远距离、跨流域调水；

10）水资源综合利用（用水、发电、航运、养殖等）。

上述各个方面是互相联系的，只有实行统一管理，才能最大限度发挥有限的水资源的效用。

对水资源实行统一管理主要应体现在以下三个方面：

第一，从管理组织上讲，水资源的统一管理是指水资源应由一个部门管理，不能部门分割管理。水资源管理与对水资源的开发利用管理应该分开，各级政府水行政主管部门代表国家行使水资源统一管理权，开发利用部门只负责开发利用，不负责水资源管理。在水资源统一管理的前提下，发挥各部门在开发利用水资源中的积极性和作用。

第二，从管理对象上讲，水资源的统一管理是指对地表水、地下水和空中水，对农村用水和城市用水，对水量和水质实行整体性的综合管理。水资源管理的核心是水资源的权属管理。水资源权属管理的主要内容是：统一规划，统一调度，统一发放取水许可证，统一征收水资源费，统一管理水量和水质。

第三，从管理范围上讲，水资源的统一管理是指对全流域的水资源实行统一管理。水资源所有权属于国家，国家以流域为单元对水资源实行统一规划，统一调配，统一监督。经国家批准的流域规划是流域内水事活动的基本依据，流域内的区域规划必须服从流域规划。

因此，水资源统一管理的内涵应是：应由一个部门对水资源的各种存在形式以及与水资源相关的各个方面从全流域范围内实行统一管理。

（二）依法治水

要实行水资源的统一管理，必须建立法律保障体系，依法治水。

1. 水法规体系

《水法》是我国关于水的基本法，于1989年颁布。自颁布以来，对加强水资源的管理，促进水资源的合理开发利用起到了重要作用。随后几年，全国人大常委会又颁布了《水土保持法》、《防洪法》，修改了《水污染防治法》等相关法律。国务院颁布了《河道管理条例》、《许可制度实施办法》等20余件水行政法规。这一系列法律、法规的颁布实施，为依法治水提供了坚实基础。

2. 全面推进依法治水

（1）把"依法治水"作为水利工作中统揽全局的工作，领导水利事业的基本方略。

（2）以实施取水许可制度为龙头，全面推进水资源的统一管理。取水许可制度是水行政主管部门行使水资源权属管理的主要手段，是带动水资源管理各项工作的龙头。通过实施取水许可制度，使一个比较完整的水管理工作体系逐步形成。

（3）不断开拓创新。由于洪涝灾害、水资源短缺、水污染、水环境恶化等问题在不断发展，人们对水问题的认识也在不断加深，治水思路在不断调整，因此，应当根据实践的发展，不断开拓创新，推进水利法制建设。

（4）建立一支高素质的水政监察队伍，是加强水利法制建设的保障。

3. 修改、完善现行《水法》

随着社会经济的发展，现行《水法》的有些规定已不能适应新形势下对水资源管理的需要，也不能适应经济社会可持续发展的要求，应及时对水法进行修改。在水法的具体修订过程中，要注重经济社会与资源、环境的协调发展，加强水资源的宏观管理；确立建设节水型经济和节水型社会的目标，坚持节约用水的方针；改革水资源管理体制，加强水资源的优化配置和统一管理；进一步明确水资源的权属关系，适应社会主义市场经济体制的需要；建立严格的水资源管理制度，切实加强执法，以推动水资源的可持续利用。

（三）水资源统一管理实践

近年来，我国在水资源统一管理方面，迈出了新的步伐，取得了一定的成效。

到1999年底，全国668座城市中，已有616座城市实现了统一发放取水许可证；哈尔滨等62座城市将节约用水办公室划归水利部门管理；全国有23个省（自治区、直辖市）的390个县（市、区）成立了水务局，或由水利部门实施水务管理。

城市水务局对城乡水资源实行统一管理，严格实行统一的取水许可制度，对城市的防洪、除涝、蓄水、供水、用水、节水、排水、水资源保护、污水处理及回用、地下水开采及回灌等实行一体化管理，为水资源的优化配置提供了体制保障。在城市实行水资源的统一管理，水务局是一种很好的模式。

在全流域水资源统一管理方面，我国也取得了一定的成效。近年来，我国对水资源供需矛盾突出的河流，加强了流域水资源的统一管理和统一调度。2000年黄河实现了20世纪90年代以来第一次全年不断流；黑河第一次实现省际分水；塔里木河两次通过博斯腾湖向下游输水，挽救下游濒临绝境的生态系统。

第三节　水利科技发展

（一）水利科技

水利科技是水利科学与水利技术的总称，随着水利科学与水利技术的不断发展，两者之间相互渗透，界线越来越模糊，以致我们现在很难准确地说出哪些是水利科学，哪些是水利技术。

一般而言，水利科学偏重于对与水相关的自然界的探究，如水文学、水力学、河流动力学等；水利技术偏重于与水相关的资料收集，兴建水利工程等，如水文自动测报技术、遥测技术、物理勘探技术、水利工程施工技术、防渗技术等。

20世纪以来，随着水利建设不断发展，规模不断扩大，水利与社会经济、自然环境的关系越来越密切，影响也越来越大，水利科技得到了长足的进步，逐渐成为相对独立的一类科学技术。

水利科技涉及勘测、规划、水力计算、水文计算、结构设计、施工、工程管理、大坝监测等各个方面，近十多年来又延伸到社会经济、生态环境等新领域。所以，水利科学技术是综合了自然科学、社会科学、工程技术许多方面的综合的科学技术。

水利事业的实践是水利科技发展的基础，水利科技又给予水利事业发展以强大的推动作用。要确保水资源的可持续利用，必须依靠水利科学技术的不断进步，不断开拓发展新的领域，不断取得新的成果。

（二）水利科技发展前景

20世纪80年代以来，世界面临的一系列重大问题，如人口激增、能源紧张、生态破坏、环境恶化等，都与水问题密切相关，需要进一步开发利用水资源。但许多国家和地区却都程度不同地出现了水资源不足和水质量下降的局面，这就更增加了水问题的复杂性。为了解决上述问题，水利科技进入了一个更加综合发展的新阶段。从世界范围看，水利科技将在以下几个方面获得新的进展：

（1）水资源开发利用更加综合化。需综合考虑自然、经济、社会等各方面因素，进行水资源的系统规划和综合利用。水资源优化配置，以水资源的可供应量，确定水资源的需用量，将变得越来越突出。水利科技将更多地采用经济学、数学和自然科学的一般方法与原理。

（2）防洪措施更加多样化。从传统的单纯依靠工程措施抵御洪水，转变为综合利用工程措施和非工程措施，采用优化调度的方式，顺利宣泄洪水。

（3）更加关注水环境问题。应用多学科知识，努力改善水环境。水污染防治、水土保持、沙漠化治理等，将更加成为水利科技应用的领域。

（4）大范围开发和推广高效节水技术。节约用水将成为解决水资源短缺问题的根本途径，农业和城市节水技术将得到快速发展。

（5）远距离跨流域调水将成为水资源优化配置的一种重要手段。在不破坏水环境天然状态的前提下，适量的进行远距离跨流域调水，是解决地区间水量不平衡的一种有效手段。跨流域调水的科学问题和技术问题会得到更充分的研究。

（6）复杂自然条件下的各类水利工程建筑技术将得到进一步发展。新的勘探手段与方法、新型的水工建筑物、大型及新型施工设备、新的施工方法与工艺、新型水工建筑材料等不断出现。

（7）现代化的水利工程管理技术。计算机技术、自动化技术以及卫星通讯等技术将在水利工程管理领域广泛采用。

（8）高新技术在水利上的应用愈益广泛。国外从 20 世纪 60 年代以来，国内主要是 80 年代以来，遥感技术、全球卫星定位系统、地理信息系统、自动控制技术、信息技术等逐步在水利上得到应用，且愈益广泛。

参 考 文 献

1　水利水电工程地质勘察规范．北京：中国计划出版社，1999
2　张建国．工程地质与水文地质．北京：中国水利水电出版社，2001
3　简明工程地质手册．北京：中国建筑工业出版社，1998
4　戚筱俊主编．工程地质及水文地质．北京：中国水利水电出版社，1997
5　蒋金珠主编．工程水文及水利计算．北京：水利电力出版社，1992
6　肖琳主编．施工水文学．北京：水利电力出版社，1993
7　耿鸿江主编．工程水文及水利计算．第四版．北京：中国水利水电出版社，2001
8　陈锦华主编．水利计算及水库调度．北京：水利电力出版社，1990
9　水利部人事劳动教育司编．水利概论．南京：河海大学出版社，2002
10　成建国主编．水资源规划与水政水务管理实务全书．北京：中国环境科学出版社，2001
11　谷兆祺主编．中国水资源（水利）水处理与防洪全书．北京：中国环境科学出版社，1999
12　施嘉炀著．水资源综合利用．北京：中国水利水电出版社，1996
13　[美] B.J 内贝尔著．环境科学．范淑琴等译．北京：科学出版社，1987
14　刘培桐主编．环境学概论．北京：高等教育出版社，1985
15　侯捷主编．中国城市节水 2010 年技术进步发展规划．上海：文汇出版社，1998
16　[英] A.K.BISWAS 等编．21 世纪可持续发展的水战略．郑丰等译．北京：中国环境科学出版社，1997
17　李金昌著．我国资源与环境．北京：新华出版社，1988
18　毛文永编著．环境　生活　健康．北京：科学出版社，1986

附图一

地层柱状图

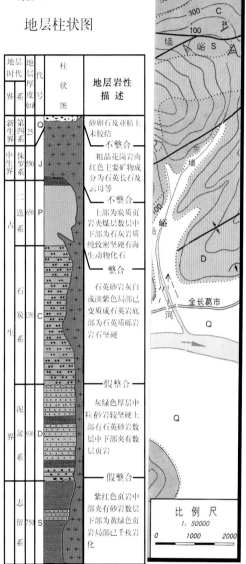

地层时代		代号	地层厚度(m)	柱状图	地层岩性描述
界	系				
新生界	第四系	Q	25		砂卵石及亚粘土未胶结
				不整合	
中生界	侏罗系	J	550		粗晶花岗岩肉红色主要矿物成分为石英长石及云母等
				不整合	
古生界	二迭系	P	650		上部为炭质页岩夹煤层数层中下部为石灰岩质纯致密坚硬有海生动物化石
				整合	
	石炭系	C	1390		石英砂岩灰白或淡紫色局部已变质成石英岩底部为石英质砾岩岩石坚硬
				假整合	
	泥盆系	D	930		灰绿色厚层中粒砂岩较坚硬上部有石英砂岩数层中下部夹有数层页岩
				假整合	
	志留系	S	750		紫红色页岩中部夹有砂岩数层下部为黄绿色页岩局部已千枚岩化

图

比 例 尺

1: 50000

0   1000   2000

图 例

附图二 清水河水库梅村坝址区工程地质图

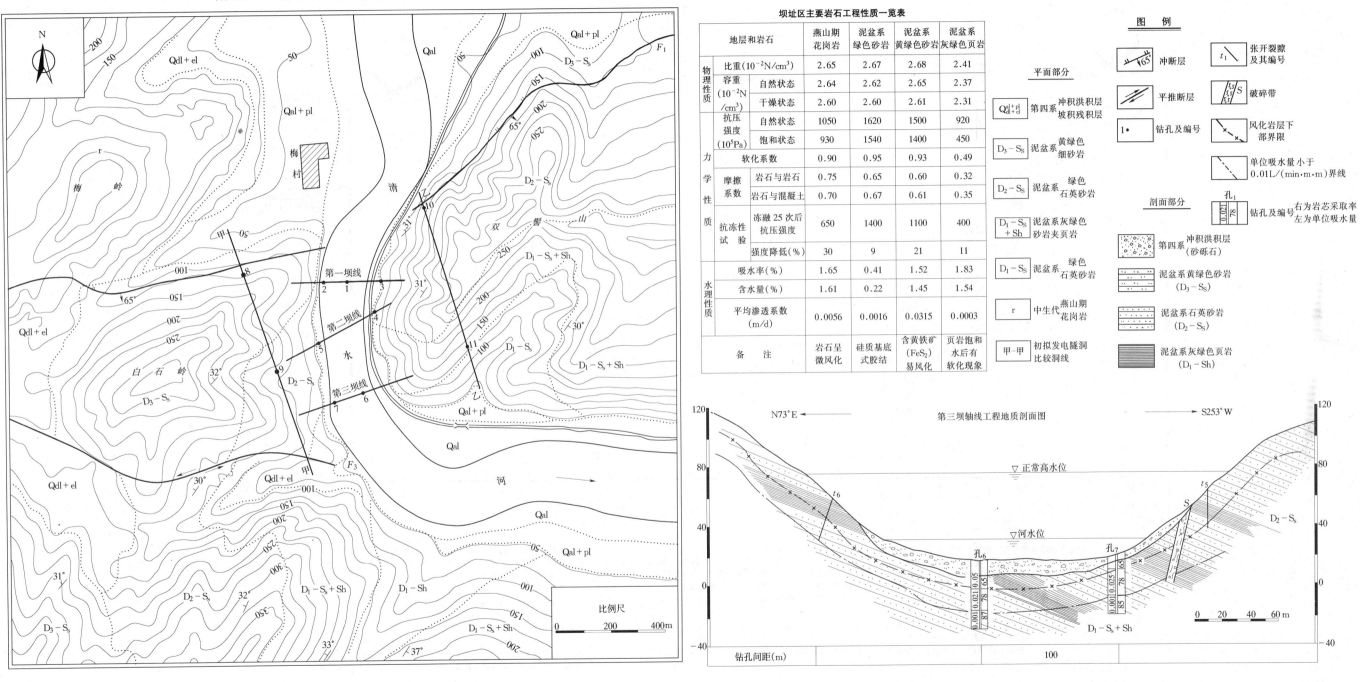

坝址区主要岩石工程性质一览表

地层和岩石			燕山期花岗岩	泥盆系绿色砂岩	泥盆系黄绿色砂岩	泥盆系灰绿色页岩
物理性质	比重(10⁻²N/cm³)		2.65	2.67	2.68	2.41
	容重(10⁻²N/cm³)	自然状态	2.64	2.62	2.65	2.37
		干燥状态	2.60	2.60	2.61	2.31
力学性质	抗压强度(10⁵Pa)	自然状态	1050	1620	1500	920
		饱和状态	930	1540	1400	450
	软化系数		0.90	0.95	0.93	0.49
	摩擦系数	岩石与岩石	0.75	0.65	0.60	0.32
		岩石与混凝土	0.70	0.67	0.61	0.35
	抗冻性试验	冻融25次后抗压强度	650	1400	1100	400
		强度降低(%)	30	9	21	11
水理性质	吸水率(%)		1.65	0.41	1.52	1.83
	含水量(%)		1.61	0.22	1.45	1.54
	平均渗透系数(m/d)		0.0056	0.0016	0.0315	0.0003
备注			岩石呈微风化	硅质基底式胶结	含黄铁矿(FeS₂)易风化	页岩饱和水后有软化现象

图例

第三坝轴线工程地质剖面图

附图三 梅村坝址第一坝轴线专门性工程地质剖面图

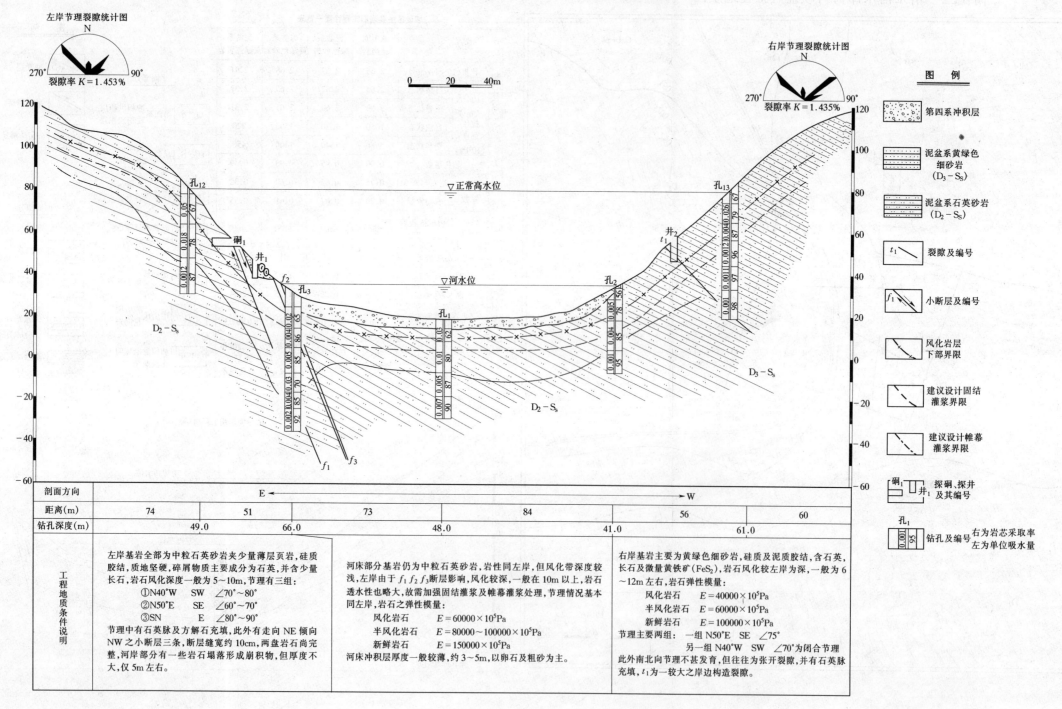

左岸节理裂隙统计图
裂隙率 $K = 1.453\%$

右岸节理裂隙统计图
裂隙率 $K = 1.435\%$

▽ 正常高水位

▽ 河水位

剖面方向	E ←————————————————————————→ W					
距离(m)	74	51	73	84	56	60
钻孔深度(m)	49.0	66.0	48.0	41.0	61.0	

工程地质条件说明

左岸基岩全部为中粒石英砂岩夹少量薄层页岩，硅质胶结，质地坚硬，碎屑物质主要成分为石英，并含少量长石，岩石风化深度一般为5～10m，节理有三组：
①N40°W SW ∠70°～80°
②N50°E SE ∠60°～70°
③SN E ∠80°～90°
节理中有石英脉及方解石充填，此外有走向NE倾向NW之小断层三条，断层缝宽约10cm，两盘岩石尚完整，河岸部分有一些岩石塌落形成崩积物，但厚度不大，仅5m左右。

河床部分基岩仍为中粒石英砂岩，岩性同左岸，但风化带深度较浅，左岸由于 $f_1 f_2 f_3$ 断层影响，风化较深，一般在10m以上，岩石透水性也略大，故需加强固结灌浆及帷幕灌浆处理，节理情况基本同左岸，岩石之弹性模量：
风化岩石 $E = 60000 \times 10^5 Pa$
半风化岩石 $E = 80000 \sim 100000 \times 10^5 Pa$
新鲜岩石 $E = 150000 \times 10^5 Pa$
河床冲积层厚度一般较薄，约3～5m，以卵石及粗砂为主。

右岸基岩主要为黄绿色细砂岩，硅质及泥质胶结，含石英，长石及微量黄铁矿(FeS_2)，岩石风化较左岸为深，一般为6～12m左右，岩石弹性模量：
风化岩石 $E = 40000 \times 10^5 Pa$
半风化岩石 $E = 60000 \times 10^5 Pa$
新鲜岩石 $E = 100000 \times 10^5 Pa$
节理主要两组：一组N50°E SE ∠75°
另一组N40°W SW ∠70°为闭合节理
此外南北向节理不甚发育，但往往为张开裂隙，并有石英脉充填，t_1 为一较大之岸边构造裂隙。